U0136624

第一次種菜就豐收

東京都立農藝高等學校 監修

第一次種菜就豐收　目錄

種菜的準備工作及基本概念

容易栽培的青菜

挑戰種植大型蔬菜吧！

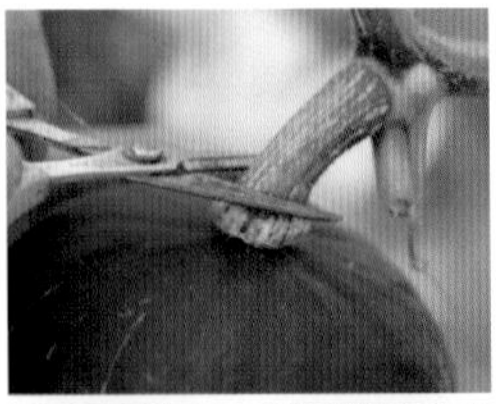

受歡迎的香草・辛香蔬菜

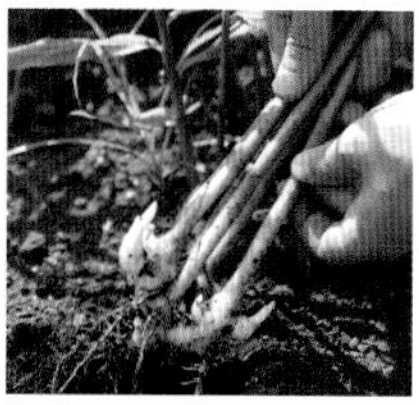
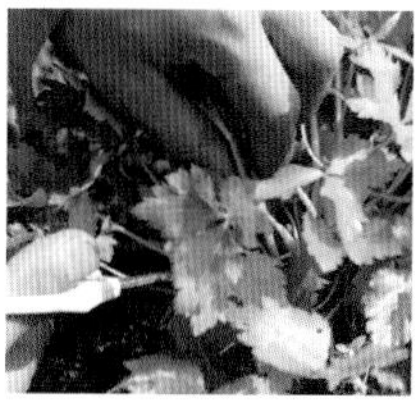

也想嘗試栽培的蔬菜

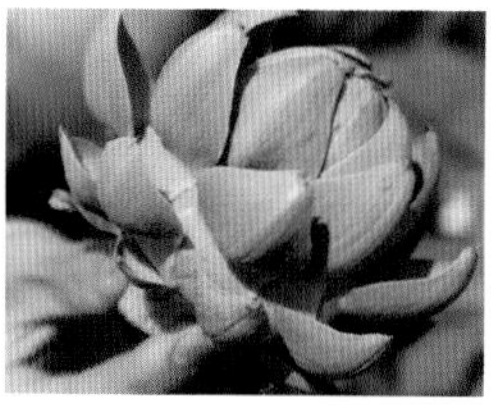
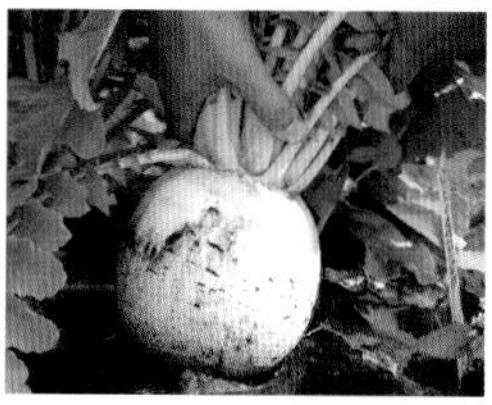

索引

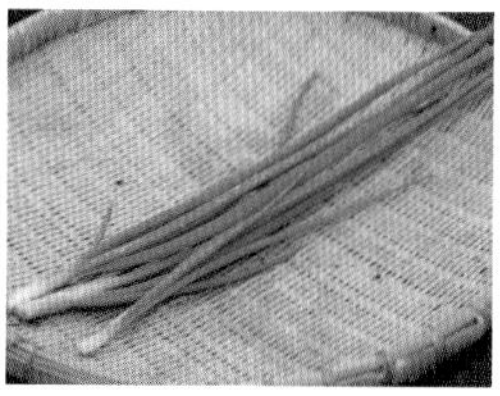

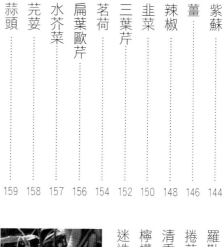

種菜時間表

從播種、定植到收成的栽培時期一覽表
把握蔬菜的栽培時期確實地訂出有效的計劃吧！

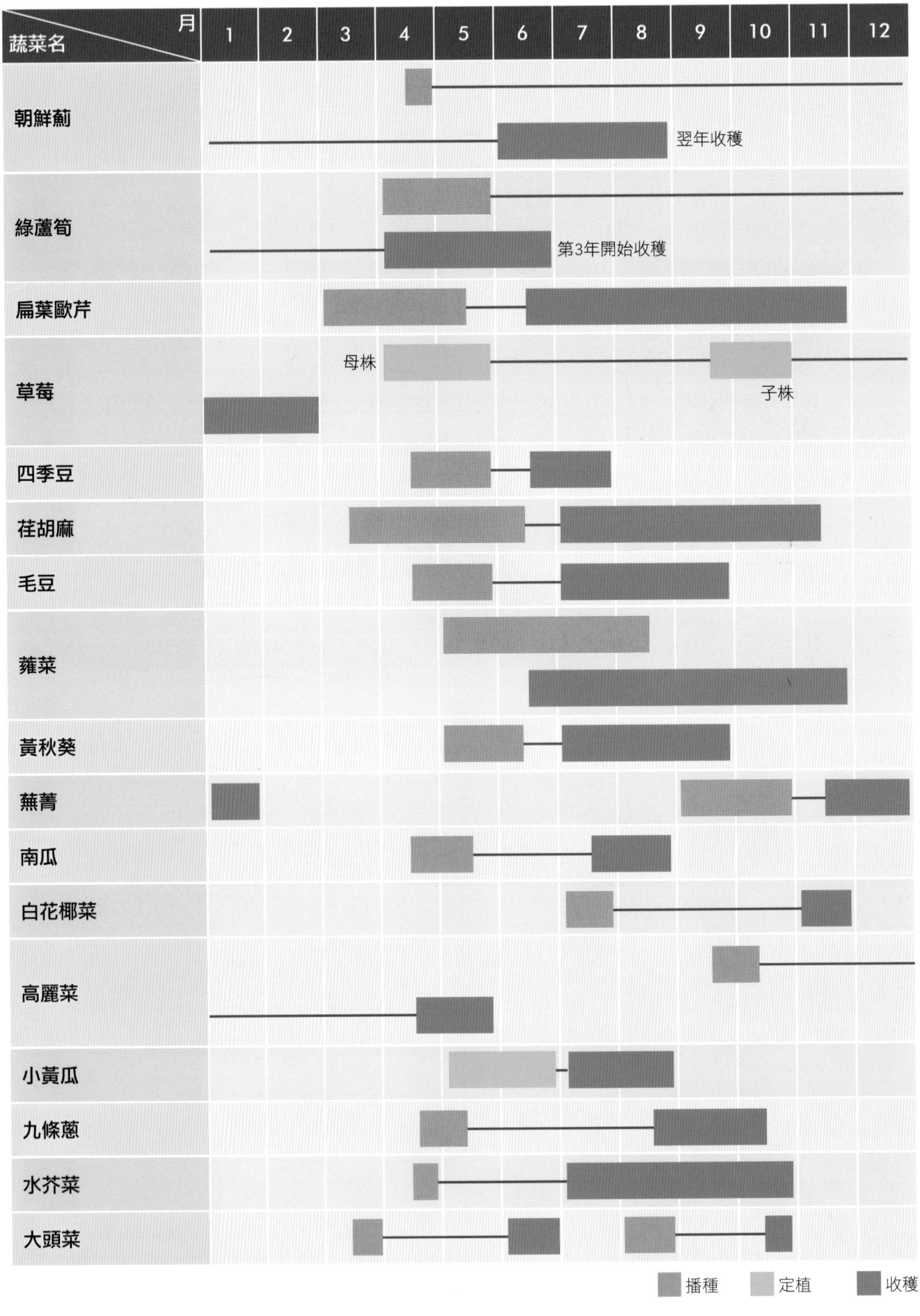

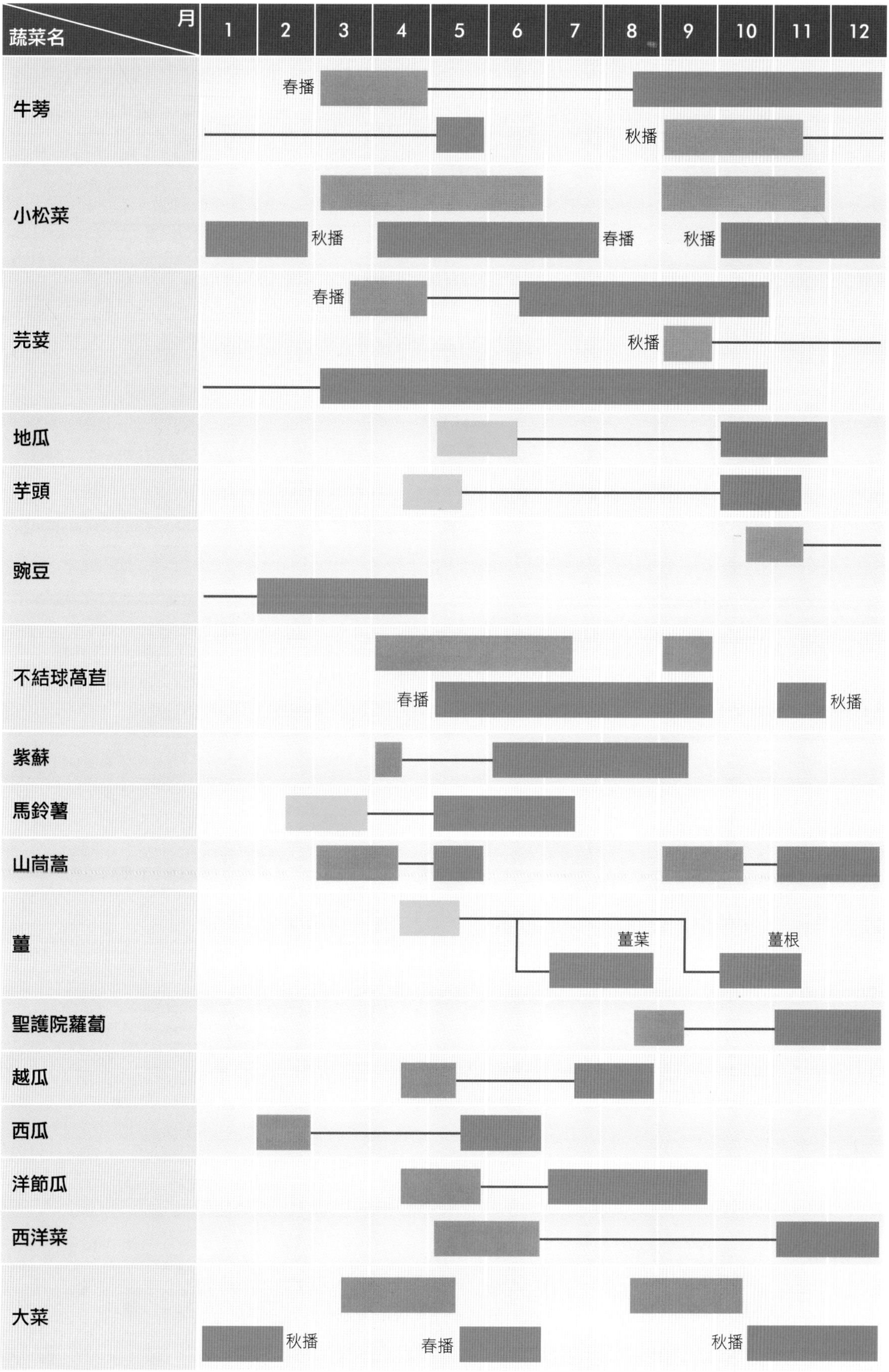

月
蔬菜名
1
2
3
4
5
6
7
8
9
10
11
12
牛蒡
春播
秋播
小松菜
秋播
春播
秋播
芫荽
春播
秋播
地瓜
芋頭
豌豆
不結球萵苣
春播
秋播
紫蘇
馬鈴薯
山茼蒿
薑
薑葉
薑根
聖護院蘿蔔
越瓜
西瓜
洋節瓜
西洋菜
大菜
秋播
春播
秋播

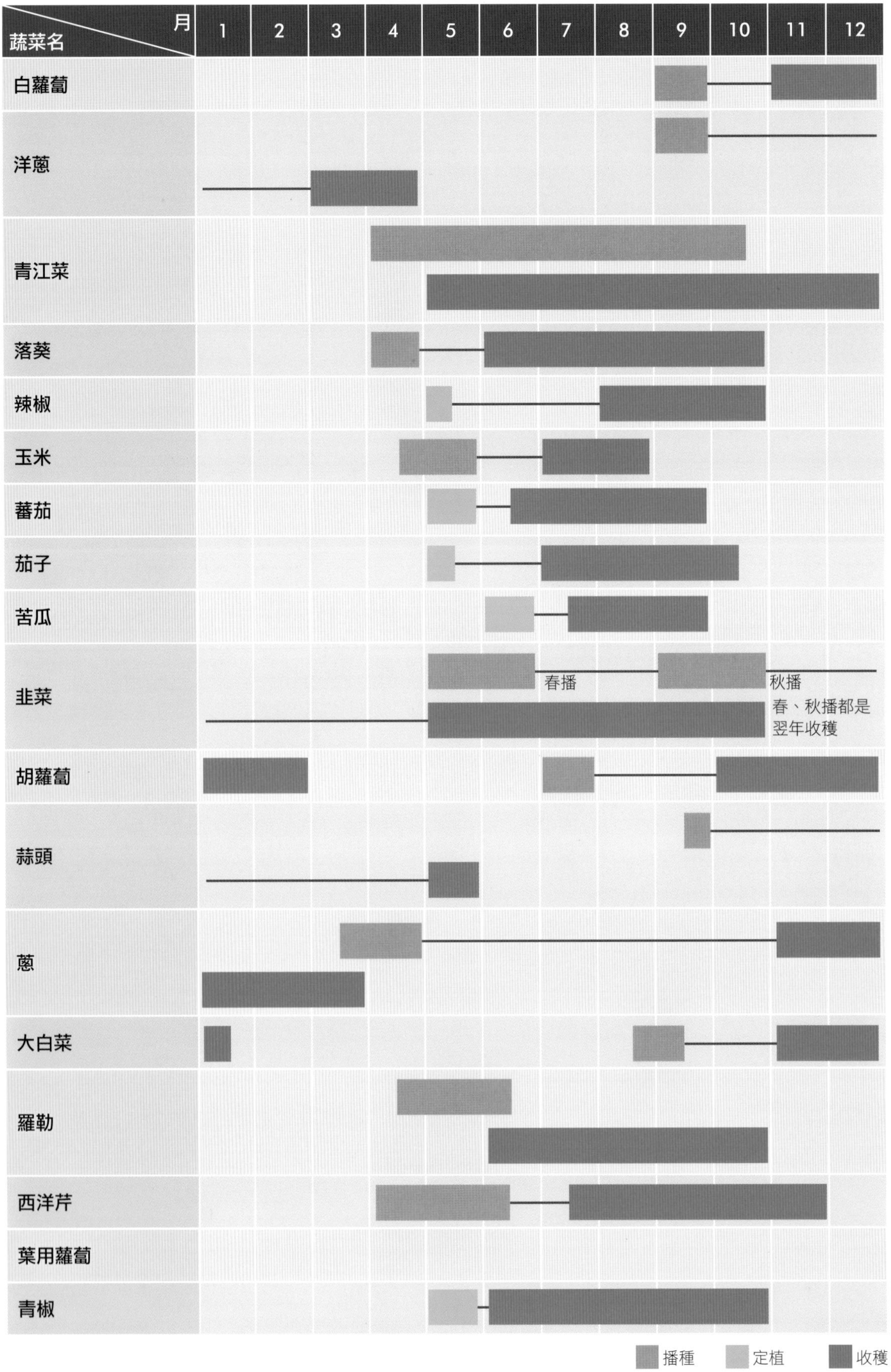
月
蔬菜名
1
2
3
4
5
6
7
8
9
10
11
12
白蘿蔔
洋蔥
青江菜
落葵
辣椒
玉米
蕃茄
茄子
苦瓜
韭菜
春播
秋播
春、秋播都是翌年收穫
胡蘿蔔
蒜頭
蔥
大白菜
羅勒
西洋芹
葉用蘿蔔
青椒
播種
定植
收穫

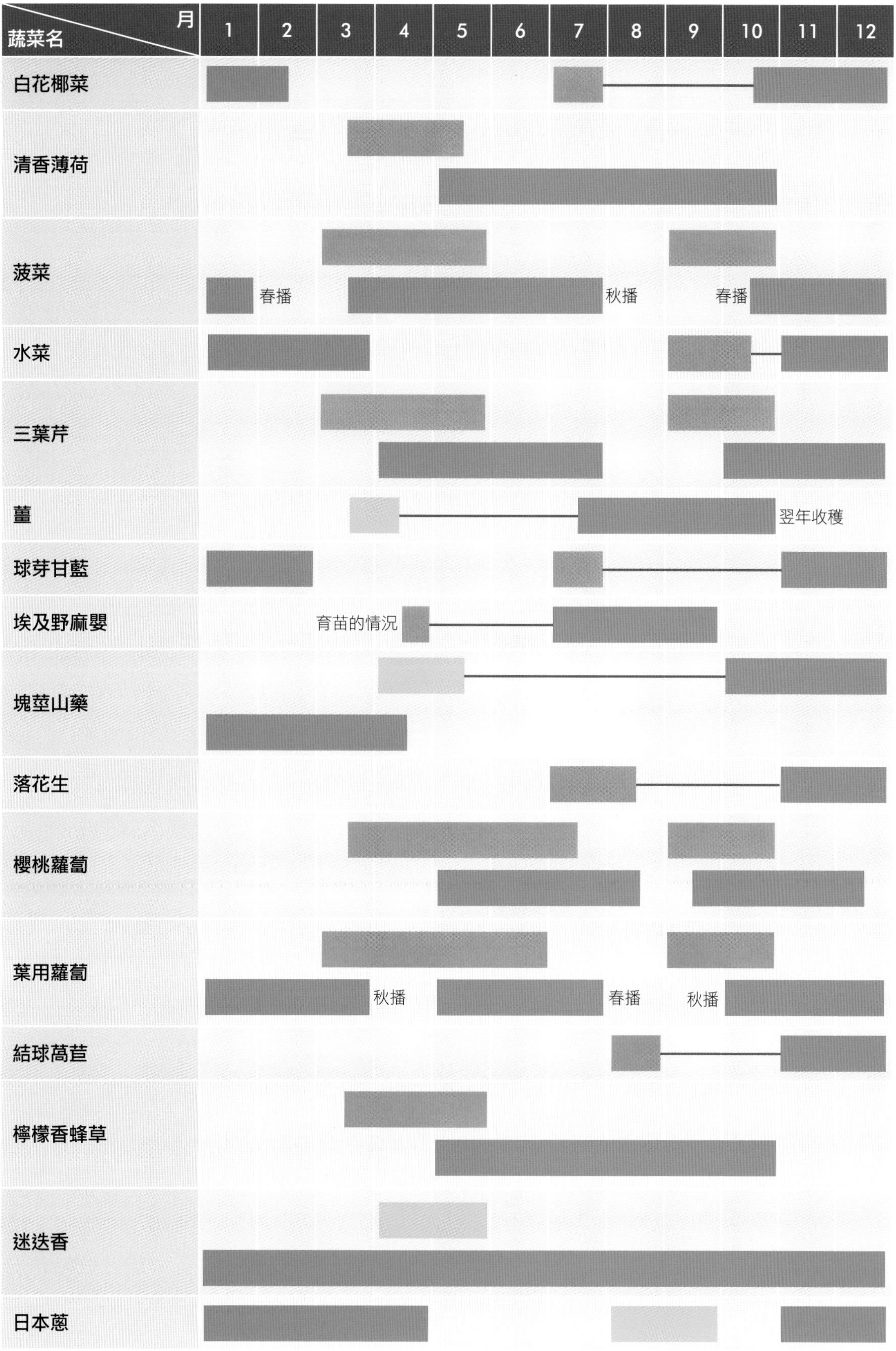
蔬菜名
月
1
2
3
4
5
6
7
8
9
10
11
12
白花椰菜
清香薄荷
菠菜
春播
秋播
春播
水菜
三葉芹
薑
翌年收穫
球芽甘藍
埃及野麻嬰
育苗的情況
塊莖山藥
落花生
櫻桃蘿蔔
葉用蘿蔔
秋播
春播
秋播
結球萵苣
檸檬香蜂草
迷迭香
日本蔥

本書的讀法

蔬菜名　指一般經常使用的名字，或是總稱，而其他經常被使用的別名則以（）來表示。

英文名稱　表示蔬菜的英文名稱。

科名　以植物分類學分類的科名為主。

原產地　表示原種的產地。

栽培時間表　配合植物的種類，將播種、疏苗、收穫等時期以12個月為劃分的時間表。

作畦　以剖面圖表示田畦適合栽種的寬度、高度、株間（條間）、溝或穴。圖的正下方標示著整土、施肥時必要的苦土石灰以及肥料的份量。

種菜Q&A　將種菜時經常會遭遇的問題以Q和A的方式回答。

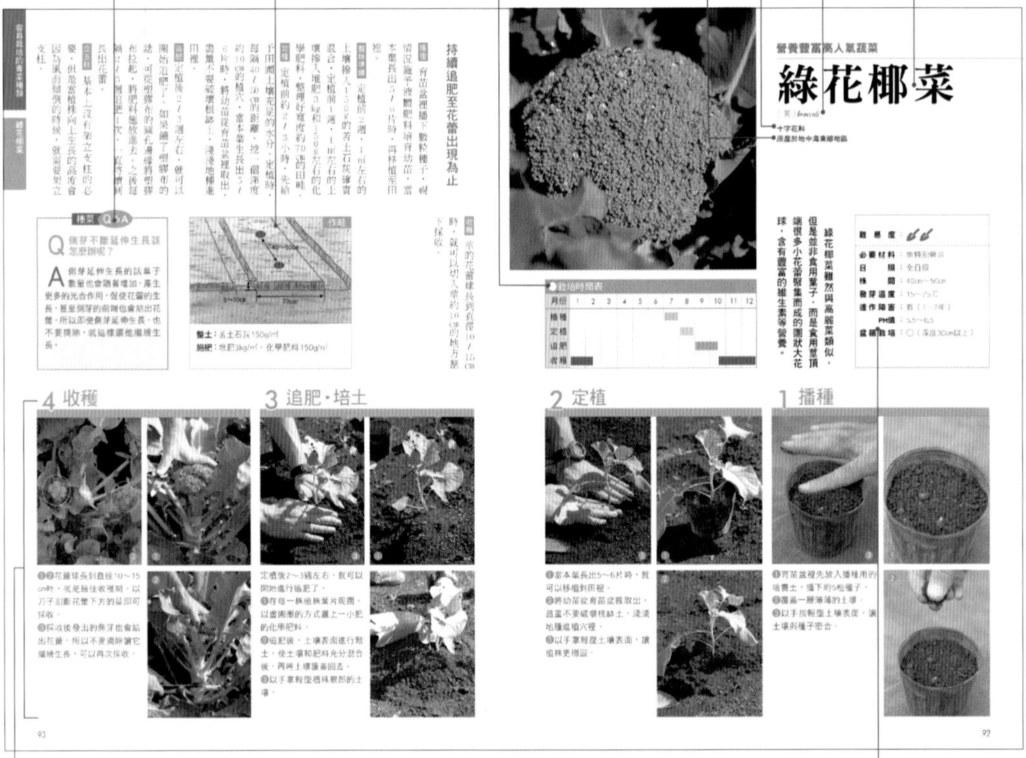

難易度　表示蔬菜種植的難易度，表初學者也能輕易栽種的植物，表栽種上稍微有點難度的植物，表示栽培上難度較高的植物。

需要的材料　栽培時所需要的材料。

日照　表示適合栽培的日照長度。

株間　表示植株與植株之間的距離。

發芽溫度　表示發芽時適當的溫度，在此標示的是種子發芽難度較高的蔬菜的發芽溫度。

連作障害　表示有無連作障害的現象。如果有連作障害的情形，在（）會標示出該休耕的年限。

PH值　表示出適合栽培的土壤的酸度。

盆箱栽培　標示是否可以盆箱栽培，可以的話以○標示，不可以的話就以×表示，（）標示出盆箱所需的深度。

作業的流程　作業的流程以照片和繪圖的方式來說明。

種菜的準備工作
及基本概念

種菜的準備工作❶

種植蔬菜的計畫

種植蔬菜的第一步

種植蔬菜前，一定要先訂好「耕種計畫」，包括要種什麼樣的蔬菜？什麼時候種？種在哪裡等等，事先的耕種計劃非常重要。首先，先列舉出想要種植的蔬菜，了解此種蔬菜的性質及栽培條件，先檢討看看是否可行。再配合菜園的大小，考慮多少時間才可收成或要種多寬、草長等等，列出栽種計畫。種植的量，以一家四口為例的話，小黃瓜8株、蕃茄10株、茄子4～5株、青椒6株，收成量就已經十分足夠了。

如果每年都在同一個地方，種植相同的蔬菜，或者同樣科目的蔬菜，土地會漸漸貧脊，不利於蔬菜的成長，這樣的現象稱之為「連作障害」。為了避免產生連作障害的現象，可以將菜園劃分為數小塊，每年種植不同的蔬菜（請參照下圖），這就是所謂的「輪作」，當然也就有必要知道哪些蔬菜會產生連作障害的現象，尤其是茄科、瓜科、十字花科、豆科類的蔬菜，都要特別小心連作障害的發生。如果菜園是承租來的，那就向地主或隔壁菜園的主人打聽看看之前是種植什麼樣的蔬菜吧！

避免連作障害的菜園分割實例圖

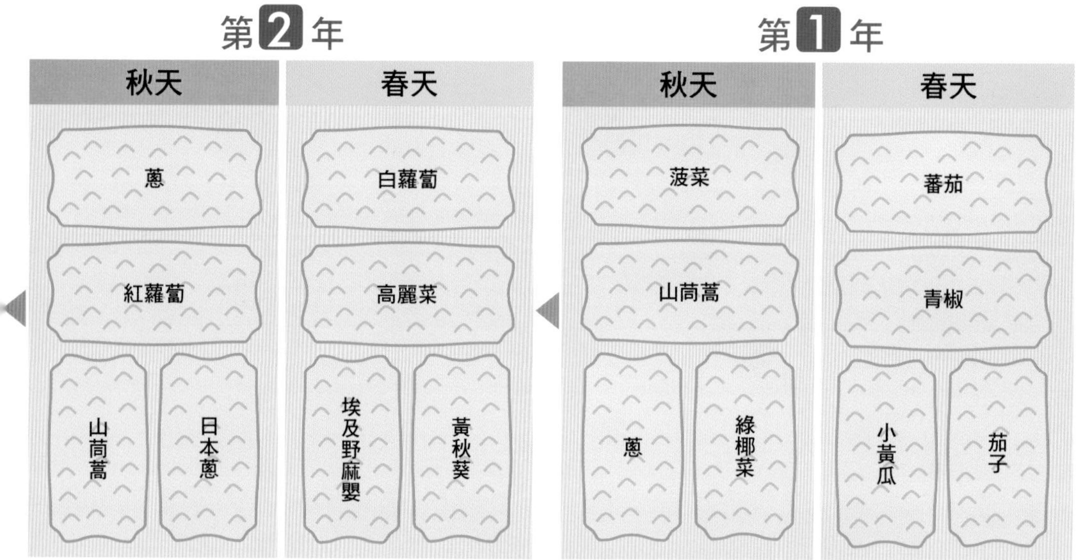

上圖是將菜園分割成四個區塊，從春天到秋天種植蔬菜示例圖。

種植蔬菜的程序（蕃茄）

種菜時，因為種植蔬菜的不同，栽種程序上會有或多或少的差異，但是大部分的蔬菜都是以「播種」→「定植」→「疏苗」→「追肥」→「培土」→「收穫」的程序進行。

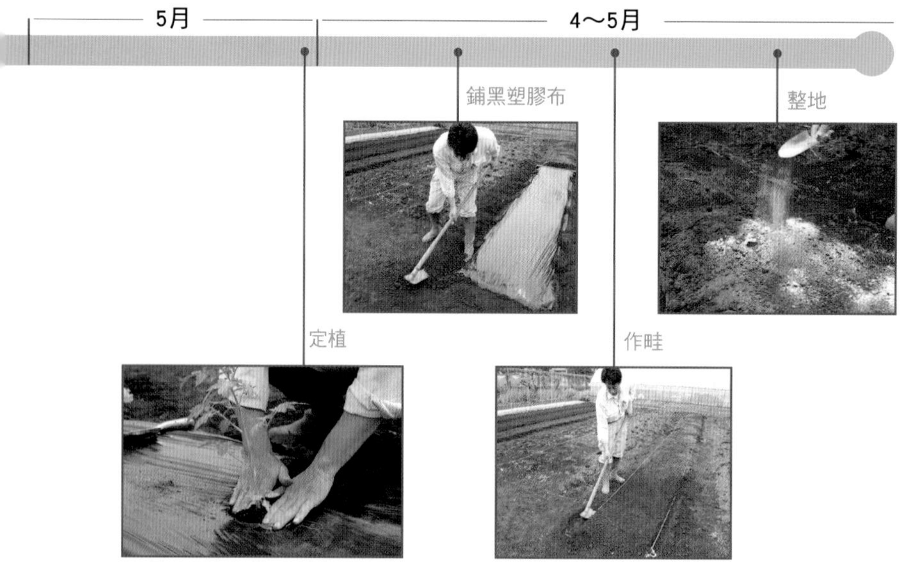

會發生連作障害的蔬菜

	休耕期	主要蔬菜
會發生連作障害的蔬菜	1年以上	白花椰菜、青江菜、綠椰菜、小松菜、玉米、蔥、高麗菜、蕪菁、白蘿蔔、菠菜、萵苣
	2年以上	四季豆、毛豆、黃秋葵、大白菜、小黃瓜、牛蒡、山茼蒿、洋蔥
	3年以上	青椒、西洋芹、馬鈴薯、蕃茄、芋頭、苦瓜
	4年以上	碗豆、西瓜、茄子
連作障害少的蔬菜		紅蘿蔔、韭菜、南瓜、地瓜、紫蘇、櫻桃蘿蔔

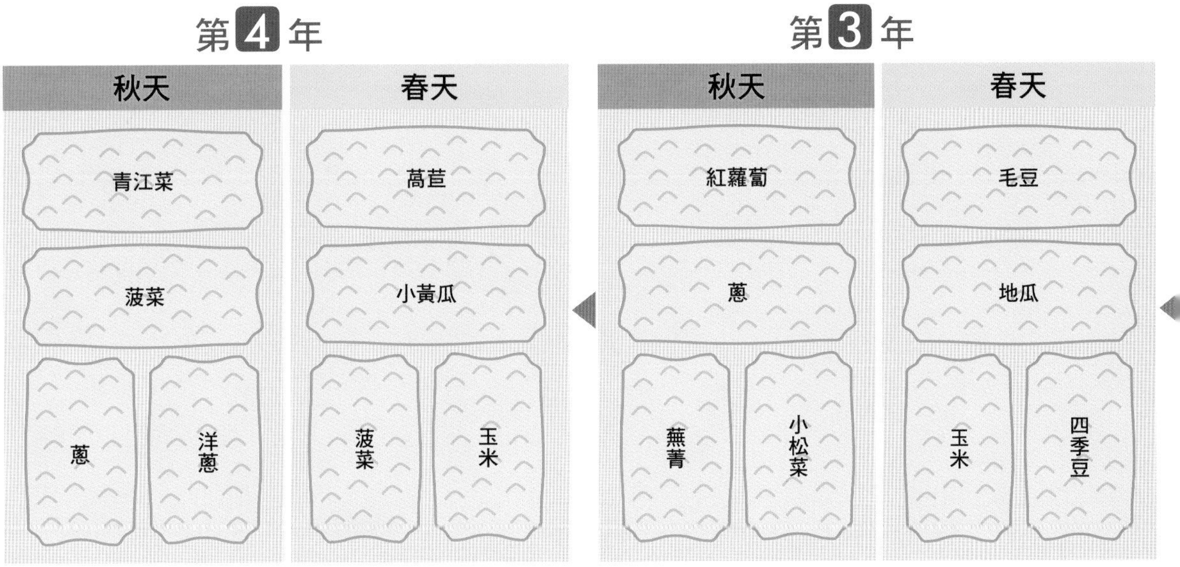

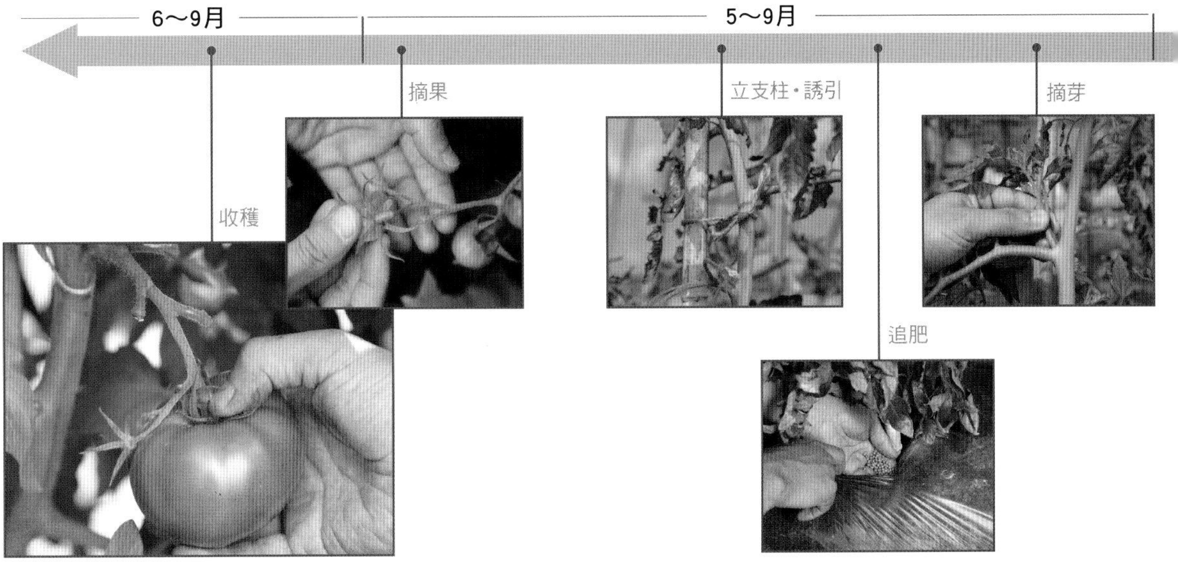

種菜的準備工作❷

服裝・工具

【服裝】種菜時穿的工作服是非常重要的，必須以身體能夠輕鬆活動為首要考量，最好選擇不怕髒的深色，為了保護皮膚避免受傷或曬傷，基本上以長袖長褲為主。選擇口袋多的工作服，可以放一些小工具，非常方便，在烈日下工作，帽子是不可缺少的配備，在菜園土地上活動，著長筒靴較為方便。

【工具】農具配合工作的需要，種類繁多，到農具販賣中心走一趟，就可以輕鬆買到，非常方便。在此列舉種菜時必須具備的基本工具予大家參考。

圓鍬…整地時用
鋤頭…作畦、培土時用
移植小鏟子…定植或移植、鬆土時用
澆水器…澆水時用
剪刀…疏苗或收成時用
桶子…搬運肥料或堆肥時用

除此之外，支柱、塑膠布、繩子、寒冷紗等也都是種菜時所需要的配備。

灑農藥時的服裝

基本服裝

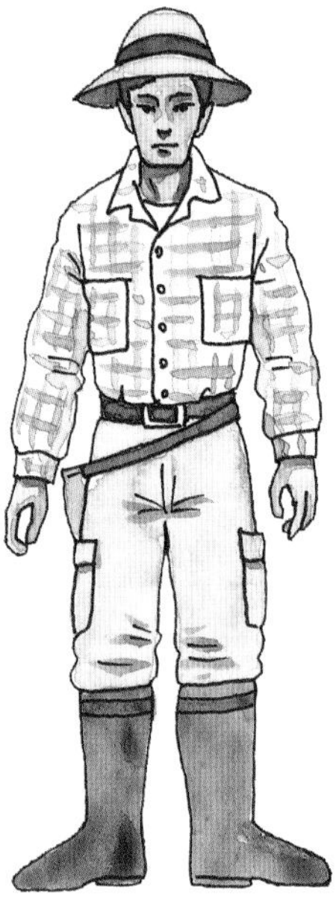

工作時的服裝
從事菜園工作時，請穿著活動方便，不怕弄髒的服裝，長袖、長褲、長靴是最基本的造型。灑農藥時請穿著不會直接碰觸皮膚的服裝，並且戴上護目、手套、口罩等配備。

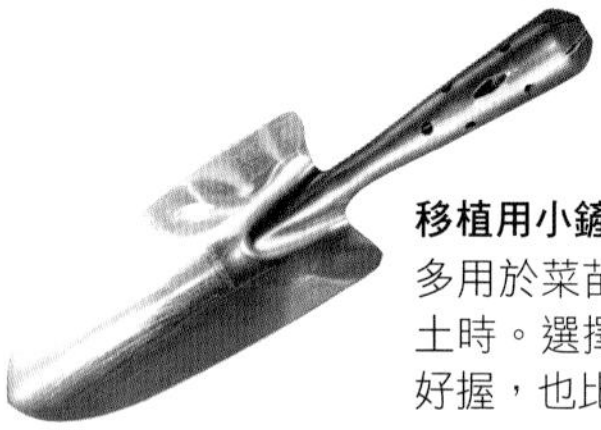

移植用小鏟子
多用於菜苗移植時或追肥後鬆土時。選擇一體成形的會比較好握，也比較不容易損壞。

剪刀
多使用於疏苗、摘芯、整枝、收穫時，刀尖越細越能夠因應工作時的需要。

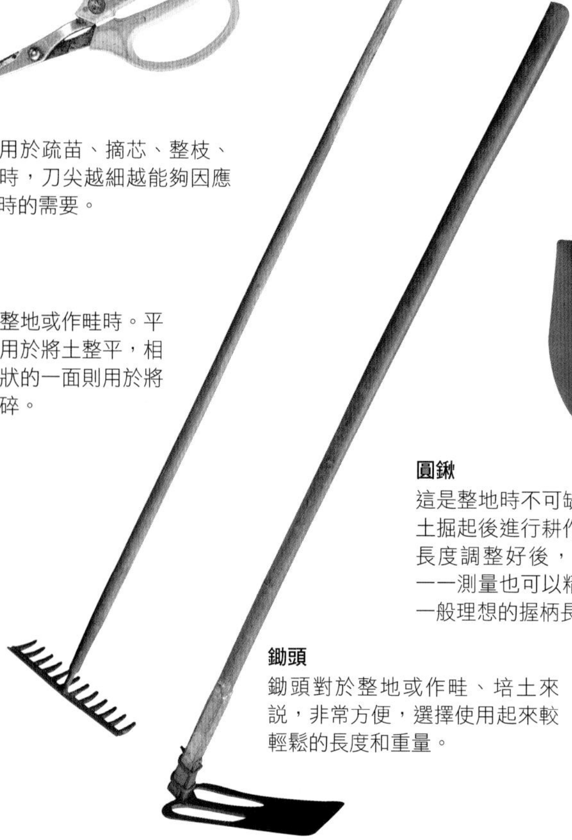

沙耙
使用於整地或作畦時。平的一面用於將土整平，相反梳齒狀的一面則用於將硬土敲碎。

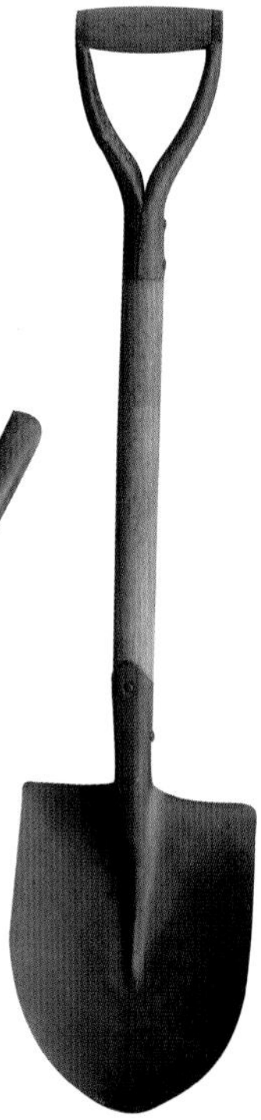

圓鍬
這是整地時不可缺的工具，能夠將土掘起後進行耕作。事先將握柄的長度調整好後，挖掘時就算不用一一測量也可以精確地完成工作，一般理想的握柄長度約30cm。

鋤頭
鋤頭對於整地或作畦、培土來說，非常方便，選擇使用起來較輕鬆的長度和重量。

繩子
廣泛運用於緊綁爬藤類蔬菜的莖蔓以及綑綁支柱用，棕梠繩和麻繩因為容易分解，較常被使用，塑膠繩使用時，纖維很容易撕裂，較不方便使用。

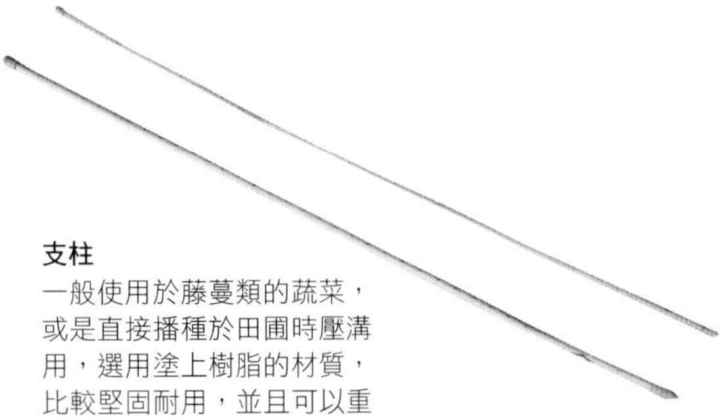

支柱
一般使用於藤蔓類的蔬菜，或是直接播種於田圃時壓溝用，選用塗上樹脂的材質，比較堅固耐用，並且可以重複使用。

鋪地材料（聚乙烯塑膠布）
主要是用於防止雜草生長以及提高土壤溫度時，顏色分成透明、黑色、銀色等，配合用途來選擇所需要的種類。

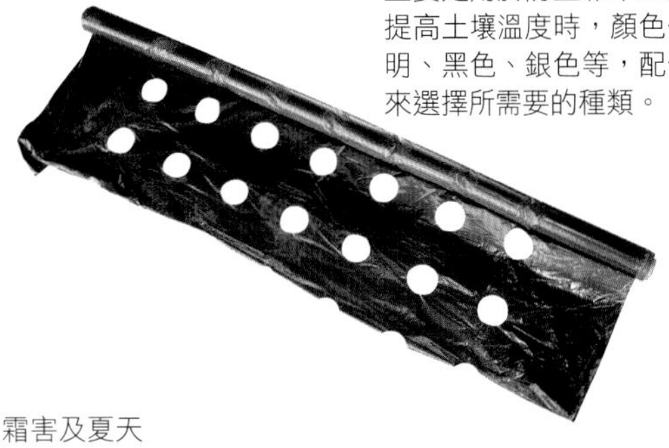

寒冷紗
用於防止冬天霜害及夏天的溽暑，將隧道棚的支柱立起來，覆蓋在菜苗上，白色的寒冷紗，邊幅較寬，使用起來比較方便。

噴霧器
用於噴灑液態肥料及農藥，選擇重量輕而堅固，同時附有可拆式噴頭的使用較為方便。

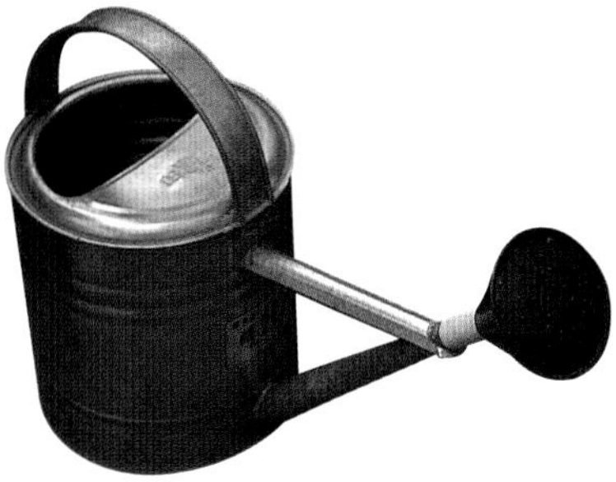

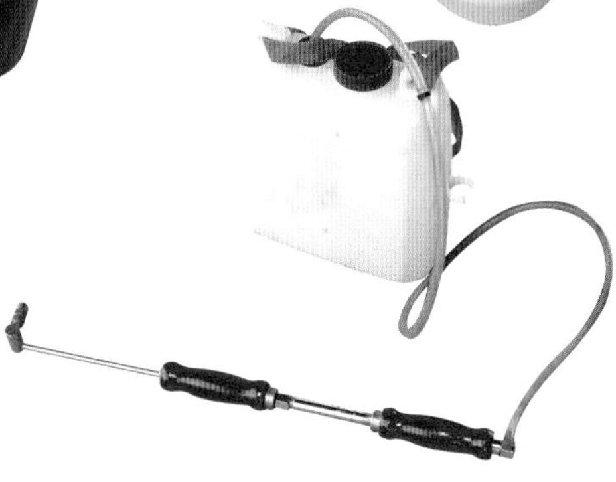

澆水器
澆水時使用，選擇容量大的較為方便。澆水範圍較寬廣時，將澆水器的蓮蓬噴頭朝上，若是要集中澆水於一個地方時，則將蓮蓬噴頭轉朝下即可。

育苗盆
為避免鳥害或氣溫太低，可先將種子播在育苗盆裡發芽，一般都使用3～3.5號的育苗盆。

篩子
使用於播種後，需要覆蓋薄土的時候，選擇活動式的內網，視需要隨時更換網目的大小，非常方便。

量杯
用來測量稀釋藥劑或液態肥料的水分量，測量肥料也很方便，通常被當成家庭用品來販賣使用。

桶子
不只是用於提水，搬運肥料也非常方便，可以依據不同的用途，多準備幾個。

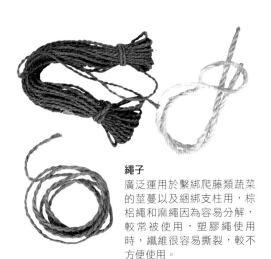

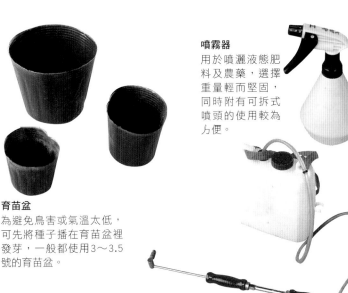

種菜的準備工作③

整地翻土

種菜最重要的一件事，就是培養適合而優質的土壤。所謂「優質土壤」，是指①保水性②保肥性③通氣性，此三者取得平衡的土壤。

播種或定植前兩週，要先檢測土壤的酸度，再混入苦土石灰來調整酸度。所謂土壤的酸度，是指土壤性質呈酸性或鹼性而言。酸鹼度的單位以PH值來表示，PH值7.0為中性，比7.0數值大為鹼性，比7.0數值小則為酸性。

播種或定植前一週，必須施放蔬菜生長不可缺少的肥料成分，這就是所謂的「基肥」，主要是指堆肥或化學肥料而言。施放基肥的方式分為全面施放的「全面施肥」、挖溝施放的「溝施肥」兩種。全面施肥適用於短期內就可以收成的青菜，而溝施肥則適合栽培期較長的青菜，像白蘿蔔或牛蒡這樣根生長較深的青菜，種植時要避開埋放基肥的地方。

土壤酸度的調整

❶決定種植場所

種植青菜的地點，要在播種或植株前兩週～一個月前整備完成。

❷檢測土壤酸度

可以使用酸度測定器來檢測土壤的酸度（PH值），酸度測定器種類繁多，可以在農具用品販賣中心購得。

全面施肥

❶撒上堆肥

撒上堆肥。1㎡左右的土壤需要灑上堆肥4kg。堆肥除了具有肥料養份之外，還要具備排水和通氣性良好的特質，所以要謹慎選擇，不可馬虎。

❷撒上化學肥料

1㎡左右的土壤平均需要灑上化學肥料150～200g。

溝施肥

❶拉繩

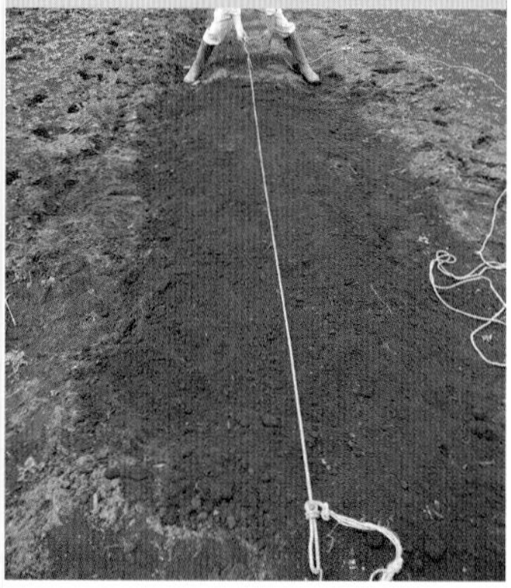

為了將溝挖在正中間，可以在一畦地的正中間約一支鋤頭的外側，拉起繩子。

不拉繩的方式

如果有兩個人在場的話，一畦地的兩端各站一個人拉著繩子，先以釘子固定在要挖溝的地方，以繩子摩擦出一條印記。

之後，再沿著這條印記直線挖掘即可。

3 灑石灰

石灰會使皮膚乾燥，所以工作時，請使用小鏟子進行。一般菜園土壤的PH值如果要上升1度的話，1㎡需要灑上苦土石灰400ml（g）。

4 混土

灑上石灰後，使用沙耙使其與土壤混合。石灰若含有水分就會變硬，所以灑上後要立刻混合。

5 整平

土壤混合後，以沙耙背部平直的部份將地整平即可完成。

3 翻土

撒上化學肥料後，以圓鍬將兩側的土深深掘起約20～30cm左右。

4 碎土

土完全翻好後，以沙耙將硬土塊敲碎。

5 整平

將土壤表面整平即告完成。

2 挖溝

這裡是以沿著繩子挖掘為例。約挖掘20cm深左右，不斷前進挖掘時，繩子可能會鬆掉，此時，再將釘子重新釘上即可。

3 混入基肥

1㎡左右的土壤需要堆肥4kg，化學肥料150～200g。

4 整平

沙耙將硬土塊敲碎後整平即可。

作畦

為了在菜園工作活動方便，必須先將土壤攏高成「畦」，然後才能進行播種、定植等工作，這種將土填高成畦的動作也稱之為「作畦」。雖然田畦的寬度依照所要種植的青菜種類而有不同，但是大部分都是60～70cm左右，雖然說田畦寬一點可以種植較多青菜，但相對的所結的果實也就較小，同樣的，如果田畦較狹窄，種的數量少，但所結的果實也就較大。

高度在5～10cm左右的畦，稱之為「平畦」，高度在20～30cm左右的畦，稱之為「高畦」。一般種菜平畦就可以了，但是，排水不良或是種植像地瓜這種需要良好排水的青菜時，還是要選擇高畦較合適。

畦和畦之間（畦間）的距離以方便工作為主要考量，如果畦本身是60cm的話，那麼之間的距離有可能也是相同60cm的寬度，或者只留足夠行走的30～40cm左右。

至於田畦本身是否一定都要呈四方狀，因為受限於土地的條件，可以不必太在意，但是，一般來說，都是作成日照充足的南北向（南北畦），或者是能夠抵擋寒冬霜害影響的東西向（東西畦）。

主要的田畦種類

東西畦

東西向的田畦，青菜都能得到全面充足的日照，所以較不易受到霜害的影響。

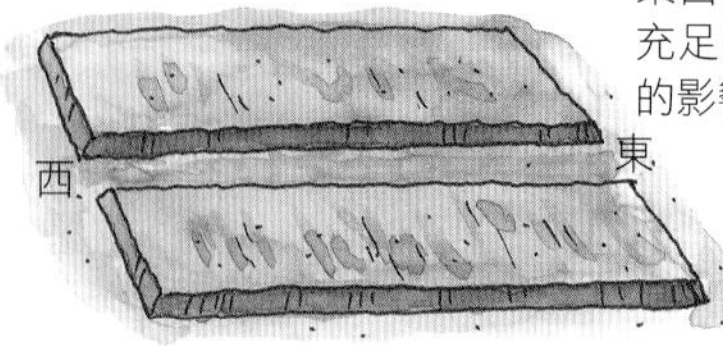

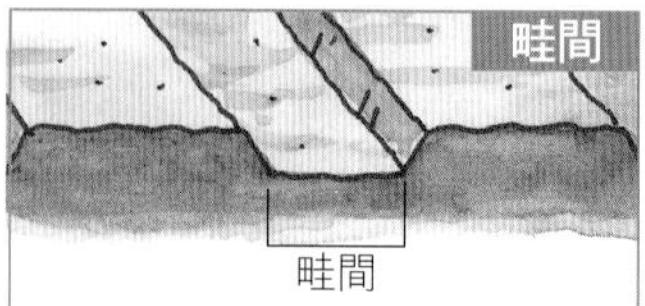

畦和畦之間（畦間）的距離要確保容易活動的空間，剛開始可以先留60cm的距離，等到習慣後，再改成30～40cm左右。

南北畦

南北向的田畦，日照也非常充足，但是為了讓整畦地都可以受日，南側可以種植一些葉子較低的青菜，愈往北的方向，則種植葉子較高的青菜。

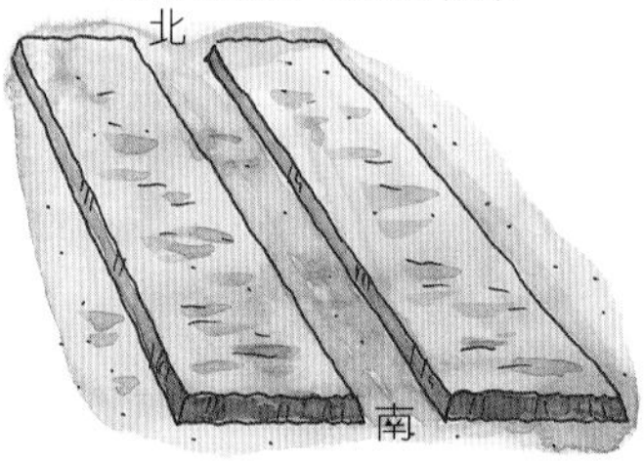

平畦和高畦

平畦寬度較廣，高度填至5～10cm左右。高畦的寬度和平畦相同，但高度應攏至20～30cm左右，本書所提到的包括平畦與高畦。

播種・定植的流程

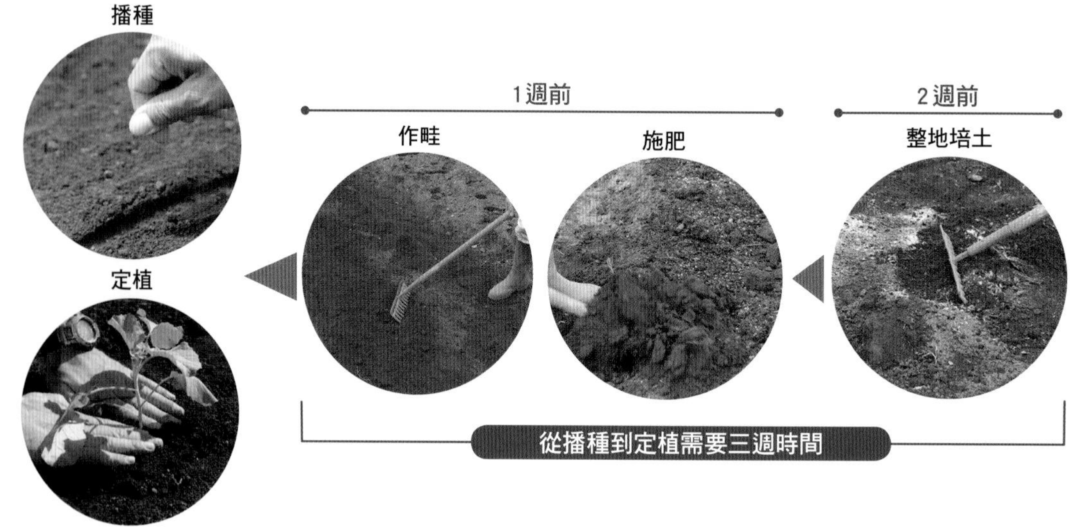

❶拉繩

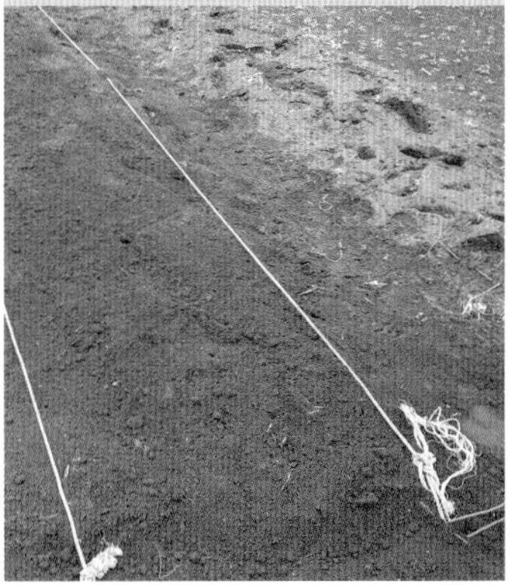

先以捲尺等測量出田畦的寬度，再將繩子捲在樁子上，以釘子固定於地面。

❷挖掘

剛開始挖掘時，先面對田畦的外側，先以鋤頭清楚地挖出畦的四方角度，之後再沿著繩子前進挖掘即可。

❸掘溝1

鋤頭沿著繩子外緣直線挖掘即可。

❹堆土

掘溝的時候，要將挖掘起來的土往繩子的內側方向堆積。

❺測量高度

挖掘工作進行到某個程度時，以捲尺確認一下高度。

❻掘溝2

單側的掘溝工作完成時，另一側也以同樣的方式挖掘即可。

❼碎土

掘溝完成後，以沙耙尖銳處將較硬的土塊敲碎。

❽整平

使用沙耙背面平直處將地面整平。

❾完成

地表整平後，作畦工作就算完成了。

種菜的準備工作⑤

塑膠蓋布的鋪法

將地面覆蓋起來叫做「覆地」，覆蓋田畦有下列幾個目的：

- **提升地表溫度**
- **避免地表溫度上升**
- **防止土壤乾燥**
- **防止雜草蔓生**
- **避免濺泥或疾病**

覆地的材料可以用稻草、腐葉等，種植青菜則常用聚乙烯材質的塑膠布，聚乙烯塑膠布分為透明、黑色、銀白色三種。透明色用於提升地溫，防止土壤乾燥，黑色用於保持地表溫度，避免雜草蔓生，銀白色材質裡的銀線，可以有效地預防蚜蟲等害蟲、防止土壤乾燥、避免雜草蔓生等用處，不管是片狀或是滾筒狀，都分為有孔與無孔兩種，一般菜園裡使用的是滾筒狀無孔塑膠布，可以適用於各種青菜。

❶ 掘溝

以不破壞田畦的方式，用鋤頭將田畦周圍挖掘出溝來。

注意角度

挖溝的時候，將鋤頭水平式掘下，讓田畦與溝成垂直的話，當土壤蓋回來時，才能將塑膠布緊緊地固定於地面。

如果鋤頭斜斜地挖掘的話，田畦和溝就會呈現傾斜狀，覆地之後很容易因為風或雨而鬆脫。

⑤ 蓋土

依照塑膠布展開的先後，以鋤頭將掘起的土蓋回去，再以鋤頭緊壓即可。

蓋土的重點

以腳的側邊踏緊塑膠布後，再將釘子拔出。

緊踩塑膠布的腳上覆蓋上泥土再將腳抽開即可。

搭架塑膠隧道棚的方法

有些青菜，在氣溫、地溫都很低的時候，必須以塑膠布等來遮蓋，避免遭受寒害，這就是所謂的「塑膠隧道棚」。

❶ 架支柱

以隧道型支柱，間隔30cm，插入田畦的左右兩端，成隧道狀。

❷ 固定一端

塑膠蓋布的一端拉開後和田畦緊密接合，覆蓋上泥土後，以腳踩踏固定。

❸ 展開塑膠布

邊滾動滾筒，邊拉開塑膠布，以釘子固定。

❹ 暫時固定側面

側面的塑膠布邊，先暫時固定住，一直展開至田畦的另一頭後，將塑膠布割斷，將土覆蓋上去，以腳踩踏兩端固定即可。

❻ 固定塑膠布邊

左右兩邊的土都蓋好後，再從腳跟到腳尖，以整個身體的重量將泥土踏實固定即可。

❼ 完成

配合植株的距離，以刀子或剪刀開個圓孔，即完成了覆地的工作。

開圓孔的方法

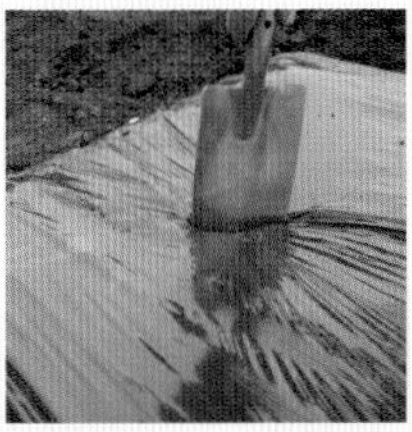

以小鏟子開圓孔的話，只要以小鏟子在塑膠布上畫個十字，就可開孔。

以罐子開孔的話，要事先將鐵罐以剪金屬的剪刀剪成鋸齒狀，使用時，只要將鋸齒狀鐵罐插入塑膠布，用力扭轉一下，就可以完成圓孔了。

❷ 覆蓋塑膠布

塑膠布的一端埋在土裡，拉展開至另一側時，割斷後埋在土裡固定就可以了。

❸ 以磚頭重壓

塑膠布的一側埋在土裡固定，另一側為了能夠隨時打開來，所以以磚頭壓住即可。

❹ 完成

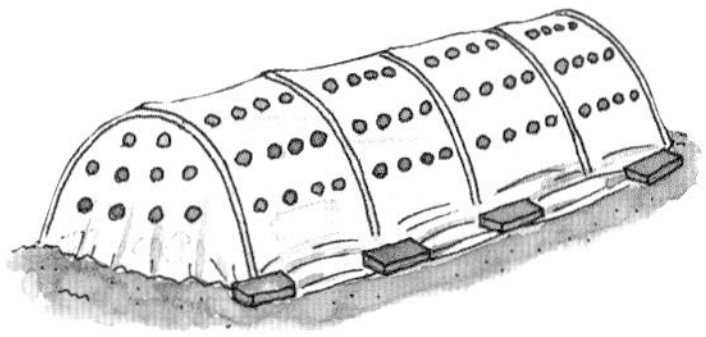

這樣就完成了塑膠隧道棚，寒冷紗也是採取同樣的拉法。

種植青菜的程序❶

播種

直接將種子播種在田裡育苗的方法，稱之為「直播」。通常發芽溫度較低或較容易生長的青菜會採用這種直播的方式。至於發芽溫度較高或不易栽植的青菜，還是需要將種子播在育苗盆或育苗箱裡育苗才行。

播種的方法分為「條播」「點播」「散播」三種。條播適合用於種子較小、生長速度較快的葉菜類以及外型不太大的青菜。點播則適合於種子較大的青菜、根莖類蔬菜以及發芽溫度不高的青菜。至於散播，則適合種子細小的芹菜科、紫蘇科等好光性種子類（靠光才能發芽）的青菜，因此，播種後，幾乎不蓋土或者只是薄薄地灑上一層土即可。直播的種子很容易因為風或雨而流失，因此，可以將種子灑在育苗盆或育苗箱培育。

如果採用條播和點播的話，播下種子後，要覆蓋上泥土並全面澆水，如果散播後澆水的話，種子很容易流失，所以要在播種前，給土壤充足的水分。

條播

這種方式適用於像菠菜、小松菜等需要疏苗的青菜。以支柱或手指作出一條植溝後，以手指捻著種子，將種子撒在植溝裡，如果要播種兩列以上，請考慮青菜成長後的大小來預留條間的距離。

❶挖植溝

以支柱壓在土壤上，印壓出一條植溝，要種兩列以上的話，測量出距離後，再以同樣的方法做出另一條植溝，如果土壤太乾燥的話，請灑水使土壤濕潤後再進行挖溝。

點播

這種方式適用於像白蘿蔔或南瓜等，一開始就要預留株間距離的青菜，或種子較大的青菜。採用點播種時，可以用瓶底等器物壓出種穴後播種。若要避免鳥害的話，播種後可以用網子或寶特瓶等來保護種子。

❶印壓種穴

以瓶底等物，壓出深約5～10cm左右的種穴，土壤太過乾燥時，請先澆水後再播種。

育苗盆播種

育苗盆播種適用於直播不易生長的青菜。先在3號育苗盆裡放入與盆口齊的濕潤培育土，根據種子的種類，以手指壓出種穴，穴裡播下種子，或是以散播的方式播種。

❶裝土

事先將培育土灑水濕潤，在3號育苗盆裡放入與盆口齊的濕潤培育土。

❷播種

以手指捻住種子，大拇指和食指來回摩擦地播下種子，如此一來，灑下時，種子就會一粒粒分開，可以避免種子太過密集而重疊的缺點。

❸將土蓋回

手指作剪刀狀，對著植溝，沿著植溝拉動手指，將土埋回去。

❹壓土

土蓋上去後，為了讓種子跟土壤更密合，可以以手掌輕壓土壤表面後，再全面澆水。

❷播種

種子數量因青菜種類不同而有所差異，種了與種了之間，要預留空間不要重疊。

❸蓋土澆水

將種子周圍的土壤覆蓋回去，輕壓土壤讓種子與泥土更密合，再以澆水器澆水。

以寶特瓶罐防鳥

為了不讓播下的種子遭受鳥害，可以將寶特瓶的底部和中段部份切開，覆蓋於播下種子的地方。氣溫低的時候可以使用寶特瓶口的部份（右方照片），為了避免產生蒸氣，要將瓶蓋打開，氣溫高的時候，使用寶特瓶的底部（左方照片）。

❷播種

種子較大粒的時候，可以以手指直接將種子壓入泥土裡，或以手指壓出種穴後，再將種子放進去，不管哪一種作法，記得要將種子壓進土裡約手指一個關節的深度，然後蓋上土壤。

散播

散播時，要先給予土壤充足的水分後，才可以播種，種子要平均撒開，切勿重疊。

以培育箱培育時，也是同樣充分給水之後才進行散播。

❸澆水

播種工作完成後，將育苗盆集中放在一起澆水，至盆子拿起來時盆底會流出水來的程度即可。

種植青菜的程序❷
定植

對於種植青菜來說，有時候買幼苗回來培育反而會比較好，在此介紹在販賣中心選購幼苗的技巧及種植方式。所謂健康幼苗，大致上是指葉與葉之間的莖和葉顏色較深的會比較好。幼苗選購好後，就可以進行定植了。培育出來的幼苗也是以相同的方法定植。

定植的時間要配合青菜適當種植的時期，暖和、陰天無風的日子最適合種植。首先，將育苗盆裡的幼苗澆水濕潤，如果育苗盆裡的土太過乾燥，幼苗取出時，根部的土會崩裂散掉，再來要挖掘和根缽大小吻合的植穴，定植時，根缽約高出地表少許這樣的深度，在不破壞根缽的情況下將幼苗取出植入，再將掘出的土覆蓋回去，輕壓根部的土壤，讓根部和土壤更為密切穩固，如此有利於根部的延伸發展，若是覆蓋塑膠布的情況下，也依照同樣程序進行。

❶準備幼苗

定植前先充分給水。

❷挖掘植穴

挖掘出和育苗盆同樣大小的植穴，定植時，根缽約露出一點淺淺地種入植穴裡即可。

選購幼苗的重點

❸取出幼苗

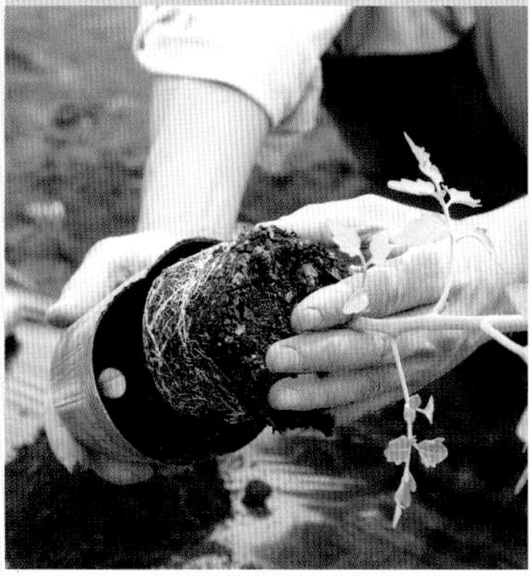

在不破壞根缽土壤的前提下將幼苗取出，小心地取下根缽。

分株

定植青菜時，基本上以不破壞育苗缽裡的土壤為原則，但是，若育苗時有留下好幾株幼苗的話，可以先進行分株後再進行定植，不過分株時，還是盡量不要破壞根上附著的土壤。

❹定植

定植時（照片上已覆蓋塑膠布），幼苗離地面稍微高一點即可。

❺覆土

定植完成後，將掘出的土覆蓋回去，若是覆蓋了塑膠布的話，圓孔中也要覆蓋泥土。

❻輕壓土壤表面

以手掌輕壓根部的土壤即可，若太用力壓的話會讓土壤變硬，反而不利於根部的延伸發展。

❼架暫時性支柱

青菜幼苗還未成長完成前，要先架立暫時性支柱，斜斜地支撐著幼苗。

❽以繩子固定

立好暫時性支柱後，以繩子將支柱及植株，以8字形綁起來後，在支柱旁打上容易解開的結固定即可。

❾給水

定植完成後，以澆水器給水即可。

❿完成

給水完成後，就算是完成了定植的工作。在根部還沒有完全附著的一週間，要隨時給予充足的水分，避免土壤乾燥。

種植青菜的程序❸

疏苗

如果是採用散播的話，很多種子發芽後，將生長狀況不好的幼苗拔除，這就叫做「疏苗」。從種子到成株的過程中，透過反覆進行疏苗，只留下最健康的一株栽培即可。

種子發芽後，子葉長到大約手指頭第一關節長（約1～2㎝）的長度時，就可以進行疏苗。要拔除的幼苗包括長得太小、外型不整齊或是遭受病蟲害的子葉，疏苗的距離不要太過寬廣，否則很容易遭受風、雨而導致幼苗傾倒，株與株之間如果沒有相互競爭的話，也很難長得好。之後配合生長狀況進行多次的疏苗，株與株之間最理想的距離是葉子正好彼此接觸或者是剛好碰不到的程度，疏苗後的青菜幼苗不要丟棄，可以做成料理。

進行疏苗的恰當時間是子葉展開、本葉1片、本葉3片或本葉5～7片時。以根莖類青菜為例，如果一處播下5粒種子的情況下，進行第1～2次疏苗時，留下3株，第3次疏苗時一處只要留下1株健苗就可以了。

第一次疏苗

❶子葉疏苗

子葉展開後即進行第一次疏苗，留下子葉形狀完好的幼苗。

使用鑷子疏苗

以鑷子拔除子葉過小的青菜幼苗。

葉子過密重疊的部份也進行疏苗，疏苗的距離以不和旁邊葉子重疊為原則。

2～4次疏苗

❶疏苗

因為此時植株已經成長到某種程度，進行疏苗的時候，要注意不要誤拔到其他的菜苗，可以手壓住根部周圍的土壤後再進行疏苗。

❷拔除的幼苗

拔下來的青菜幼苗不要丟掉，可以做成美味的青菜料理。

生長茂密的情況

❶決定株間的距離

像山茼蒿或菠菜等蔬菜，播種時會同時播下很多種子，一定要進行疏苗，讓株間距離恰當。

❷疏苗

以剪刀進行疏苗，調整株間距離，拔除的青菜可以料理成桌上佳餚。

種植青菜的程序④

摘芽・摘芯

為了培育出健康的蔬菜，配合蔬菜的生長狀況來管理是一件很重要的事。摘除生長上的側芽或摘除主枝及藤蔓的頂芽，進行所謂的「摘芽」或「摘芯」。

【摘芽】　隨著植株生長會長出側芽。側芽是從主莖和葉柄處交會的地方發出來的芽，因為是沒有作用的芽，如果置之不理的話，可能會導致青菜生長遲緩或葉子過於茂盛而無法結出健康的果實。一旦發出側芽，可以趁著天氣好的時候，以手摘除，摘除的傷口部分才會完全乾燥。

【摘芯】　持續生長中的植株，主枝會不斷地延伸成長至手無法搆到的高度，放任它生長不去處理也沒有關係，但是，如果已經影響管理工作的時候，還是要進行摘芯工作，調整成容易管理的適當高度，避免過高，和側芽一樣，以手摘除即可，有時也可能像西瓜一樣，透過摘芯，培養子藤蔓繼續生長。

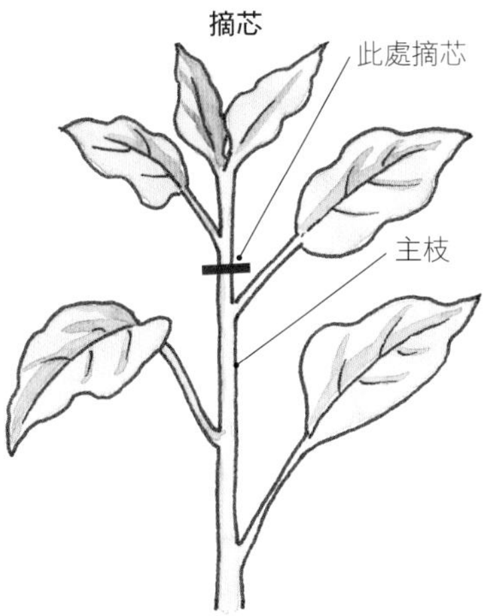

抑制植株的高度，多用於結果實於子藤蔓的青菜。

摘除不必要的側芽，促進植株或果實的生長

摘芽

摘除下葉

像青椒這類蔬菜，第一次開花後，主莖分岐處以下的葉子全部摘除。

摘除側芽

葉和莖之間會長出側芽。以手輕壓主枝後摘除即可，要趁側芽還沒有長大之前進行。

摘芯

培養方法

像西瓜這樣的蔬果，要配合後續的生長進行摘芯的工作，此時，留3條子藤蔓，主藤蔓摘芯即可。

調整高度

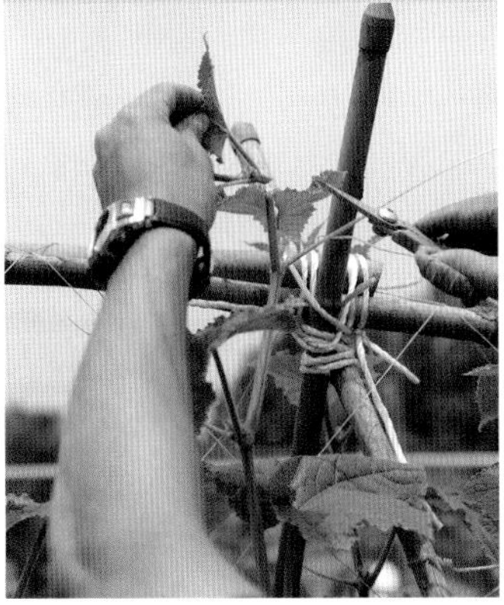

延伸太高的主枝，透過摘芯調整成容易管理的適當高度。

種植青菜的程序5

支柱的架法

隨著生長，果實或莖枝的重量會不斷增加的青菜，就必須架立支柱支撐固定，莖或藤蔓會延伸生長的青菜，不只需要架上支柱，還需要拉上網子等輔具來誘引藤蔓的生長，市面上販售的樹酯支柱，堅固耐用且可重複使用，非常方便。

支柱的長度必須和青菜的高度配合，像蕃茄這樣高度較高的青菜，可選擇2m長的支柱，像茄子這樣高度較低的青菜，則選用1m長的支柱，架支柱的時候，為了避免搖晃不穩，必須插入土裡約20～30cm深。

架支柱的方法分為「合掌式支柱」「直立式支柱」等方式。「合掌式支柱」是兩根支柱插入土裡後，兩根支柱的前端交叉固定，交叉部份再水平橫架上一根支柱。「直立式支柱」是將支柱垂直插入土裡，像青椒這樣的青菜，一株就架立一根支柱，如果有藤蔓的話，就需要架更多支柱，再水平或斜斜地架一根支柱補強穩定。

不管是採取哪一種方式，將植株和支柱以繩子綁起來的時候，不要完全固定住，要預留少許空間後才固定。如果栽種小黃瓜的話，要使用網子時，不管採取哪一種方式，一定要先將支柱固定後，再將網子固定在支柱上。

合掌式支柱的搭法

將兩根支柱的前端部分交叉，以繩索固定，交叉部份再橫架上一根水平狀支柱，就能穩定

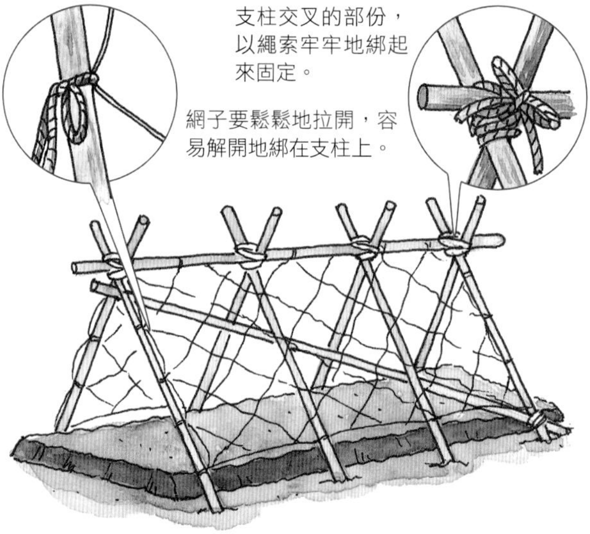
支柱交叉的部份，以繩索牢牢地綁起來固定。
網子要鬆鬆地拉開，容易解開地綁在支柱上。

直立式支柱的搭法

將支柱垂直地深插入土裡。植株與支柱之間，預留某些空間後，再以繩子綁起穩固。

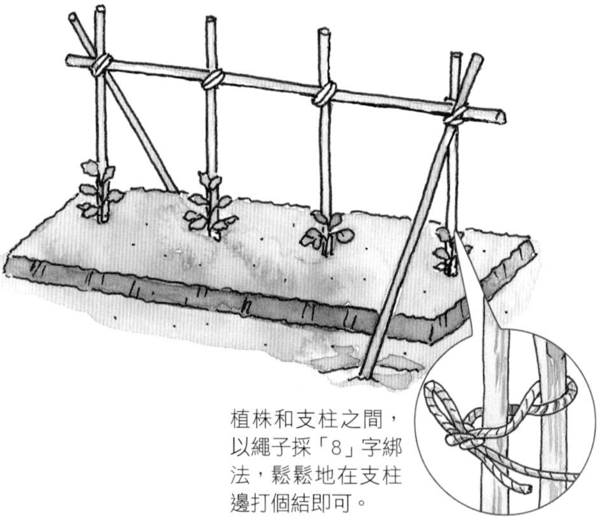
植株和支柱之間，以繩子採「8」字綁法，鬆鬆地在支柱邊打個結即可。

種植青菜的程序❻

鬆土・培土

【鬆土】 幼苗定植後，在生長的過程中，將植株周圍的土壤翻過的過程，稱之為「鬆土」。即使是已經鬆過的土壤，也會因為下雨等，土壤表面會開始漸漸硬化，土壤一旦硬化，通氣性會變差，新鮮空氣無法到達植物的根部，生長的情形就會變差，因此，透過翻土的動作，讓土壤表面變鬆，通氣性也會變佳。

鬆土時要小心，不要傷及植株的根部，不必挖掘過深。還有，如果太靠近植物根部的話，有可能會傷了植物的莖，所以鬆土時不要太靠近根部。

【培土】 青菜不斷成長後，根部的土壤會漸漸減少，植株容易傾倒或根部會外露於土壤表面，為了避免這些情況發生，必須定期培土。像蔥因為需要軟白化，所以，必須不斷重複培土，將生長點以下的部份埋在土壤中，培土很重要的一點，就是不要將植株的生長點埋在土裡。

以手鬆土

如果土壤夠柔軟的話，可以直接以手將表面的土塊鬆化。

以小鏟子鬆土

追肥後鬆土時，可以順便除草，以小鏟子將土壤和肥料混合。

以鋤頭培土

像蔥類等青菜，可以以鋤頭進行培土，注意不要將植物的生長點埋在土裡。

培土

鬆土過後，要記得培土，注意不要將植物的生長點埋在土裡。

生長點和胚軸

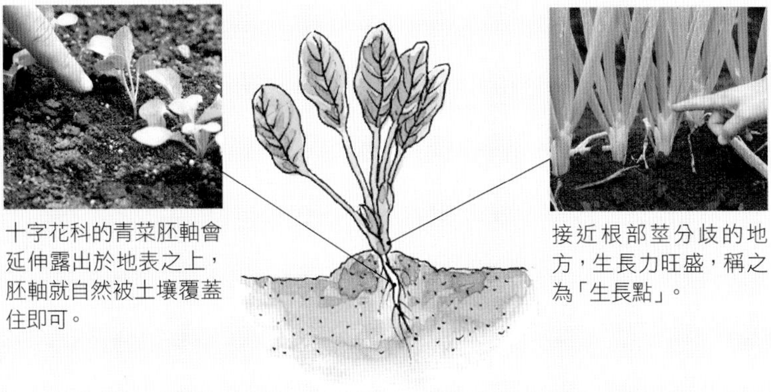

十字花科的青菜胚軸會延伸露出於地表之上，胚軸就自然被土壤覆蓋住即可。

接近根部莖分歧的地方，生長力旺盛，稱之為「生長點」。

種植青菜的程序⑦

施肥的方法

所謂「肥料」，就是為了讓植株順利成長、開花、結果而補充的必要養分。主要是指植物成長所需的主要元素氮、磷、鉀、鎂、鈣，硫磺等，以及如亞鉛、鐵、錳等微量元素，尤其是氮、磷、鉀被稱為肥料的三大重要元素，是種植青菜時不可缺少的三種元素。

依照給肥的方法，大致上可以區分為「基肥」和「追肥」兩種。基肥是播種或定植之前，對菜圃土壤所施的肥料（p16）。追肥則是在植株生長過程中所補充的肥料。

種菜時所使用的肥料種類繁多，特性及使用方法也各有不同，依照肥料特徵來看，大致可區分為「有機肥料」和「化學肥料」兩大類。有機肥料是指植物油渣和堆肥等，製作過程緩慢，但效果持久，而化學肥料是和自然成分裡所抽出的化學物質合成的肥料，比起有機肥料，處理起來比較簡單。

追肥的方法

散撒施肥

直接播種於田圃的青菜，或是像洋蔥這種需移植的青菜，比較起來栽培的土地較為寬廣，可以在1㎡左右的土壤上撒50g的肥料。

條間施肥

直接播種於田圃的青菜，因為株間較為狹窄，所以可以施肥於條間。

肥料的分量

①圖為50g的肥料分量。青菜的追肥分量，1㎡左右的土壤施放30～50g的肥料，分量以量杯計算即可。
②圖為肥料一把的分量。約以手輕輕握起，適用於較大植株的施肥分量。
③圖為肥料一小撮的分量。約以手指抓起，適用於較小植株的施肥分量。
（照片裡的肥料都是屬於化學肥料）

追肥的流程

幾乎所有的青菜在追肥後，都必須透過鬆土將土壤和肥料混合，再將土蓋回植株根部。

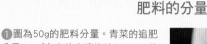

株間施肥

植株數量少的情況下，不需要採用畦邊施肥的方式，可直接在株與株之間施肥。

田畦邊施肥

較大型的青菜，可以採取畦邊施肥的方式，配合植株的生長，追肥處要略微離開植株，不可過於靠近。

葉子外圍施肥

株間距離夠寬的青菜，可以施肥於葉子外圍。

覆蓋塑膠布的追肥法1

❶追肥

以畫圓圈的方式將肥料放進塑膠布的圓孔裡，儘可能距植株略遠處施肥。

❷鬆土

以手將土壤和肥料混合，略微鬆土。

❸將土整平

鬆土之後將土壤整平。因為塑膠布不容易讓肥料流失，所以肥料的量可以比標準份量少一點。

覆蓋塑膠布的追肥法2

❶以小鏟子切入

以小鏟子切入株與株之間的塑膠布。

❷盛裝肥料

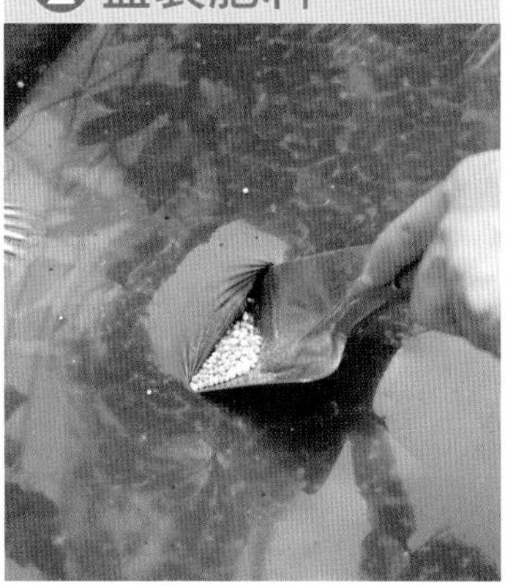

小鏟子上盛裝肥料。

❸切入肥料

將塑膠布圓孔略微掀開切入肥料。追肥後圓孔自然放置即可。

肥料三大要素的特性

要素名稱	特徵	缺乏的後果
氮（N）	氮可促使莖、葉的生長，對種植青菜來說，是非常重要的成分	葉子變成枯黃色。
磷（P）	可促使花或花苞、果實、根等生長旺盛	葉子會變成紫色。
鉀（K）	可以促使根部肥大生長，特別是根莖類蔬菜最為需要	葉脈之間會變色，根的生長會惡化。

有機質肥料

以植物油渣或堆肥製造而成的肥料，肥料營養豐富，效果能維持長時間。

雞糞

含有豐富而均衡的氮、磷、鉀。利用雞糞發酵而成，使用於基肥和追肥。

草木灰

含豐富的磷和鉀。適用於果菜類，同時可以調整土壤的酸度，使用於基肥和追肥。

油渣

含有豐富的氮素。由植物油渣製造而來，使用於基肥和追肥。

堆肥

這是由落葉和牛糞等發酵而成的有機肥料。肥料效果長久而持續，常用於土壤的改良，使用於基肥。

化學肥料

自然素材裡抽取出的成分化合而成的肥料，也稱為無機質肥料。

硫安

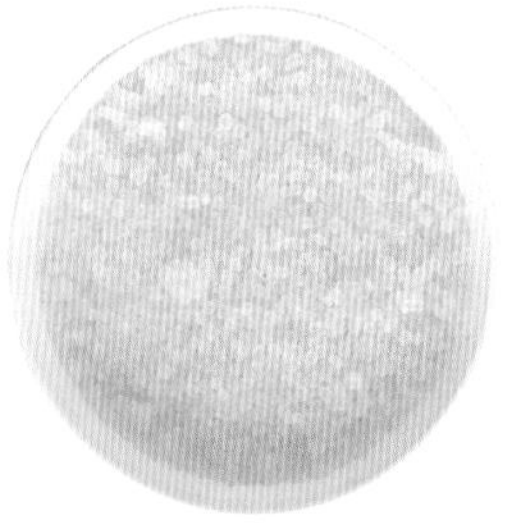

只含有氮的肥料。溶解於水中就可以當追肥使用，使用於基肥和追肥。

過磷酸石灰

含磷成份，屬於易溶解於水的肥料，常和堆肥一起施放，使用於基肥和追肥。

液肥

液體狀的化學肥料，依照商品說明加水稀釋濃度後使用，使用於追肥。

硫酸鉀

只含鉀成分的肥料，可以補足有機肥料中缺乏的鉀成分，使用於基肥和追肥。

化學肥料

含有同等份量的氮、磷、鉀，使用起來很方便，使用於基肥和追肥。

種植青菜的程序 8

病蟲害對策

種菜要面對的重大問題之一，就是對抗病蟲害。幾乎所有的青菜都會直接面臨疾病的感染，或者遭遇蟲害的危害而使得青菜的生長衰弱枯竭，不能如願的提高生產量。為了要盡量減低病蟲害的問題，最重要的就是做好病蟲害的預防對策。

要預防病蟲害，良好的栽培環境對於培育青菜來說是很重要的，整土時，透過深耕，培育出通氣性佳、排水性佳，水土保持良好的土壤。除此之外，定植的時機、株間的距離、肥料的分量等等，都要配合所種植的青菜特性，進行適當的作業，就能培育出對病蟲害有強烈抵抗力的青菜。

只要一個星期的時間，田裡就可能變得完全不一樣，所以一定要常常到田裡仔細確認是否有害蟲或有生病的葉子等，早期發現，及早採取應對措施，才能避免受害層面擴大。

主要疾病及對策

病名	易受害的青菜種類	症狀	對策及預防
青枯病	茄科青菜	植株栽培至某種程度時，突然失去元氣而疲軟枯萎。	源於土壤中的細菌感染。確認發生後要立刻將植株拔除，以免感染他株。
白斑病	幾乎所有青菜	莖或葉的表面產生如白粉一樣的黴斑。	情況嚴重時要立刻將植株拔除焚燒，良好的通風性可以有效預防。
疫病	蕃茄、馬鈴薯	莖或葉、果實的表面產生如水浸漬狀的褐色病斑，不久就會生出白斑黴等而枯死。	常發生於低溫、潮溼的地方，發現後要立刻將植株連同土壤一起挖除焚燒，初期可以噴灑合法登記的殺菌劑。
褐色腐敗病	茄子	黴菌是主要原因。莖或葉、果實的表面產生褐色的小斑點，不久褐色斑點處就會腐爛。	發現後要立刻將發病的植株拔除焚燒，初期可以噴灑合法登記的殺菌劑。
菌核病	萵苣、高麗菜、大白菜、蔥等	莖的中段部份突然像腐爛一樣地軟化，軟化處之後的地方會枯萎，發生病變的地方由褐色變成黑色並生出白綿狀的黴。	菌核病菌的感染，要立刻將發病的植株拔除焚燒。
黑腐病	綠花椰菜、白花椰菜等十字花科青菜	葉子上會產生楔形的黃色病變，不久就會變黑而枯死。	源於細菌感染，發現初期可以噴灑合法登記的殺菌劑。避免連作可以預防。
黑斑細菌病	高麗菜、葉用蘿蔔	葉子上會生出黑色的斑點並漸漸向周圍擴散。	細菌感染是主因，好發於初秋時節，要避免土壤肥料養分不足。
黑斑病	青蔥、日本蔥、洋蔥	葉子上會產生黑色的斑點並向周圍擴散，病斑上會生出黴。	避免不要過度潮濕，特別是梅雨季節，要避免土壤肥料養分不足。
腐銹病	青蔥、日本蔥、洋蔥、山茼蒿	葉子表面產生略微突起的小斑點，一碰觸就會變成粉狀。	發現後要立刻將發病的植株拔除焚燒，初期可以噴灑合法登記的殺菌劑。
立枯病	幾乎所有青菜	生長狀況良好的青菜，在晴天的白日裡，竟然傾倒，不久即枯死。	源於土壤中的黴菌，發現後要立刻將發病的植株拔除焚燒。
藤蔓斷裂病	瓜科青菜、地瓜	瓜科的青菜最害怕的病變。大白天植株突然疲軟垂下，接近地面的部份產生水浸狀的病斑，隨後病變的部份斷裂腐爛。	發病後要救治是不可能，必須立刻將發病的植株拔除焚燒。可以利用接枝的方式預防發病的可能。
軟腐病	高麗菜、大白菜、蔥、蕪菁	接近地面的部份呈現水浸狀，隨後軟化、腐爛、發出異臭。	源於土壤中的細菌由植株的傷口侵入，發現後要立刻將發病的植株拔除燒毀，要盡量避免植株受傷產生傷口。
根瘤病	十字花科青菜	根部長出大大小小的瘤，發病的植株會衰竭，嚴重則枯死。	源於土壤中的黴菌，發現後要立刻將發病的植株拔除焚燒。避免連作可以預防。
灰黴病	毛豆、四季豆、草莓	產生如水浸狀的褐色斑，擴大後生出灰色或灰褐色的黴斑。	黴菌是主因，發現後要立刻將發病的植株拔除焚燒，排水佳、通風良好有助於預防發生。
枯萎病	蕃茄、茄子、青椒、無辣辣椒	一開始植株的一半開始枯萎垂下，擴及全株後枯萎。	源於土壤中的黴菌，要立刻將發病的植株拔除焚燒。
斑點細菌病	蕃茄、茄子、青椒、無辣辣椒、小黃瓜、毛豆	葉子表面產生褐色斑點，不久變成灰白色，嚴重時葉子會枯萎。	發現後要立刻將發病的植株拔除焚燒，通風良好有助於預防發生。
斑點病	西洋芹、蘆筍	莖或葉子表面產生灰褐色或暗褐色圓形病斑，嚴重者葉子會枯萎。	發現後要立刻將發病的部份摘除燒毀，莖和葉子不要過於茂密即可預防。
黃斑病	小黃瓜、十字花科等葉菜類	葉子表面產生黃色病斑，葉子背面也生出黴斑。	避免肥料過多，適度地疏苗，保持通風良好可以預防發生。
葉斑病	幾乎所有青菜	葉子表面產生馬賽克狀斑點，最後整株萎縮。	病毒感染為主因，發現後要立刻將發病的植株拔除燒毀，蚜蟲為感染媒介，所以必須防止蟲害。

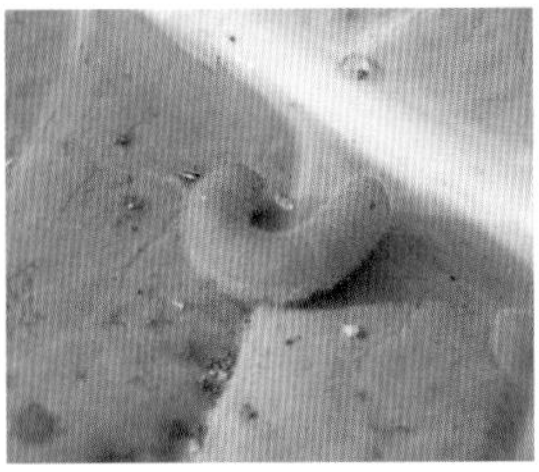

螟蛉蟲
粉白蝶的幼蟲。大多啃食高麗菜或花椰菜等十字花科的青菜菜葉。

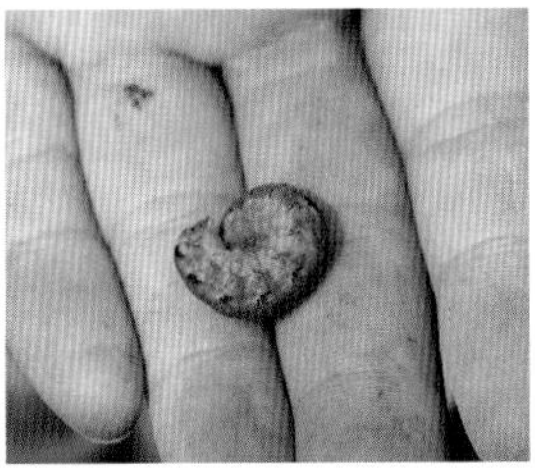

夜盜蟲
會啃食任何一種青菜。白天隱藏於土壤中，夜間才出來活動。照片裡的是斜紋夜盜蟲。

黃斑病
葉子表面產生黃色多角狀的病斑，葉子背面也生出灰色的黴斑。

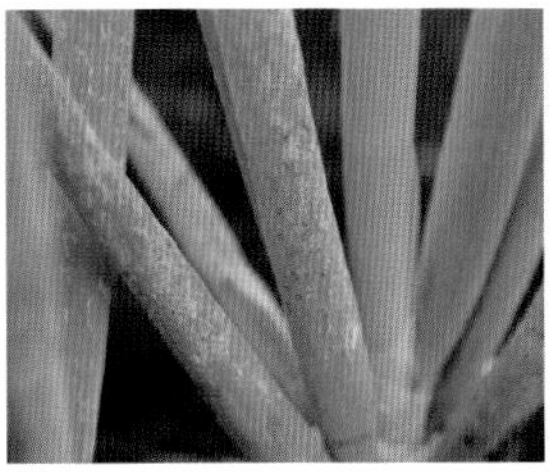

腐銹病
洋蔥及青蔥等青菜較容易發病，葉子的表面生出銹色的斑點，一碰觸就會變成粉狀。

主要蟲害及對策

害蟲名稱	易受害青菜	被害症狀	對策及預防
螟蛉蟲	十字花科青菜	粉白蝶的幼蟲，主要啃食青菜葉，好發於春、秋。	若看見粉白蝶，表示一定有蟲卵及幼蟲的存在，所以要立刻撲滅。
蚜蟲	幾乎所有青菜	寄生在嫩芽或葉子背面，吸食葉汁同時傳播病毒。	確認受害後，先在地上鋪一層紙，以毛筆等將其掃落，可以以銀色塑膠布防止成蟲飛來。
溫室粉蝨	蕃茄、茄子、小黃瓜、馬鈴薯	身上有翅膀，體長約2mm左右，屬於群生性的白蟲，最主要吸食葉汁。原本多發生於溫室內，但或許是因為暖化的影響，連露天地區也有案例發生。	這種蟲特別容易被黃色吸引，所以可以利用黃色黏紙撲滅。
蕪菁蜂	蕪菁、白蘿蔔、青江菜、小松菜等	體長約2cm左右的幼蟲，啃食菜葉成圓形洞狀。	抖動菜葉，落地後撲滅即可。
椿象	茄子、青椒、無辣辣椒、毛豆	附著於莖、葉或果實上，吸食汁液。	只要一看見就立刻撲滅。
紋白蝶的幼蟲	西洋芹、明日葉、紅蘿蔔	屬於大型的芋蟲，附著於葉子上，啃食菜葉。	只要一看見就立刻撲滅。
金龜子的幼蟲	落花生、根莖類蔬菜	白色，幼蟲頭部為黃色或是黑褐色，隱藏於土壤中，啃蝕根部。	植株會變得非常虛弱，確定沒有其他病害之後，挖開根部撲滅。
小菜蛾的幼蟲	葉菜類青菜	淡綠色的幼蟲，啃蝕葉肉。	只要一看見就立刻撲滅。
瞑蛾	十字花科青菜	屬於小型的幼蟲，啃蝕葉子及嫩芽芯，使青菜生長惡化，結球蔬菜或花蕾蔬菜若幼苗時期被侵害的話，可能會導致無法收成。	用心觀察植株，只要一發現就立刻撲殺。
薊馬	幾乎所有青菜	屬於小型的昆蟲，附著於葉子背面，形成葉子上的擦傷狀。	發現時，可以噴灑合法的殺蟲劑來驅除，要注意植株附近的除草工作，銀色塑膠布可以有效預防。
蛞蝓	萵苣、大白菜、高麗菜、小松菜、茄子	夜間出沒，啃蝕菜葉、花以及果實等。	在夜間活動時，只要一看見就立刻撲殺，白天大多躲在附近的石頭或盆子底下，一看見就立刻撲殺。
馬鈴薯瓢蟲	茄子、馬鈴薯	與身上很多黑色斑點的瓢蟲同類，也稱作「茄28星瓢蟲」。	確定受害後，只要一看見成蟲或幼蟲就立刻撲殺，但是很難預防從其他地方飛來的蟲子。
根切蟲	菠菜、山茼蒿、玉米、茄子、蕃茄、小黃瓜、紅蘿蔔等	夜間會從土裡鑽出，啃蝕植物根部。	挖掘受害植株附近，若看見鑽出就立刻撲滅。
根瘤線蟲	幾乎所有青菜	原本是寄生於土裡的根部，啃蝕根部養份，讓根腐爛而長出瘤塊，導致植株枯萎。	避免連作，或在附近種植萬壽菊可以有效預防。
蝨蟲類	幾乎所有青菜	有點類似小小的蜘蛛，群生於葉子背面，吸食葉汁，被侵害的部份會產生白色或褐色的斑點狀。	自葉子背面強力澆水可以有效預防，但是若情況較嚴重時，可以購買合法的除蝨劑來驅除。
寄生蜂的幼蟲	蕃茄、小黃瓜、南瓜、碗豆、菊科青菜	寄生於葉肉裡，邊移動邊啃蝕葉肉，被啃蝕的痕跡為純白不規則筋狀。	可以立刻將受害的葉子摘除處理。
粉蝨類	茄子、蕃茄、小黃瓜、西瓜、青椒、紅蘿蔔	寄生於嫩芽、嫩葉或果實裡，吸食汁液，體長非常微小，肉眼不易發現。	可以購買合法的除蝨劑來驅除，如果是茄子的話，要特別注意化學藥物帶來的副作用。
蛾類的幼蟲	玉米、牛蒡、十字花科青菜	侵入植株的莖或果實內啃蝕，十字花科青菜則啃蝕其葉子。	如果是十字花科青菜，可以噴灑合法的殺蟲劑來驅除，若是玉米等，因為會侵入莖或果實裡，要驅除非常困難。
夜盜蟲	幾乎所有青菜	潛藏於土壤中，夜間出沒，啃蝕菜葉，使其枯萎。	夜間活動時，只要一發現蹤跡就立刻撲滅，幼蟲時期會於白天群生於葉子背面，此時若發現其蹤跡立即撲滅的話，可以有效杜絕被害。

容易栽培的青菜種類

種植後的第3年起，可以連續採收10年。

綠蘆筍

〔英〕*asparagus*

百合科
原產於南歐～
俄羅斯南部

原產於南歐～俄羅斯南部的多年生草本植物，定植後的第三年開始，每年春天到夏天這段時間會發芽，其粗嫩莖可以食用。

難易度	：
必要材料	：無特別需求
日照	：全日照
株間	：30cm
發芽溫度	：25～30℃
連作障害	：少
PH值	：5.5～7.5
盆箱栽培	：×

●栽培時間表

月份	1	2	3	4	5	6	7	8	9	10	11	12
播種				■	■							
定植			■	■	■	■	第3年					
追肥							■	■	■	■		
收穫				■	■	■	第3年開始					

1 播種

❶播種前先將種子放在溼的廚房紙巾上2～3小時，較容易發芽。

❷播種在育苗盆的時候，先挖出約1cm深的種穴，將一粒種子放進去，以指尖往下輕壓，再從上面輕輕將土壤覆蓋即可。

2 定植

❶六月就可定植，因為育苗較費時間，所以可以直接購買市售的幼苗定植。

❷在不破壞根缽土的情況下將幼苗取出，定植時，缽土邊緣和地面同樣高度。

❸定植後，給予充足的水分。

第三年開始可以收穫

準備苗床 播種前2個星期，1㎡左右的土壤施放150g的苦土石灰，播種前1週，1㎡左右的土壤摻入堆肥3kg、雞糞500g、化學肥料100g。播種前先整理好寬度約70cm的田畦。

播種 4月時，以支柱條在田畦裡壓出一條植溝，直接播種在溝裡，2～3週左右會發芽。

整地準備 定植前2個星期，1㎡左右的土壤摻入150g的苦土石灰並充分混合，定植前1個星期，整理好寬度約100cm的田畦，畦與畦之間挖掘出一條溝，1㎡左右的土壤摻入堆肥10kg、雞糞500g、化學肥料100g混合後，再將土蓋回去。

定植 6月先播種，以一年的時間來暫時性育苗。翌年的4月之後移植至其他的田裡，讓植株長大。到了冬天，地面上的部份枯萎時，就可以將根部掘起，移植到沒有覆蓋塑膠布的田地裡。

追肥・培土 從夏天到秋天這段生長期間，每個月進行一次追肥，在植株周圍，距離植株約10cm的地方施放1小把的化學肥料後，輕輕地鬆土培土即可。

收成 第三年的春天到初夏這段期間，地上冒出的新芽長到約25cm時，即可收成，種一次大致可收成十年，為了讓植株繼續成長，每年冬天和收穫後，可以施以化學肥料和堆肥來增加養分。

作畦

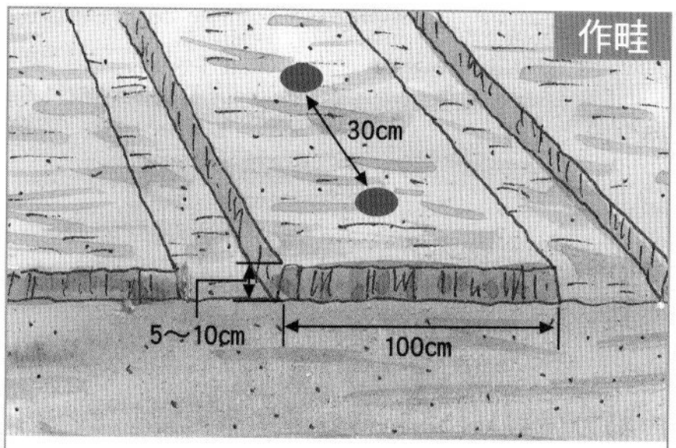

整土：苦土石灰150g/㎡
施肥：堆肥10kg/㎡、雞糞500g/㎡、化學肥料100g/㎡

種菜 Q&A

Q 可以以分株來增加蘆筍的數量嗎？

A 這樣會使收穫量減少，所以盡量不要分株，若一定要分株的話，要選擇5～6年左右的根株，每株約2～3個芽，也可以各別分開種植。

3 追肥

❶從夏天到秋天這段生長期間，每個月施肥一次，一株約施放一小撮的化學肥料。

❷在植株周圍，距離植株約10cm之處，以畫圓圈的方式施肥，如果是蓋上塑膠布育苗中的植株，需將塑膠布掀起，再將化學肥料和泥土稍微混合後將土壤表面整平即可。

4 收穫

定植後第三年開始，每年的春天到初夏這段期間，即可收成地上冒出的新芽。當新芽長到25cm左右時，即可沿著地表割下收成。當日收穫量最多不到70%時，即要留下較粗的莖約10～15株作為培育用，這時就算完成當年的採收了。

採收蘆筍

以刀子或小型鐮刀沿著地表割下即可。

家庭菜園裡享受摘草莓的樂趣

草莓

〔英〕*strawberry*

薔薇科
原產於南、北美洲大陸

草莓在狹小的空間裡也可以栽種，而且是屬於耐活的多年生果菜，很適合栽種於自家的菜園。

難易度：

必要材料：黑色塑膠布、鋪乾草、塑膠隧道棚、走莖固定夾
日照：全日照～明亮日蔭
株間：30cm
發芽溫度：18～23℃
連作障害：有（1～2年）
PH值：5.5～6.5
盆箱栽培：○（深度15cm以上）

●栽培時間表

月份	1	2	3	4	5	6	7	8	9	10	11	12
定植				■	■	母株		子株		■		
追肥											■	
收穫	■	■										■

1 育苗（育苗盆）

❶將母株延伸長出來的走莖，誘引到花盆裡生長。
❷將走莖發出來的子株放置於花盆內的土壤上，再將母株旁的子株以固定夾固定。
❸就這樣等到子株發出根，長成新苗後，再將走莖剪斷，新幼苗的莖蔓要留5cm左右。

2 定植

定植時，將剪下的走莖，花芽長出的一側，朝向南北向畦的通道側，東西向畦則面對南側，此時要小心，請勿覆蓋了葉柄處頂點。

定植的方法（東西向畦）

剪下的走莖朝向北側定植，請勿覆蓋了葉柄處頂點。

以塑膠隧道棚或鋪乾草以防寒害

育苗 4～5月時，在園藝店裡購買帶花的幼苗（母株），種在田裡，到了6～7月，草莓原來的短縮莖會長出一條一條的走莖（由母株延伸長出來的長莖），走莖上有節，節間很長，會依序長出子株，著地後就讓它在田裡發根，或著是誘引到育苗盆裡生長。

整地準備 定植前2週，1㎡左右的土壤撒下100g的苦土石灰並充分混合，定植前1週，1㎡左右的土壤摻入堆肥3kg和化學肥料過磷酸石灰150g～200g，定植前要整理好約70cm的田畦。

定植 9月下旬～10月，將由母株數來第二節以後的子株苗定植。

追肥 11月上旬，以化學肥料進行追肥。

病蟲害防治 受雨污染的葉子及變黃的葉子，是引發病蟲害的元兇，所以必須配合新葉的生長，將病葉自葉柄摘除。

防寒對策 初秋時，必須要面臨寒冷，如果太過寒冷的話，必須要以乾草鋪地，保持根部的溫暖，會降雪的地區，可以以塑膠隧道棚防寒。

收成 開花後一個月左右，果實會成熟轉紅，此時就可以收成了。收成後的植株，讓走莖繼續生長，可當作母株來利用。

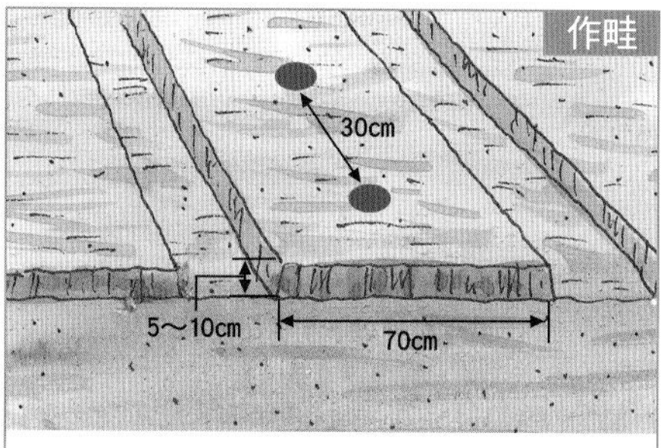

整土：苦土石灰100g/㎡
施肥：堆肥3kg/㎡、過磷酸石灰150g/㎡、化學肥料200g/㎡

種菜Q&A

Q 果實的外型不好看？

A 授粉情況不同的話，容易結出畸形果，可以用毛筆進行人工授粉，讓雌蕊可以平均授粉，除此之外，氮肥成份過多、定植過早也可能是原因之一。

3 追肥

11月上旬，進行追肥。每株施予一小把化學肥料。如果根和葉直接碰觸到肥料的話，會引起肥燒現象，所以請在植株下方空曠處施肥，如果鋪了塑膠布的話，請將塑膠布掀起施放於塑膠布下，再覆蓋上土壤。

施肥的方法

擴大施肥的範圍，在植株外圍圓周以環形方式施肥。

4 收穫

❶開花後一個月左右，就可以收成。利用早上較早的時間，將有光澤、已成熟的果實整顆摘下。
❷以大拇指將草莓蒂頭處折斷，即可將草莓摘下。
❸收成後，要將剩下的果柄和枯枝、枯葉等剪掉。

栽培容易，短時間即可收成

四季豆（敏豆仔）

〔英〕*kidney bean*
string bean
haricot

豆科
原產於中南美洲

四季豆最主要是食用未成熟的果莢，其魅力在於生長快速，短時間內即可收成。

難易度	：
必要材料	：支柱（蔓性品種）
日照	：全日照
株間	：25～30cm（列間距離60cm）
發芽溫度	：20～25℃
連作障害	：有（2～3年）
PH值	：5.5～7.0
盆箱栽培	：○（無蔓品種：深度15cm以上、蔓性品種：深度30cm以上）

●栽培時間表

月份	1	2	3	4	5	6	7	8	9	10	11	12
播種				■	■							
疏苗					■	■						
追肥						■						
收穫						■	■					

1 播種

❶以瓶底在田地上印出凹洞，如果是無蔓品種的話，列與列之間需要60cm，株與株之間需要25cm左右。若是蔓性品種，列與列之間需要60cm，株與株之間需要30cm左右。若鋪有塑膠布的話，請配合塑膠布的距離來播種。
❷凹洞中等距離播進3～4粒種子。
❸輕輕地覆蓋土壤後，給予充分的水分。

2 疏苗

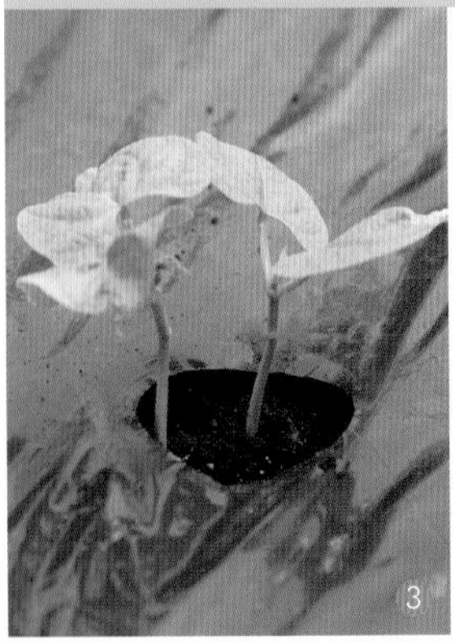

❶播種後約一週就會發芽。
❷本葉長出來之前，可將生長狀況不良或葉形不佳的幼苗拔除。
❸蔓性品種一個植穴留1株健苗，無蔓品種一個植穴可以各留2株健苗。

春天播種勿需擔心霜害

整地準備 播種前2週，1㎡左右的土壤摻入150g的苦土石灰並充分混合，播種前1週，1㎡左右的土壤摻入堆肥3kg和30g的熔成燐肥、80g的化學肥料當做基肥，播種前要整理好約90cm的田畦。

播種 春天播種就可以不用擔心遲霜的問題了，可於春天4月下旬～5月播種，秋天則於9月上旬播種較恰當。

疏苗 在本葉長出來之前，將生長狀況不良或葉形不佳的幼苗拔除，進行疏苗。

追肥 因為無蔓品種生長速度較快，如果基肥足夠充分的話，沒有必要進行追肥。不管是蔓性品種還是無蔓品種，若生長狀況不佳的話，當本葉長到3～4片時，需要施予一小撮的化學肥料。

立支柱 蔓性品種會有藤蔓延伸，所以要搭起約2m長的支架以利藤蔓纏繞，攀爬藤蔓延伸之後葉子會長的非常茂密，所以枯萎的老葉或較下層的葉子，需要摘除整理。

病蟲害 較常見的病蟲害是蚜蟲以及蝨類蟲。為了避免蟲害擴大，可以噴灑適合的藥劑來防止。

收穫 過晚收成的話，豆莢會變的口感不佳，所以一定要即時收成。

種菜 Q&A

Q 可以在陽台栽種嗎？

A 在陽台或盆子裡栽培的情況下，選擇不需要立支柱的無蔓品種較合適，只要土壤深度有15cm深的話，就可以栽種，若要栽種蔓性品種的話，土壤深度需要30cm左右。

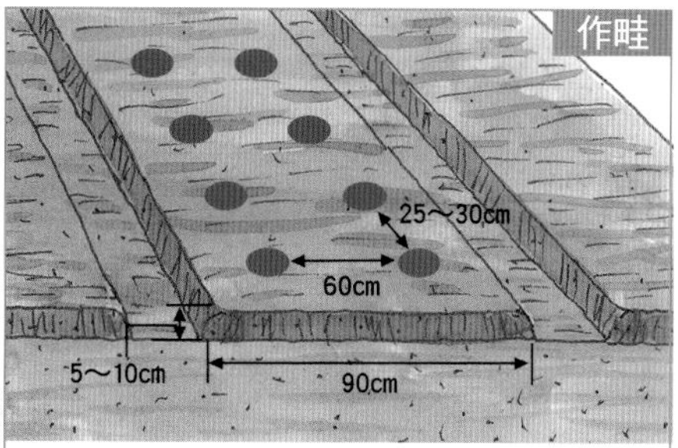

整土：苦土石灰150g/㎡
施肥：堆肥3kg/㎡、熔成燐肥30g/㎡、化學肥料80g/㎡

3 搭架

蔓性品種要趁著藤蔓延伸前，搭起支柱以利藤蔓纏繞，無蔓品種則不需要搭架。

搭架的方法

本葉長出之前，一株苗要立起2支長度2m左右的支柱，支柱交接處再橫架一支支架固定，前後兩端的支柱，可再加上第3支補強穩定度。

4 收穫

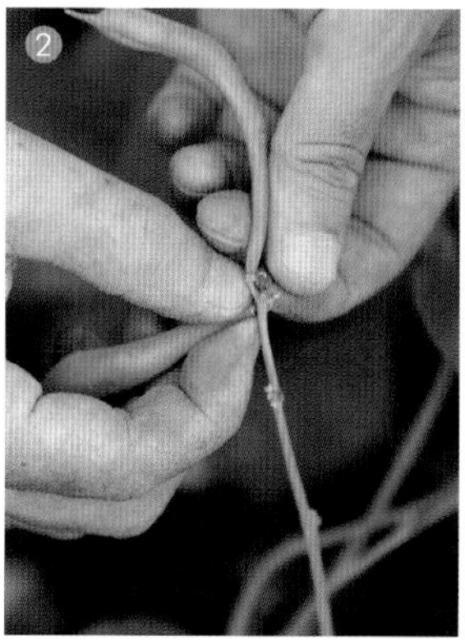

❶開花後兩週左右，豆莢長度約15cm，豆莢內的豆子鼓脹起來時，就可以收成了。
❷以一隻手將莖壓著，另一隻手將豆莢柄摘下即可。
❸採收時要注意不要傷了豆莢，只要將豆莢柄和莖的連接部分折斷就可以了。

毛豆

〔英〕*soybean*、*soya*

豆科
原產於中國北部

毛豆是大豆未成熟的果莢，即使是初次種菜者，也能輕易栽培成功，屬於一定要嘗試種植的蔬菜之一。

難易度	：
必要材料	：寒冷紗（白色）
日照	：全日照
株間	：15cm（列間距離30cm）
發芽溫度	：20～30℃
連作障害	：有（2～3年）
PH值	：6.0～6.5
盆箱栽培	：○（深度30cm以上）

●栽培時間表

月份	1	2	3	4	5	6	7	8	9	10	11	12
播種				■	■							
疏苗					■	■						
追肥						■	■					
收穫							■	■	■			

1 播種

❶以瓶底在田地上印出淺淺的凹洞。
❷每個凹洞中播入3～4粒種子，考慮疏苗的問題，所以種子之間要預留少許距離。
❸覆蓋上約2cm的土壤後輕壓，並給予充足的水分。

2 防鳥

❶為了避免剛播下的種子被鳥類啄食，田畦上可以覆蓋寒冷紗防鳥，為了不讓寒冷紗被風吹走，請以重石壓住。
❷若不使用寒冷紗，也可以用切半的寶特瓶空罐將種子蓋住，避免鳥啄食。
❸如果是以育苗盆育苗的話，當本葉長出2～3片時，再移植到田裡。

避免播下的種子被鳥兒啄食

整地準備 播種前2週，1㎡左右的土壤摻入150g的苦土石灰並確實混合，播種前1週，1㎡左右的土壤摻入堆肥2～3kg和約100g的化學肥料，充分混合，播種前要整理好約60㎝的田畦。

播種 先在田裡印壓出淺淺的凹洞播種後，輕輕地覆蓋土壤，並給予充足的水分。

防鳥 為了避免剛播下的種子被鳥類啄食，田畦上可以覆蓋寒冷紗防鳥。

疏苗 在本葉長出2～3片之前進行疏苗，留下2株生長狀況較好的健苗。

追肥 基本上如果基肥夠充足的話，並沒有追肥的必要，但是若葉子顏色變差或生長狀況不佳的話，可以在植株周圍，施予少量含鉀成分較多的化學肥料。

摘芯 當本葉長到5～6片時，必須將最上面的頂芽摘除（摘芯），促使側芽的生長。

培土 植株高度約30㎝時，為了避免因風而傾倒，必須進行培土。

收穫 豆莢內的豆子鼓脹起來時，就表示可以收成了。如果手指頭壓下去，豆子會從豆莢裡蹦跳出來時，就是最佳採收期了。

病蟲害 常有蟲害發生，特別是溫暖的土壤，必須防止螟蛾或椿象的蟲害發生。

作畦

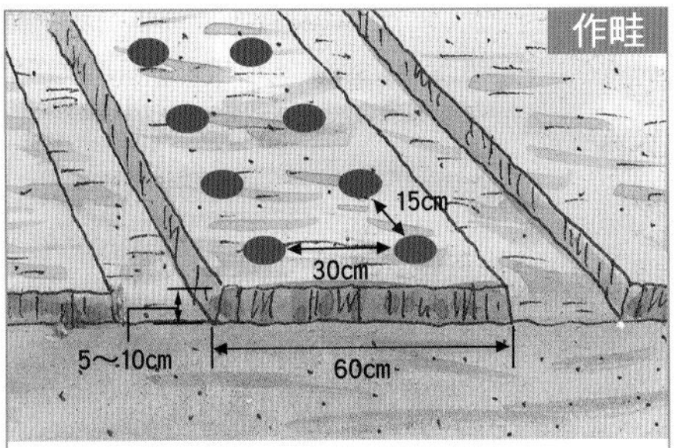

整土：苦土石灰150g/㎡
施肥：堆肥2～3kg/㎡、化學肥料100g/㎡

種菜 Q&A

Q 雖葉子長得茂盛，但是豆莢的生長狀況卻不佳。

A 如果氮肥太多的話，葉子會長得很好，豆莢卻長不好，所以施放基肥或追肥時，氮成分不要過多。

3 培土・摘芯

即使不追肥也要進行培土。當植株生長到30㎝時，將子葉埋在土裡，確實進行培土。

摘芯

為了讓結莢情況良好，當本葉長到5～6片時，必須將最上面的頂芽摘除（摘芯），促使側芽的生長。

4 收穫

豆莢成熟，豆莢內的豆子鼓脹起來時，就是最佳收穫時機，若採收過遲，豆子會變硬，所以要把握收成的最佳時機。

採收時將整株拔起

採收時，可以用剪刀將豆莢一個個剪下，或從根部整株剪斷，也可以將植株整株拔起，若是連根拔起的話，水煮時也要連枝一起煮。

栽培容易的健康蔬菜

黃秋葵

〔英〕*gumbo*、*okra*

錦葵科
原產於非洲東北部

夏天暑熱時期，也可以栽培，因為不挑剔土壤且栽培容易，對初次種菜的人來說，屬於容易栽培的夏季蔬菜。

難易度	：
必要材料	：育苗盆、塑膠布
日照	：全日照
株間	：30cm
發芽溫度	：25～30℃
連作障害	：有（2年）
PH值	：6.0～6.5
盆箱栽培	：○（深度20cm以上）

●栽培時間表

月份	1	2	3	4	5	6	7	8	9	10	11	12
播種					■	■						
疏苗						■	■					
追肥						■	■	■				
收穫							■	■	■			

1 播種

❶3號育苗盆裡先裝進培養土，再以手指壓出深約2cm的種穴。

❷一個種穴裡播放進1粒種子。

❸將土覆蓋回去後輕壓並給予充分的水分。

2 定植

❶田畦裡每隔30cm挖出一個直徑約10cm的植穴，將幼苗連同根缽土一起種進植穴裡。

❷定植時，育苗盆土的邊緣比地面稍高一點，再將挖出來的土覆蓋上去即可。

❸最後輕壓根部泥土，使其高度與地面相同，定植後請給予充足的水分。

收成後，必須修剪下層葉子

播種 黃秋葵種子氣溫過低的話，不容易發芽，因此播種的時間要選擇溫度較暖和的5月比較適當。為了讓種子較容易發芽，可以在播種前，將種子浸泡在水中約1～2個小時。

整地準備 定植前2週，1㎡左右的土壤摻入150g的苦土石灰並確實混合，播種前1週，1㎡左右的土壤摻入堆肥3kg和200g左右的化學肥料並充分混合，定植前要整理好寬度約45cm的田畦並鋪好塑膠布。

定植 選擇生長狀況良好的幼苗，株間距離為30cm，自育苗盆裡取出植株時，盡量不要破壞盆缽土，直接種進田裡，完成後，給予充足的水分。

追肥 生長期較長，為了避免產生斷肥的現象，所以平均2個星期進行一次追肥。在每一植株周圍灑上一小把的化學肥料，略微鬆土後，培土至子葉葉柄的部份。

收穫 黃秋葵會先從底層的蒴果開始成熟，當蒴果長度長到6～7cm時，就可以進行採收工作了，如果蒴果過熟而未採收的話，果莢會變硬，口感不佳。

剪下層老葉 蒴果採收後，為了避免病蟲害發生，必須去掉老葉讓通風良好，只要留下兩片已經採收的果莢附近的葉子，以下其餘的葉子全部剪除。

作畦

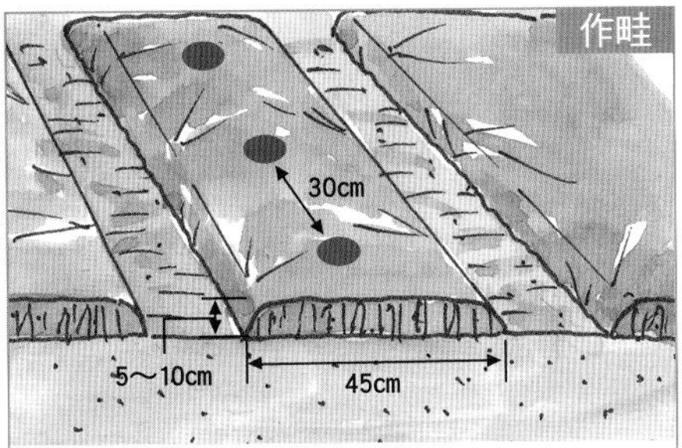

整土： 苦土石灰150g/㎡

施肥： 堆肥3kg/㎡、化學肥料200g/㎡

種菜 Q&A

Q 總是採收太慢，造成果莢過大。

A 黃秋葵生長速度很快，甚至一天可以採收兩次。早上採收時，還稍微嫌小未能採收的蒴果莢，傍晚時，就長到可以採收的大小了，所以黃秋葵是可以早晚採收兩次，採收時請特別留意。

3 追肥・收成

❶為了避免產生斷肥的現象，平均2個星期進行一次追肥。在植株周圍灑上一小把的化學肥料後培土。

❷當蒴果長度長到6～7cm時，就是最佳採收期了，以剪刀將蒴果柄剪斷。

❸最後將蒴果蒂頭剪短即可。

4 剪下層老葉

蒴果採收後，為了避免病蟲害發生，必須去掉下層老葉讓通風良好。

剪下層老葉

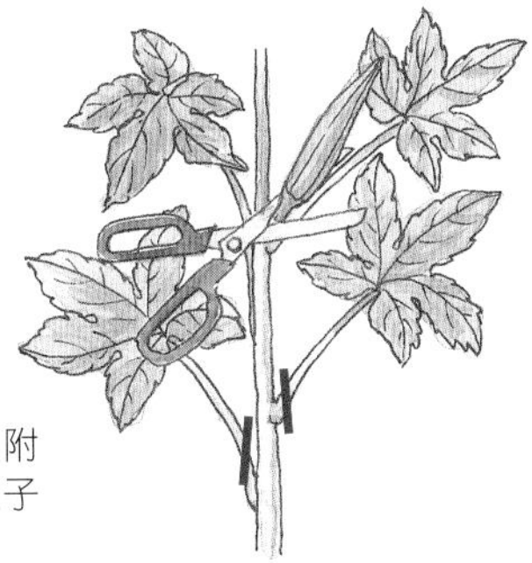

留下兩片已經採收的果莢附近的葉子，以下其餘的葉子全部剪除。

短時間即可收成，大受初學者歡迎

蕪菁

〔英〕*turnip*

十字花科
原產於地中海沿岸～
阿富汗

管理上簡單不費力，短時間即可收成，對於第一次種菜的人來說最適合。

難易度	：
必要材料	：無特別需求
日照	：全日照
株間	：10～20cm（條間距離15cm）
發芽溫度	：15～20℃
連作障害	：有（1～2年）
PH值	：5.5～7.0
盆箱栽培	：○（深度30cm以上）

●栽培時間表

月份	1	2	3	4	5	6	7	8	9	10	11	12
播種									■	■		
疏苗										■	■	
追肥										■	■	
收穫	■										■	■

1 播種

❶先在整平的土地上，以支柱等壓出一條植溝，溝與溝之間的距離約為15cm。
❷植溝中盡可能平均每隔3cm播下種子，像葉菜類播種一樣，可以密集一點。
❸覆蓋植溝周圍的土壤約5mm厚，再以手輕壓，使種子和土壤更密合。

2 疏苗

❶如果發芽時間一致的話，當本葉長出2～3片的時候，生長密集的植株，必須進行疏苗的工作。
❷如果以手拔取的話，可能會傷及留下的幼苗根，所以建議使用小鑷子仔細地拔取或是以前端尖細的剪刀，自根部將幼苗剪下，使每株葉與葉之間不重疊，等到本葉長到4～5片時，再進行一次疏苗，使植株距離約為10～20cm即可。

請勿錯過採收期，避免根裂現象發生

生長過頭，過晚收成的話，容易造成根部裂開的現象，所以要注意不要錯過收成時間。如果稍微錯開播種時間的話，可以不只收成一次，再過一段時間，可以繼續收成。

整地準備 播種前2週，1㎡左右的土壤摻入150g的苦土石灰並充分翻土混合，播種前1週，1㎡左右的土壤摻入堆肥3kg、化學肥料100g，並整理好適合耕種的田畦。

播種 先在田裡挖出深度約1cm的植溝，每隔3cm播下一粒種子，栽種2列以上的話，溝與溝之間的距離為15cm。

疏苗 播種後3～4天就會發芽，當本葉長出2～3片的時候，將葉形較不完整、遭蟲啃食過的葉片或生長狀況不良的幼苗拔除，疏苗時，為了避免傷及留下的幼苗根，建議使用小鑷子或是尖細的剪刀，自根部將幼苗剪下即可。

追肥 疏苗後，距離植株約10cm的地方，施予一小撮的化學肥料，略微混合後培土即可。

收穫 隨著根部越來越肥大，蕪菁也會矗起於地面上，這是自然現象，不必擔心。小品種蕪菁播種後約40～50日即可收成，大品種蕪菁約需60～100日就可收成，如果

作畦

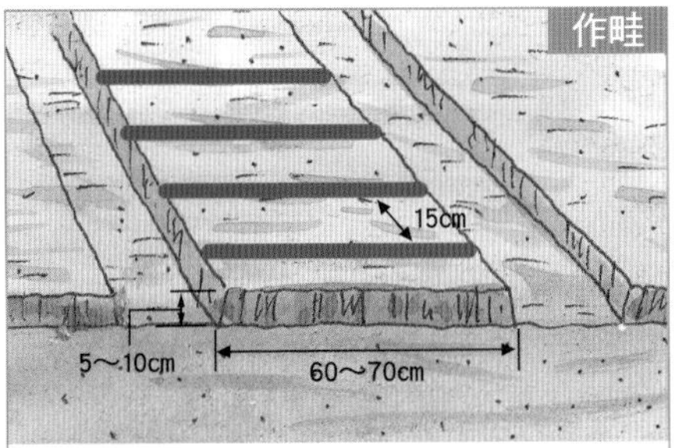

整土：苦土石灰150g/㎡
施肥：堆肥3kg/㎡、化學肥料100g/㎡

種菜Q&A

Q 抽苔了該怎麼辦？

A 蕪菁最適合生長的溫度是15～20℃，雖然較喜好冷涼的氣候，但是，如果是在春天播種的話，生長初期正好會遇上遲霜等低溫而發出花苔，造成所謂的抽苔現象，因此，如果選擇秋天播種的話，會比較容易管理，也會比較好栽培。

3 追肥

疏苗後，在距離植列約10cm的地方，施予化學肥料即可。

培土時請勿埋沒子葉

使用移植用小鏟子，略微鬆土將肥料和土壤混合後，進行根部培土，要注意不要埋沒子葉。

4 收穫

❶小品種蕪菁直徑約長到4～6cm、大品種蕪菁直徑約長到8～10cm時，是最適合的收成時期。
❷❸以手握著葉和根的部份，稍微搖晃後，用力拔起，如果生長過頭，過晚收成的話，容易造成根部裂開的現象，所以要注意不要錯過收成時間。

採收大朵的花蕾

白花椰菜

〔英〕*cauliflower*

十字花科
原產於地中海東部

可食用的部份，是由很多小花蕾聚集而成的團狀大花球，屬於莖的一部分，可以先將種子播種於育苗盆裡，再定植至田裡。

難易度	： 🖌🖌
必要材料	：無特別需求
日照	：全日照
株間	：40cm～50cm
發芽溫度	：15～20℃
連作障害	：有（1～2年）
PH值	：5.5～6.5
盆箱栽培	：○（深度30cm以上）

●栽培時間表

月份	1	2	3	4	5	6	7	8	9	10	11	12
播種							■					
定植								■	■			
追肥									■	■		
收穫											■	

1 定植

播種於育苗盆裡，生長的過程中要進行疏苗，同時要避免乾燥，當本葉發出4～6片時，則進行定植。

❶以不破壞根缽土的情況下，將幼苗從育苗盆裡完整取出。

❷定植時，根缽土的邊緣略高出於地面。

❸輕壓根部的土壤，讓土壤與根部密合。

2 追肥・培土

❶在每一植株葉片外圍下方處，以畫圓圈的方式灑上一小撮的化學肥料。

❷土壤表面進行鬆土，使土壤和肥料充分混合。

❸根部進行培土即可。

必須以外葉包覆花蕾

播種 育苗盆裡放進培養土，一處可同時播下數粒種子，覆蓋上薄土後，給予充足的水分，發芽前，為了避免過於乾燥，可以覆蓋報紙，放置於陽光無法直射的陰涼場所照顧。

疏苗 發芽後將報紙拿開，分成2～3次進行疏苗，等到本葉長出2～3片時，只留下一株健苗即可。

整地準備 定植前2週，1㎡左右的土壤摻入150g的苦土石灰並充分翻土混合，播種前1週，1㎡左右的土壤摻入堆肥3kg和150g左右的化學肥料，定植前要整理好寬度約60cm的田畦。

定植 每隔40～50cm的距離，挖一個直徑約8～10cm，深度約10cm的植穴，從育苗盆裡取出植株時，盡量不要破壞根缽土小心地種進田裡。

追肥 定植之後20天左右施予一小把的化學肥料，將土壤和肥料混合後培土即可。

包外葉 初秋時會長出花蕾，趁著小花蕾尚未集結成球狀大花蕾之前，將下層的老葉往中心方向收束起來，再以繩子綁起來，包住小花蕾，避免花蕾行光合作用。

收穫 花蕾球長到12～15cm大小時，就可以採收了。

病蟲害 要注意螟蛉蟲或蚜蟲類的蟲害發生。

作畦

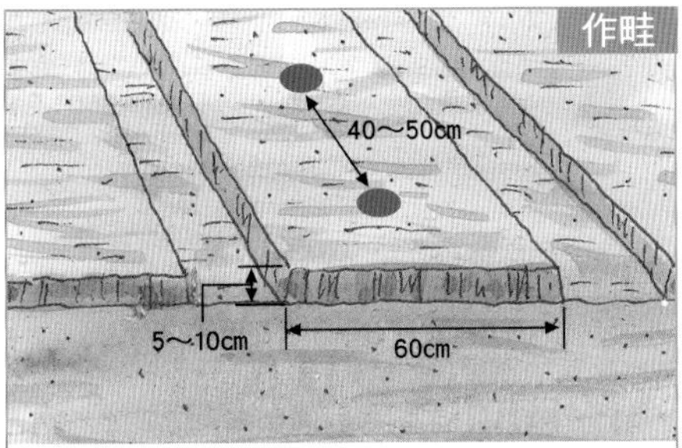

整土：苦土石灰150g/㎡

施肥：堆肥3kg/㎡、化學肥料150g/㎡

種菜 Q&A

Q 植株尚未長大，就結出花蕾，而且不再繼續生長。

A 這就是所謂的「早期出蕾」現象，可能是育苗過程中過於低溫，或是移植過程中傷及根部、溫度過低、乾燥、肥料不足等原因，適時播種、謹慎管理是非常重要的。

3 收束外葉

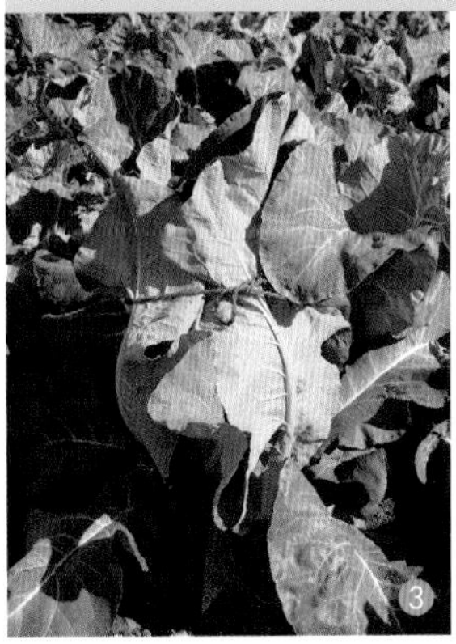

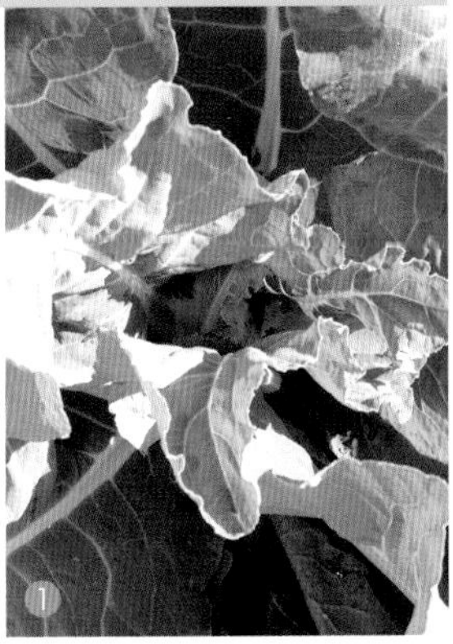

❶初秋時會長出花蕾，趁著小花蕾尚未集結成球狀大花蕾之前，以下層的老葉包起來。
❷將老葉往中心方向收束起來，包住小花蕾。
❸上端以麻繩或稻草綁起來，避免花蕾行光合作用，綁得太上面的話容易被風吹開，要特別注意。

4 收成

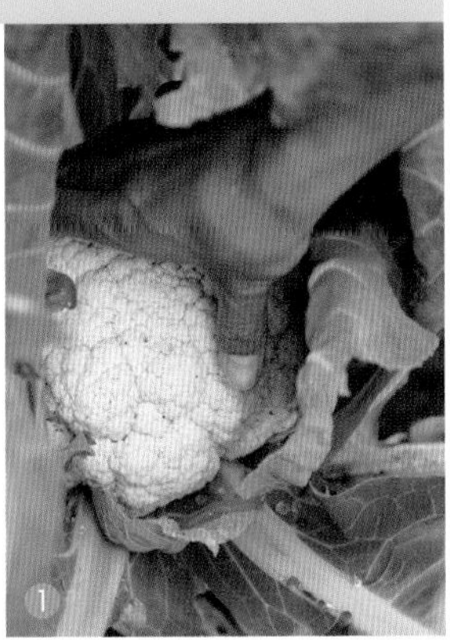

❶花蕾球直徑約12～15cm大小時，就可以採收了。
❷將植株略微傾倒後就會露出根部，沿著地面將刀子切入整株割下即可。
❸將外葉切除，只留下花蕾旁的3～4片葉子即可。

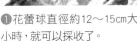

每天都可收成的夏季代表性蔬菜

小黃瓜

〔英〕*cucumber*

瓜科
原產於印度北部

生長溫度以18℃～25℃或稍微再低一點最為適當，25℃以上的夏季，生長力會衰退，所以春天買回市售幼苗栽種最為恰當。

難易度	：
必要材料	：塑膠布（黑）、支柱、網子
日照	：全日照
株間	：40cm
發芽溫度	：18～25℃
連作障害	：有（2～3年）
PH值	：5.5～7.0
盆箱栽培	：○（深度30cm以上）

●栽培時間表

月份	1	2	3	4	5	6	7	8	9	10	11	12
移殖					■	■						
疏苗					■	■	■					
追肥						■	■					
收穫							■	■				

摘除多餘的花和子莖蔓，讓小黃瓜更結實。

整地準備 定植前2週，1㎡左右的土壤摻入150g的苦土石灰並充分翻土混合，播種前1週，1㎡左右的土壤摻入堆肥4kg、過磷酸石灰50g、化學肥料350g充分混合，並整理好寬度約60㎝的田畦。鋪上黑色塑膠布，可預防土壤乾燥以及因為降雨而導致土壤硬化的現象發生。

定植 健康的幼苗節間會長出4～5片子葉，定植前2～3個小時，要先讓田畦充滿水分。田畦裡挖出植穴，不破壞根缽土壤的情況下，將幼苗種下，定植後，要搭暫時性的支柱固定後，並確實給予充足的水分。

追肥 本葉發出10片左右時，以一個月2次的比例，施放化學肥料即可。

立支柱 幼苗高度超過30㎝後，就必須搭立支柱，最好是拉起網子誘引莖蔓攀爬伸長。

摘花・摘芯 由下往上數來第7片子葉以後的所有雌花都摘除，還有，本葉第5片以後長出來的子莖蔓（側芽）也全部都摘掉。

收穫 果實長到20㎝左右，粗細約3㎝時，就可以採收了，最理想的採收時間是早晨，趁著露水尚未消失前進行採收。

種菜Q&A

Q 瓜果結實成長，瓜身卻彎曲不良。

A 有可能是因為陽光、肥料、水分等不足而引起，瓜尾太粗或太細，是因為營養不足，另外，溫度太高或太乾燥也可能造成瓜尾太細，因此管理上請勿疏於給水並適度施肥。

作畦

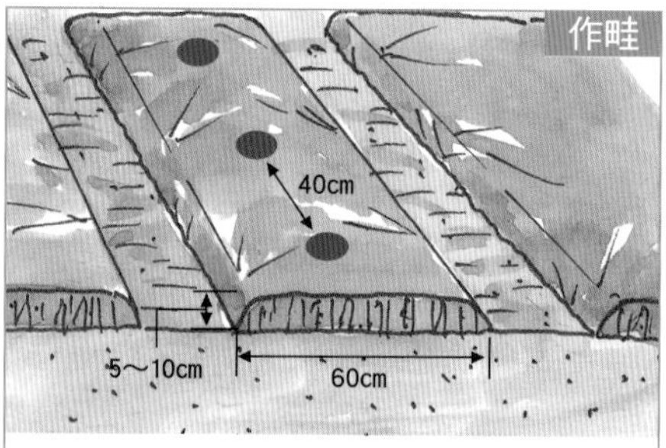

整土：苦土石灰150g/㎡
施肥：堆肥4kg/㎡、過磷酸石灰50g/㎡、化學肥料350g/㎡

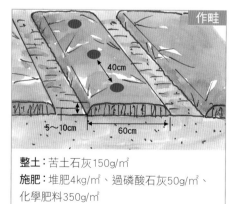

小黃瓜的生長過程

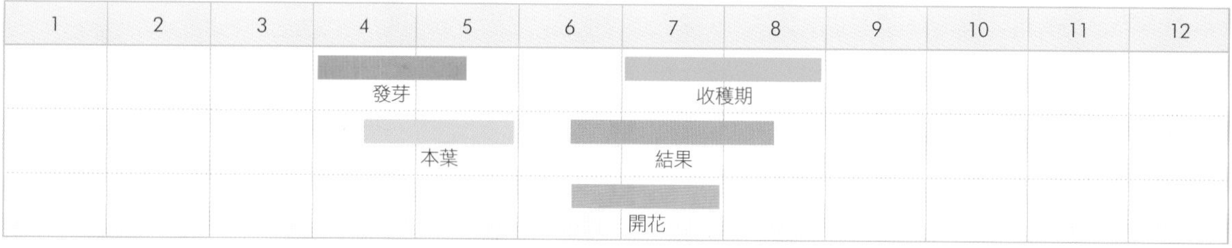

發芽▶
播種之後約5天，就會發芽。當本葉發出4～5葉時，即可定植。

開花▶
定植後的10～20天，就會開花，由下往上數來第7片子葉以後的所有雌花全部摘除。

收穫▶
開花後約第七天，果實長度約20cm，粗細約3cm時，就可以採收了。

1 定植

❶每隔40cm挖出一個直徑約10cm左右的植穴，定植時，盡量不破壞幼苗根缽土的完整。
❷定植時，取出的根缽土的邊緣略高出於地面一些，種下後，將先前挖掘出來的土壤覆蓋回去。
❸確實地緊壓根部的土壤，使植株與地面的高度相同。

2 立暫時性支柱

❶定植後，在幼苗旁邊立一支暫時性支柱支撐。
❷暫時性支柱固定之後，以繩子將幼苗和支柱鬆鬆地綁起來。
❸完成後請給予植株充足的水分。

3 追肥

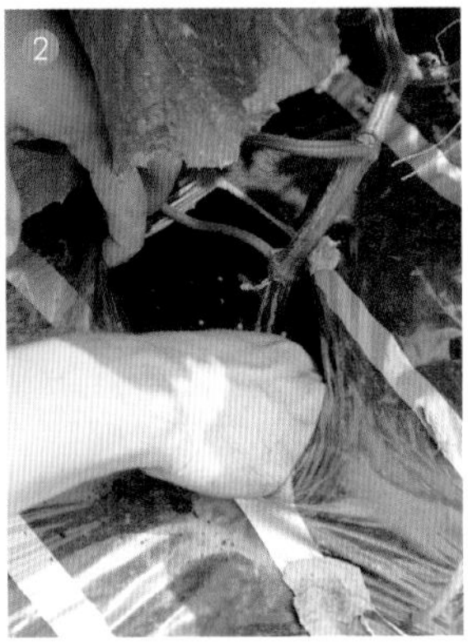

❶本葉發出10片左右時，大約一個月2次進行追肥，在每株植株周圍以畫圓方式施放一小撮化學肥料即可。
❷沒有覆蓋塑膠布的土壤，追肥後，還必須進行除草、鬆土、培土等程序，如果鋪了塑膠布的話，只要稍微培土即可。

4 拉網子

幼苗高度超過30cm後，就必須搭起支架或是拉起網子讓莖蔓攀爬伸長。

拉網子

將支柱以合掌式架立，交叉處再架一支橫木固定，再將網子拉在支架上即可。

5 摘芽

❶❷將本葉第5片以後長出來的子莖蔓（側芽），輕輕地折斷，使其從節上脫落，輕鬆地摘除。
❸葉子側邊會長出前端呈現星狀的雌花，為了讓植株生長狀況更好，必須將本葉第7片以後的所有雌花都摘除。

6 子莖蔓摘芯

所謂的「芯」就是指莖生長時最前端的頂芽部分。子莖蔓過度延伸的話，很容易造成通風不良而導致病變發生，所以，必須將子莖蔓芯摘除避免過度延伸。

留下 2 間節，其餘摘除

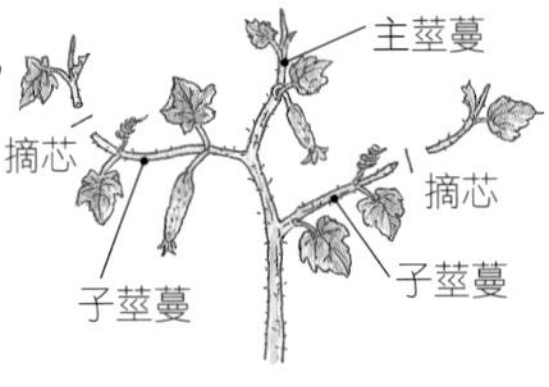

一般會留下2間節，以手指將子莖蔓芯摘除，摘芯後的子莖蔓不需刻意引誘攀爬。

7 主莖蔓摘芯

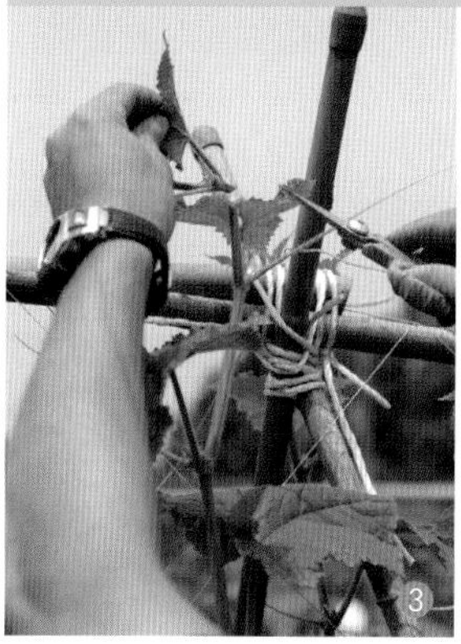

❶主莖蔓生長過高，超過支架橫木的高度時，在管理工作上較為困難，最好能將主莖蔓芯摘除，以便於作業。

❷❸將前端的葉子拉起，以乾淨的剪刀將主莖蔓芯剪下即可。

8 收穫

❶果實長度約 20 cm，粗細約 3 cm時，就是適合採收的時期。

❷以剪刀剪下果實果柄的部份。

❸採收後，請確實將連著的果柄（蒂頭）切除。

青菜趣味

白粉小黃瓜

小黃瓜果實表面可看見像白粉一樣的東西，那是被稱為「霜霧現象」的細毛，常常被誤以為是殘留的農藥現象，事實上，那是小黃瓜為了防止水分蒸發而產生的果粉，並無毒害，只要擦一擦就會掉落，最近研發出一種不會產生霜霧現象的新品種小黃瓜。

病蟲害對策

黃斑病是小黃瓜容易發生的病變，發生時，葉子表面會產生灰白色的銹斑，像照片一樣產生許多黃褐色的斑點，不需要急著以藥物處理，趁著未擴及整株前，就先進行採收即可。多注意葉子及子莖蔓的整理，使通風良好，並留意肥料不足的問題就可以有效預防。

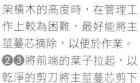

小松菜

十字花科
原產地不詳

也被稱為冬菜、黃鶯菜、花菜等，以東京的小松川栽培最多，所以以小松菜命名。

難易度：

必要材料：無特別需求
日照：全日照
株間：5～6cm（條間10cm）
發芽溫度：18～20℃
連作障害：有（1～2年）
PH值：6.5～7.0
盆箱栽培：○（深度15cm以上）

●栽培時間表

月份	1	2	3	4	5	6	7	8	9	10	11	12
播種			■	■	■	■			■	■	■	
疏苗			■	■	■	■	■		■	■	■	■
追肥					■					■	■	■
收穫	■	■		■	■	■	■			■	■	■

1 播種

❶以支柱等在田畦上壓出一條淺溝，儘可能以間隔1.5cm左右，平均地播種。
❷將溝兩側的土壤，薄薄地覆蓋種子。
❸以手掌確實地緊壓土壤，使種子與土壤密合。

2 疏苗

❶本葉開始展開後，就可以進行第一次的疏苗工作。
❷將生長狀況不良以及外形不佳的幼苗拔除，使株與株之間的距離約3～4cm左右。
❸直接以手指拔除即可，但要小心不要傷了留下的植株，本葉長到5～6片時，可以進行第2次疏苗，使株與株之間的距離約5～6cm左右。

直接播種於田圃育苗

整地準備 播種前2週，1㎡左右的土壤摻入200g的苦土石灰並充分翻土混合，播種前1週，1㎡的土壤摻入堆肥3kg、化學肥料150g充分混合後作為基肥。播種前需整理好寬度50～60cm的田畦，並將土壤表面整平。

播種 播種後到發芽這段期間，要細心管理，避免土壤過於乾燥，確實地給予充足的水分。春、秋二季播種約需4～5天，夏季播種的話約需2～3天就會發芽。

疏苗 本葉開始展開後，就可以開始進行疏苗。

追肥 因為春天播種生長快速，如果有確實施予基肥的話，並沒有追肥的必要，如果是秋天播種的話，可以在疏苗的同時進行追肥，每一條間施予一小把的化學肥料後，進行培土，如果葉子顏色不佳或因為雨水而肥料養分流失時，可以補充效果較快的速效性液肥。

病蟲害 如果適逢秋天的長雨或肥料過多的情況下，容易產生黃斑病變，因為蟲害發生的機會很大，使用防蟲網可以有效預防。

收穫 植株長到15～20cm左右時，就可以從根部割下採收。春天播種的話約需1個月左右，秋天播種約需2個月就可以收成。

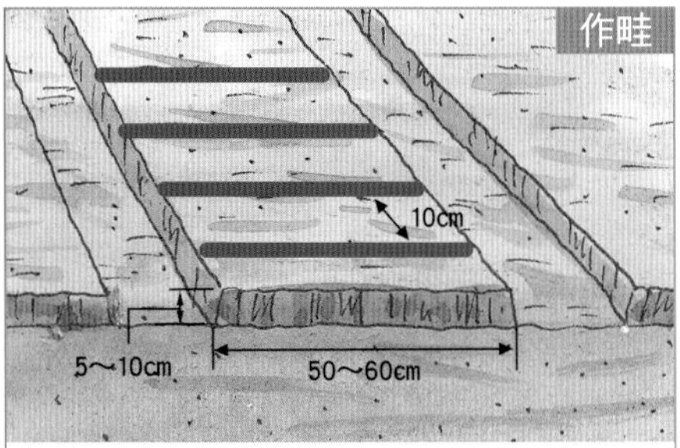

整土：苦土石灰200g/㎡
施肥：堆肥3kg/㎡、化學肥料150g/㎡

種菜 Q&A

Q 葉子顏色不佳，怎麼辦？

A 有可能是因為水分或肥料不足所引起，雖然小松菜是不太需要施肥的青菜，但是如果肥料過少的話，生長狀況會衰退而導致葉片顏色不佳，在留心肥料過多的同時，也要少量施予化學肥料才行。

3 培土

隨著植株的日益生長，胚軸會因為生長而突出於地面，進行培土時，可以以土壤覆蓋住胚軸。

培土的重點

土壤覆蓋住胚軸，但是要注意不要覆蓋住莖和枝分歧處的生長點。

4 收穫

❶植株長到15～20cm左右時，就可以從根部割下收成了。
❷❸將剪刀伸入植株根部，剪下所需採收的數量，同時進行疏苗。

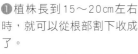

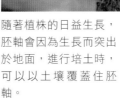

享受掘起地瓜時的收穫樂趣

地瓜

〔英〕*sweet potato*

旋花科
原產於熱帶美洲地區

寬廣的土地是栽培的必要條件，生性耐旱耐暑，幾乎不需要肥料，所以就算是很貧脊的土地也可以順利栽種，並且能收穫豐富。

難易度	：
必要材料	：無特別需求
日照	：全日照
株間	：30cm～40cm
發芽溫度	：22～30℃
連作障害	：少
PH值	：5.0～6.0
盆箱栽培	：×

●栽培時間表

月份	1	2	3	4	5	6	7	8	9	10	11	12
定植					■	■						
追肥					■	■						
收穫										■	■	

育苗盆育苗後插穗定植

插穗定植 將育苗盆裡的地瓜苗，種在田裡角落的空地，等長出莖蔓，再進行插穗定植。請注意，如果直接以育苗盆種植的話，無法收成地瓜。

整地準備 選擇日照充足的場所，定植前1週，1㎡左右的土壤摻入堆肥4kg、化學肥料40g並充分翻土，因為地瓜討厭潮濕，所以，請將田壟整理成高畦。

定植 因為地瓜莖節（葉柄）的地方，會長出新的根，所以將地瓜莖節處確實地埋進土裡是非常重要的，莖蔓延伸之後，葉子生長會很茂密，所以植株之間的距離至少要預留30cm以上的空間。

追肥 基本上沒有追肥的必要，但是，定植後的2～3週後，可以視植株生長的狀況，少量施予含鉀成分多的化學肥料。

拉回莖蔓 一到夏天，莖蔓會快速生長，從定植的田裡延伸出來，與地面接觸的莖節處會長出根（不定根），造成「莖蔓過盛」的現象，此時，必須將蔓延生長的莖蔓向上拉起，拉回主莖蔓處，讓不定根無法向土裡紮根，過度延伸的莖蔓都可以這樣處理。

收穫 10～11月就可以收成了，以不損傷地瓜的方式往根部挖掘，將地瓜挖出即可。

種菜Q&A

Q 莖和葉生長茂密，地瓜卻長不大。

A 這就是所謂「莖蔓過盛」的現象。太過肥沃的土地容易產生莖蔓過度生長的狀況，所以，下次種植時要特別注意避免肥料過多的現象。

作畦

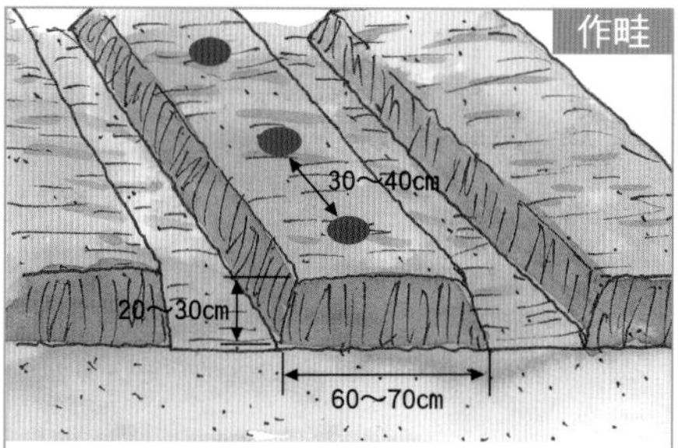

整土：不需要
施肥：堆肥4kg/㎡、化學肥料40g/㎡

地瓜的生長過程

	1	2	3	4	5	6	7	8	9	10	11	12
發根					■	■						
收穫期										■	■	
莖蔓開始延伸							■	■	■	■	■	
肥大								■	■	■	■	

定植後▶
定植7～15天後就會長出根，植株就會更穩定。

莖蔓開始延伸▶
定植之後約60天，莖蔓就會開始延伸，夏天莖蔓延伸非常快速。

收穫▶
定植之後約120～150天就可以收穫了。

1 插穗

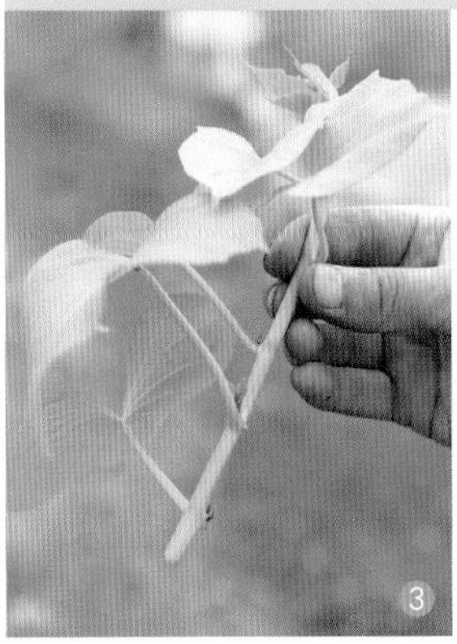

❶將育苗盆裡的地瓜幼苗或是附芽眼的地瓜塊莖，種在田裡角落的空地，將幼苗前端頂芽摘除，以利側芽的延伸生長。

❷❸側芽延伸生長，將本葉5～6片（包含前端的生長點）剪除，因為剩下的莖蔓會再生出側芽故可以作為插穗之用，也可以直接購買市售的幼苗種植。

2 整地

❶選擇日照充足的場所，1㎡左右的土壤摻入堆肥4kg和化學肥料40g混合翻土，為了讓排水狀況良好，請將田壟整理成30cm的高畦。

❷如果田畦鋪上黑色塑膠布，可以抑制雜草生長，也可以增加地瓜的收成量。

3 定植（船底定植）

插穗之前，事先將底層2～3片的葉子、枯黃的葉子等摘除，切口部分吸足水份後，再進行定植。

❶先將地瓜穗與地面成水平狀拿著。

❷將穗中段部份埋進土裡。

❸前端3～4片的葉子露出地面，其餘水平的埋進土裡，這種種植方式，可以種出體型較小、數量較多的地瓜。

4 定植（垂直定植）

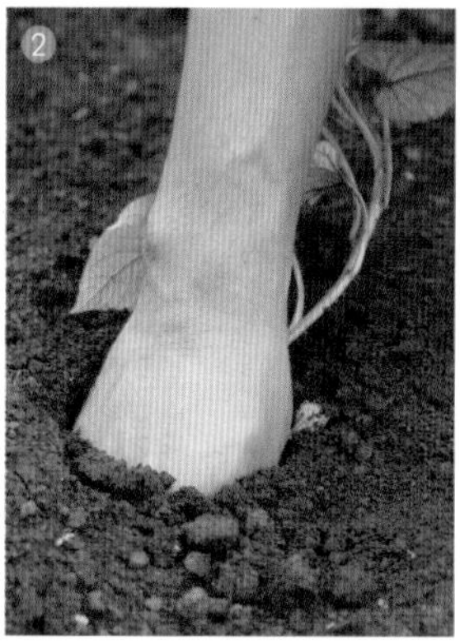

定植前先將不良的葉子摘除，和水平定植一樣，讓切口吸滿水份。

❶將地瓜穗像拿鉛筆一樣，以食指和中指挾著。

❷挾著地瓜穗的食指和中指伸直後，垂直地將穗插入土裡。

❸前端3～4片的葉子露出地面，其餘埋進土裡，這種種植方式，可以種出一個一個體型較大的地瓜。

5 拉回莖蔓

❶與地面接觸的莖節處會長出根（不定根），為了避免不定根向土裡紮根，必須將延伸的莖蔓向上拉回主莖蔓處。

❷圖為莖節處長出的根（不定根）。這種不定根若向土裡紮根的話，會過度吸收土壤中的水分和養分，造成「莖蔓過盛」的現象。

❸將主根以外的不定根全部拉離開土壤，讓莖蔓繞回到主根後曝曬太陽即可。

6 追肥

基本上沒有追肥的必要，但是，少量施予含鉀成分多的化學肥料，可以使地瓜肥大。定植後的2～3週，可以視植株生長的狀況，配合需要適當地施予化學肥料。

❶每一植株，握一小撮含鉀成分多的化學肥料，施於植株根部附近。

❷圖為含鉀成分多的地瓜專用化學肥料。

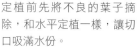

7 收穫1

10～11月是收成的時期。

❶將莖蔓拉起來並尋找插穗的根部。

❷找到根部後將莖蔓割斷。

❷距離根部約一個腳掌的位置，將圓鍬插入。

8 收穫2

❶圓鍬垂直插入地面後，覺得有地瓜的地方，就將圓鍬插更深點，壓下握柄將地瓜撬出掘起。

❷當地瓜周圍的土壤變鬆之後，將莖蔓拉起，掘出地瓜即可。

❷最後以手確認土裡是否還有遺漏未被發現的地瓜。

青菜趣味

豐富的維生素C

地瓜不只美味好吃，還含有豐富的食物纖維，除了維生素D、K之外，幾乎包含了所有的維生素，鐵、鈣、磷、鉀等礦物質也非常豐富，至於維生素C的含量，更是媲美檸檬的維生素C含量，而且，地瓜的維生素C並不會因為加熱而破壞，所以非常適合烹調處理，只是保存時切忌採取低溫貯藏的方式，最適合的貯藏溫度是15℃，低於此溫度的話容易腐壞，請特別注意。

地瓜原本就屬於熱帶性植物，切忌以冰箱冷藏來保存。地瓜生性討厭溼氣與乾燥，可以用報紙包起來，放置於室內陰涼處保存即可。

病蟲害的對策

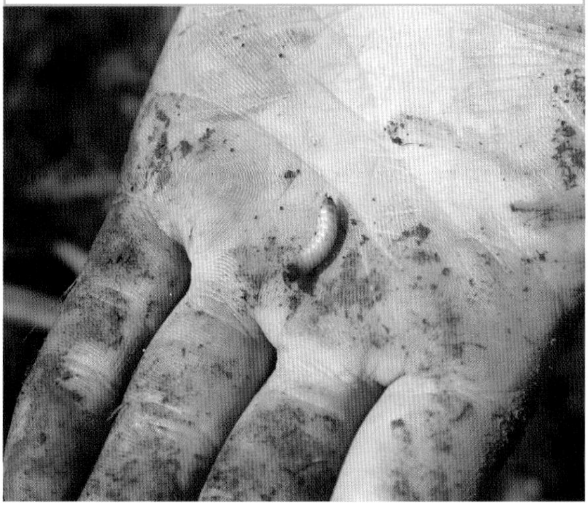

常見的害蟲是叩頭蟲的幼蟲鐵絲蟲（上方照片），地瓜、馬鈴薯以及小麥、大麥、甘蔗等作物經常遭受侵害。因為地瓜生長於土壤裡，所以不容易察覺受害，等到採收時，看見地瓜遭受啃食過的表皮時，才知道已經受害，所以在整理莖蔓時若發現蟲跡，要立刻驅除。

最適合熬煮的獨特口感

芋頭

〔英〕*dasheen*

天南星科
原產於印度東部～
印度支那半島

性喜愛高溫多溼，即使暑熱也可以栽培。葉片寬大而茂密，所以需要較廣大的土地。

難易度	：
必要材料	：鋪乾草
日照	：全日照
株間	：30cm～40cm
發芽溫度	：25～30℃
連作障害	：有（3-4年）
PH值	：5.5～7.0
盆箱栽培	：×

●栽培時間表

月份	1	2	3	4	5	6	7	8	9	10	11	12
定植				■	■							
疏苗						■	■					
追肥						■	■					
收穫										■	■	

1 發芽・定植

❶泥箱或育苗盆裡先放進培養土，種植芋種，待其發芽。
❷田圃裡先挖出一條寬約20cm，深約15～20cm左右的植溝，再將發芽的芋種以間隔30cm～40cm的距離，芽眼朝上的種下，此時要特別注意莖芽的高度是否相同。
❸將掘起的土壤蓋回芋種上，要注意不要傷及幼芽。

2 追肥・培土

❶發芽後，當本葉開始生長時，在株間或田畦邊，施予半把的化學肥料並與土壤充分混合。
❷追肥後，在距離植株不遠處，以不傷及根部的前提下，以圓鍬鬆土並進行根部培土。
❸植列的另一側也是依同樣的方法鬆土培土，到出梅（梅雨終了）為止，這種作業，大約會進行2～3次左右。

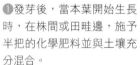

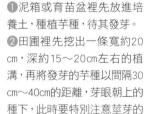

整理好芋種的高度後再種植

發芽 雖然直接將芋種種植在田圃裡，也可以培育出芋頭，但是，一直到發芽要花不少時間，這段時間，芋種很容易腐壞或遭蟲啃食，因此，這段期間，可以泥箱或育苗盆育苗，發芽後，再移植到田圃，這就是所謂的「芋種發芽」，市面上也有販賣發芽的芋種，直接買回來種植也可以。

整地準備 定植前1週，1㎡左右的土壤摻入堆肥3kg、化學肥料100g並確實翻土混合，整理好寬約90cm的田畦。

定植 種下發芽的芋種後，要給予充足的水分。

追肥・培土 發芽後，當本葉開始生長時，就可以開始實施追肥了，距離植株根部約10cm的位置，施予一小把的化學肥料並與土壤充分混合，最後將周圍的土壤蓋回根部，此時如果子芋已經發芽的話，要連同芽一起覆蓋，這種作業3～4週實施一次，一直到出梅（梅雨終了）為止，大約會進行2～3次左右。

給水 土壤若太過乾燥的話，芋頭可能會長不大，所以，乾燥期時，可以鋪上乾稻草防乾燥並且要常常澆水。

收穫 10月下旬～11月就可以收成了。下霜地區，要趁著下霜前採收完成。

作畦

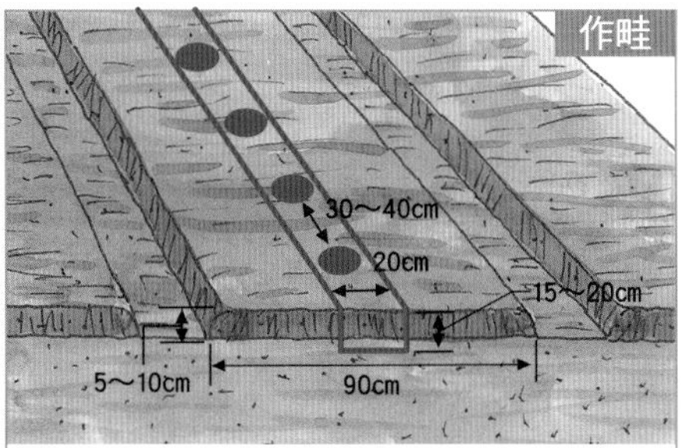

整土：不需要

施肥：堆肥3kg/㎡、化學肥料100g/㎡

種菜 Q&A

Q 成長時間不同，較小植株的生長狀況不佳。

A 生長速度是否相同，和芋種的大小及定植的深度，有很大的關係，若定植深度不同的話，生長的時機會錯開，如此一來，生長較遲緩的植株會受生長較快植株的葉蔭影響而無法正常地生長。

3 將子芋芽埋回土裡

❶母芋的莖葉側邊，會從子芋伸長出芽來，此時，不需摘除直接埋回土裡即可。

❷將子芋芽以腳踏住，不折斷直接讓其橫倒在地。

❸以周圍的土壤將橫倒的芽埋住，追肥時同時確認植株周圍是否有莖芽，可以和培土一起進行，可說是一舉兩得。

4 收穫

❶為了不傷及母芋，只要預留一小截莖，其他地上部份全部割掉。

❷在距離植株根部約一個腳的距離處，將圓鍬垂直插入土裡，變換位置後重複動作，繞株植周圍一圈後，最後，將圓鍬深深地插入地裡挖起。

❸土壤鬆軟至某種程度時，以手握住整株植株，從土裡用力拔起採收。

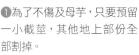

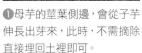

吃豌豆囉！

荷蘭豆（豌豆）

〔英〕*pea*
garden pea

豆科
原產於高加索地區～
中近東地區

如果在生長初期階段，未遇寒冷，溫度不夠低的話會無法開花，所以最好在秋天播種育苗，翌年春天開始即可收穫。

難易度：

必要材料：寒冷紗、塑膠布、鋪乾草、支柱
日照：全日照
株間：30cm
發芽溫度：18～20℃
連作障害：有（4～5年）
PH值：5.8～7.2
盆箱栽培：○（深度15cm以上）

●栽培時間表

月份	1	2	3	4	5	6	7	8	9	10	11	12
播種										■	■	
疏苗											■	
追肥	■	■										
收穫		■	■	■								

1 播種

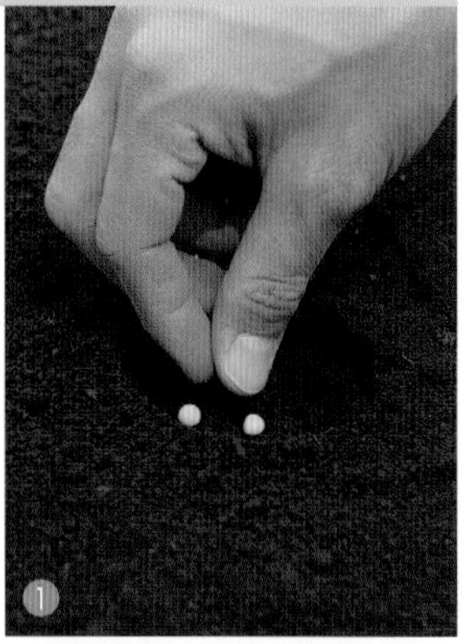

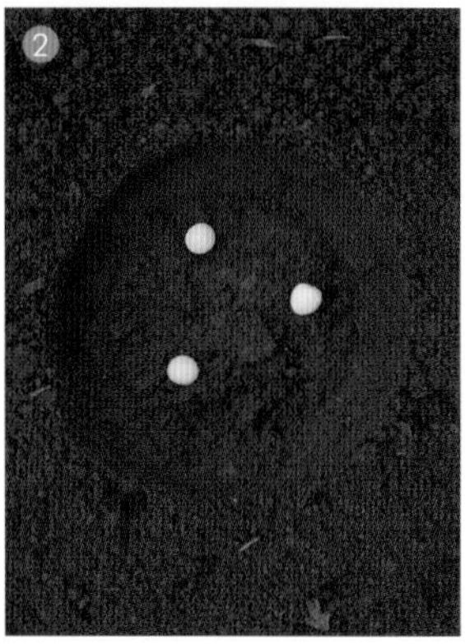

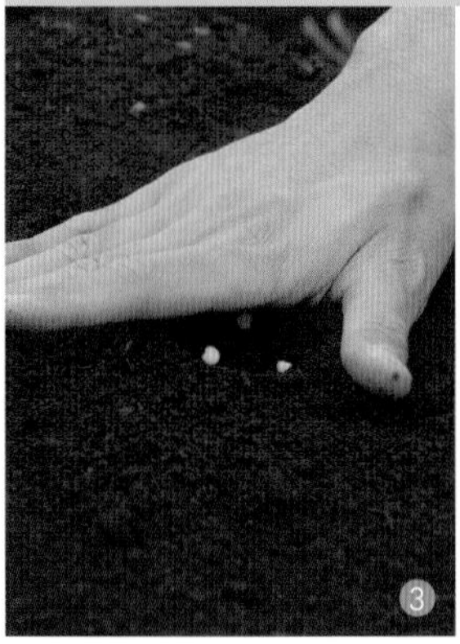

①以瓶底等物，在土壤上印出種穴播種。
②一個種穴裡等距離播入3粒種子。
③覆蓋周圍的土壤後以手掌輕壓，使土壤和種子密合。

2 疏苗

①本葉長出2～3片後，就可以進行疏苗。
②將生長狀況不良的幼苗拔除1株，留下另外2株，注意不要傷及其他幼苗。
③疏苗後留下另外2株繼續培育。

鋪乾稻草或立竹葉枝防止強風

整地準備 播種前2週，1㎡左右的土壤摻入150g的苦土石灰並充分翻土混合，播種前1週，1㎡左右的土壤摻入30g的熔成燐肥、60g的化學肥料混合當作基肥，播種前要整理好約90㎝的田畦並鋪上黑色塑膠布。

播種 田圃裡，每隔30㎝，壓出播種用的種穴，每個種穴裡播下3粒種子，覆蓋土壤後以手掌輕壓，使土壤和種子密合。因為經常遭受鳥害，所以一直到本葉長出之前，請覆蓋寒冷紗以防鳥害。

防寒對策 發芽後，如果沒有鋪黑色塑膠布的話，可以在植株根部鋪上乾稻草或是在幼苗的北側立上竹葉枝屏風，以抵禦寒冷的北風。

疏苗 本葉長出2～3片後，將生長狀況不良的幼苗拔除1株，留下另外2株。

立支柱 初春時候，藤蔓會開始延伸，所以要搭起約2m長的支架以利藤蔓纏繞。

追肥 開花前，在田畦邊緣1㎡左右施予50g的化學肥料，化學肥料上再填覆土壤即可，不需要特別翻土中耕及培土。

收穫 結莢後，要趁著豆仁尚未成熟還柔軟時採收。

作畦

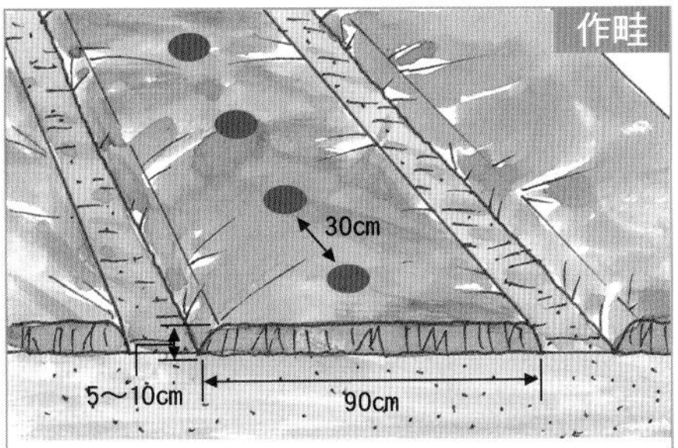

整土：苦土石灰150g/㎡
施肥：熔成燐肥30g/㎡、化學肥料60g/㎡

種菜Q&A

Q 春天未長出莖蔓，反而枯黃了？

A 有可能是因為連作障害的原因。豌豆是很容易產生連作障害的青菜，栽種過一次之後的土地，如果沒有休息4～5年的話，就會產生連作障害，所以請選擇好幾年沒種過豌豆的土地來栽種。

3 立支柱

❶初春時候，莖蔓會開始延伸，所以要搭起約2m長的支架，將莖蔓以繩子輕綁打結。
❷如果莖蔓無法自然攀爬纏繞於支柱上，請以繩子將莖蔓固定，以引誘攀爬。

4 收穫

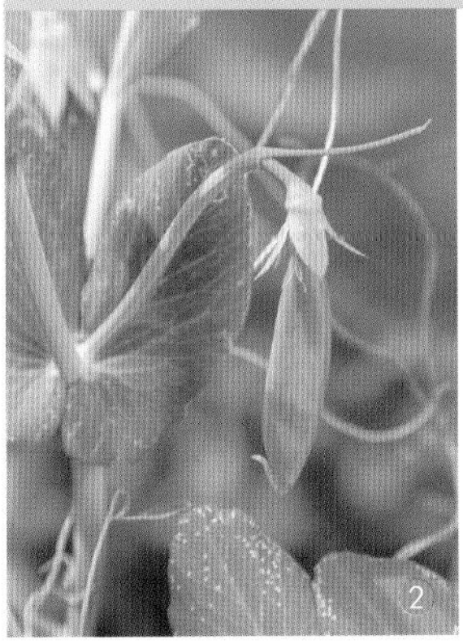

❶圖為豌豆的花。
❷開花後豆莢內的豆子鼓脹起來時，就可以收成了。要趁著豆仁尚未成熟時採收口感較好。

豌豆採收

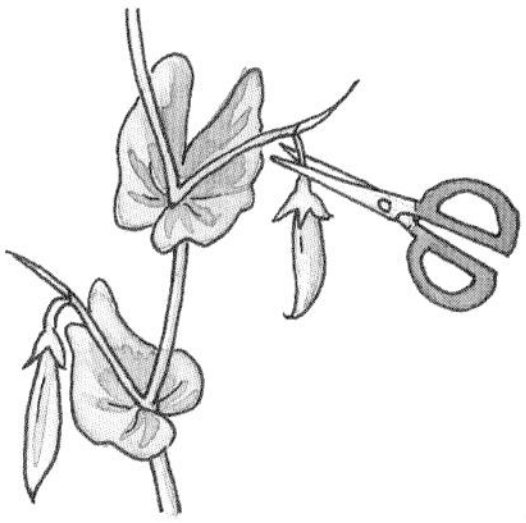

以剪刀將未成熟的豆莢柄剪下即可。

不結球即採收的萵苣類生菜

不結球萵苣

〔英〕*head lettuce*

菊科
原產於歐洲北部

屬萵苣類蔬菜，介於結球與不結球之間的品種，萵苣有許多不同的品種。

難易度	：
必要材料	：寒冷紗、塑膠隧道棚
日照	：全日照
株間	：30cm
發芽溫度	：15～20℃
連作障害	：有（1～2年）
PH值	：6.0～7.0
盆箱栽培	：○（深度15cm以上）

●栽培時間表

月份	1	2	3	4	5	6	7	8	9	10	11	12
播種			春播	■	■	■	■		■	秋播		
疏苗				■	■	■	■	■		■		
追肥					■	■	■	■		■	■	
收穫					■	■	■	■	■		■	

1 播種

❶不結球萵苣的種子非常微小，稍不留意就會被風吹走，最好是以育苗盆或育苗箱先行育苗。
❷先在育苗盆裡放入播種用的培育土，再播下3～4粒種子。
❸蓋上極薄的一層土壤，為了避免種子流失，澆水時請將蓮蓬噴嘴朝上，輕輕地給予充足的水分。

2 定植

❶一個盆子1株植株，如果有2株幼苗的話，儘可能以不破壞根缽土的情況下分株後，種於田圃地。
❷田圃裡挖出和根缽一樣大小的植穴，淺淺地種植後，再以手掌輕壓根部，使土壤和根部密合。
❸定植後給予充足的水分。

播種後覆蓋薄土

播種 育苗盆裡倒入培養土，儘可能平均地播下數粒種子，播種後覆蓋極薄的土壤，再以手掌輕壓，使種子和土壤密合，最後以澆水器輕輕灑水，給予充足的水分。播種後，要細心管理，避免土壤過於乾燥。

整地準備 定植前2週，1㎡左右的土壤倒入150g的苦土石灰並充分翻土混合，定植前1週，1㎡左右的土壤摻入堆肥3kg、化學肥料150g作為基肥。定植前需整理好寬度60cm的田畦。

定植 本葉長出4～5片時，就可以定植到田圃裡，將幼苗從育苗盆裡小心地取出後分株，株間距離約30cm。

防曬・防寒 夏天蓋上寒冷紗防曬、冬天搭起塑膠隧道棚防寒的話，一整年都可以栽種。

收穫 春天播種後大約30天，秋天播種約60天即可收成。本葉長到10片以上，就可以從葉子外側開始割取採收，留下7～8片葉子繼續生長，就可以持續採收。

病蟲害 深植的話，容易產生立枯病，所以請勿採取深植的方式。還有，春天播種，很容易受到蚜蟲的侵害，要特別注意。還有根切蟲和夜盜蟲的蟲害也不少。

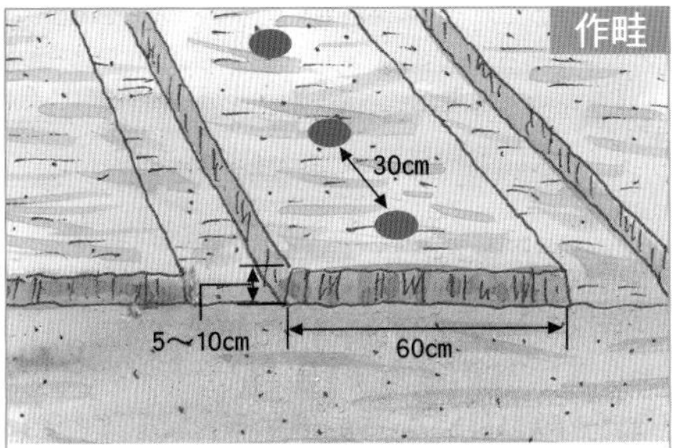

整土：苦土石灰150g/㎡
施肥：堆肥3kg/㎡、化學肥料150g/㎡

種菜Q&A

Q 剛發出的本葉幼苗，葉片上坑坑洞洞？

A 一般葉菜類蔬菜發芽後，很容易遭受到害蟲的啃食，仔細檢視葉片背面，如果發現蟲子就立刻撲滅。蟲害狀況很嚴重時，可以使用除蟲劑除蟲。

3 追肥

❶在每一條間施予一小撮的化學肥料。
❷土壤表面以小鏟子輕輕鬆土，讓土壤和肥料充分混合。
❸也可以全面灑下化學肥料施肥。

4 收穫

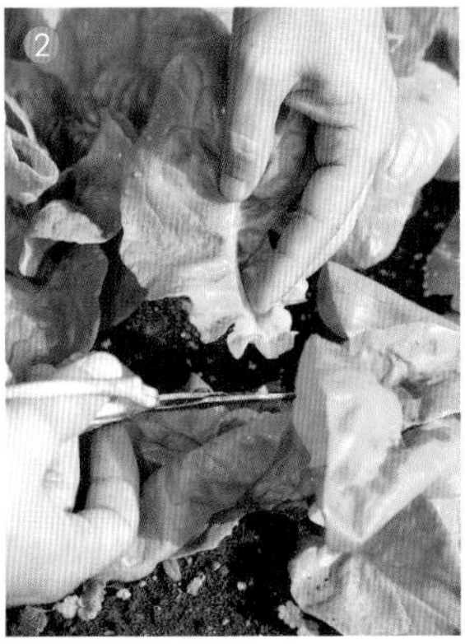

❶本葉長到10片以上，就可以採收。
❷通常約留下中心約7～8片葉子，從葉子外側開始割取採收。
❸如果生長期間不採收，等葉片中心稍微捲起時，可以直接從根部割下，整株採收。

廣泛運用於各種料理的食用蔬菜

馬鈴薯

〔英〕*potato*

茄科
原產於南美洲

對於暑熱及寒冷的抵抗力並不強，但是，如果慎選優良品種的話，栽種上會比較容易，很適合家庭菜園來栽種。

難易度	：
必要材料	：無特別需求
日照	：全日照
株間	：30cm
發芽溫度	：10～20℃
連作障害	：有（3～4年）
PH值	：5.5～6.5
盆箱栽培	：○（深度60cm以上）

●栽培時間表

月份	1	2	3	4	5	6	7	8	9	10	11	12
定植		■	■									
疏苗			■	■								
追肥				■	■							
收穫					■	■	■					

從選擇容易栽種的薯種開始

整地準備 定植前2週，1㎡的左右土壤摻入50g的苦土石灰並充分翻土混合，定植前1週，需整理好寬度約60cm的田畦。

準備薯種 薯種體積較小的話則不需要分割，體積較大的話則需要分割成2～4塊，切口處抹上草木灰或在太陽底下曝曬一個小時左右乾燥，1～2天後即可種植。

準備植溝 定植前請先挖好一條深度約15cm、寬度約15cm的植溝，1㎡左右的土壤摻入堆肥1～3kg、化學肥料100g，再填入未加肥料的土壤約4～5cm後，將土壤底部整平即可。

定植 將馬鈴薯種切口朝下，埋入深約7～8cm的土裡，輕壓後覆蓋土壤。

發芽 一個薯種裡會冒出數個芽，當莖芽長到約10cm大小時，就可以留下2～3株健康的芽，其他的芽則摘除。

追肥・培土 莖芽高度生長到約15cm時進行第一次的追肥，之後一直到結花苞後，就可以進行第2次追肥，花開後，則進行第3次追肥並進行培土。

收穫 花期結束後，地上部份的莖葉開始枯萎時，可以試著挖掘根部附近，確認馬鈴薯的肥大程度，夠大的話就表示可以收成了。

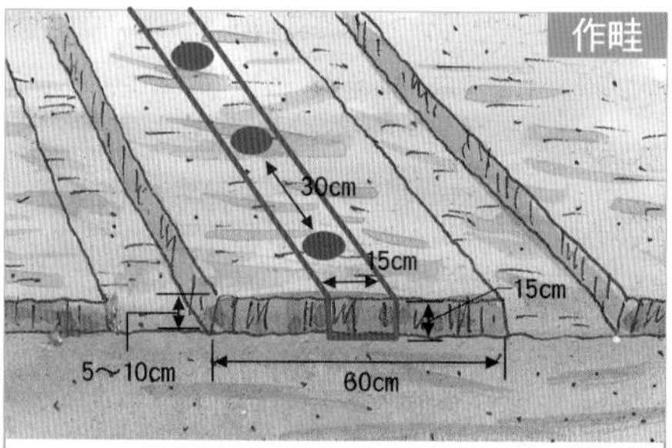

整土：苦土石灰50g/㎡
施肥：堆肥1～3kg/㎡、化學肥料100g/㎡

種菜Q&A

Q 市場上買來作菜的馬鈴薯可以當薯種來栽種嗎？

A 市場上買來作菜的馬鈴薯即使種了，生長狀況也可能不佳，甚至會影響其他作物的生長。

馬鈴薯的生長過程

1	2	3	4	5	6	7	8	9	10	11	12
		發芽	發芽	開花	收穫期	收穫期					
			肥大	肥大	肥大	肥大					

發芽▶
定植20～30天後，就會發出莖芽，留下2～3株健芽，其他摘除。

開花▶
發芽後約30～50天就會開花。花開後，就可以進行第3次追肥和培土。

收穫▶
開花後20～30天，花期結束後，地上部份的莖葉開始枯萎時，就可以收穫了。

1 分割薯種

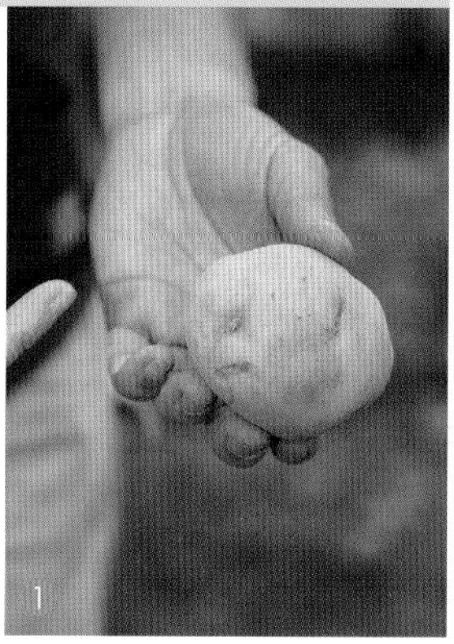

1

2

3

❶請選擇專門作種的馬鈴薯。
❷芽眼大部分都集中在與馬鈴薯蒂頭相反方向的頂部。
❸每一塊薯種至少要有3個芽眼，將刀子切入芽眼較集中的部位分割，每一塊的重量最好不要低於70g。

2 切口殺菌

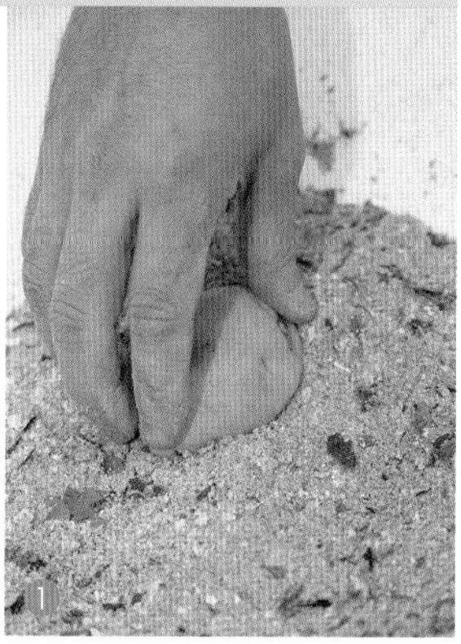

1

2

3

切口如果潮濕就種進土裡的話，很容易腐爛，所以切口要先消毒乾燥後再進行種植。
❶❷分割切口處可以抹上草木灰燼或市售現成的灰消毒，置於通風處晾乾1～2天即可種植。
❸如果沒有草木灰可使用的話，可以將切口處放置於太陽下曝曬，以日光消毒，1～2天後即可乾燥。

3 挖植溝

❶定植前請先挖好一條深度、寬度都15cm的植溝。
❷挖好的溝裡，1㎡左右的土壤填入堆肥3kg及化學肥料100g。
❸再填回先前挖掘起來的土壤約5cm厚，土壤底部整平即可。

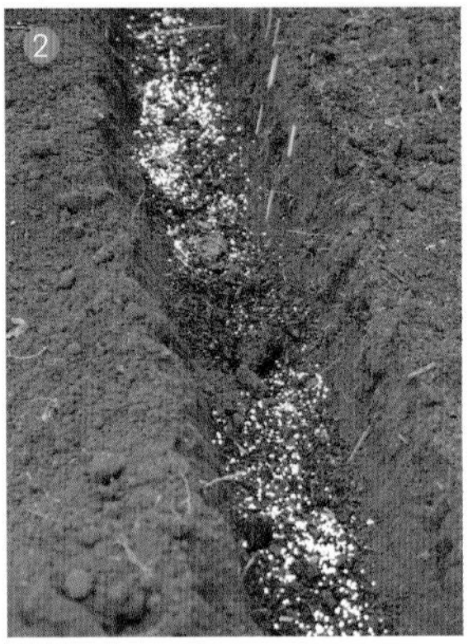

4 定植

❶切好的馬鈴薯種放入溝底，切口朝下，自上輕壓後覆蓋土壤。
❷每一薯種的間距是30cm（大約是一個腳掌的距離），種下後，將土填回，表面以手掌輕壓，讓土壤和薯種接觸密合。

植溝和定植

雖然植溝底部加入了堆肥和化肥當做基肥，但是為了讓薯種不直接接觸肥料，中間可以夾一層未施過肥的土壤。

5 摘芽

❶一個薯種裡會伸長出數個莖芽，當這些莖芽長到約10cm大小時，只留下2～3株健康的芽，其餘疏苗。
❷❸此時，為了不要傷及其他莖芽，可以用手將植株根部緊緊壓住以利進行。

6 追肥時期

❶莖芽高度生長到15cm左右時進行第一次的追肥。
❷結花苞後，可以進行第2次追肥，等到花開後，則進行第3次追肥。

7 追肥・培土

❶距離植株約15cm處，施予一小把的化學肥料。

❷如果在植株附近進行鬆土的話，可能會傷及植株根部或薯種，所以只要在田畦間略微鬆土，再覆蓋上5cm的土壤即可。

馬鈴薯和培土

馬鈴薯的根部會隨著生長突起，所以如果沒有充分培土的話，可能會突出於地表之上，受到陽光照射後，顏色會轉成綠色而產生毒素。

8 收穫

❶花期結束後，下層的葉子會開始變黃，就可以進行採收。可以試著挖掘根部周圍，確認馬鈴薯的大小程度。

❷馬鈴薯已經夠大的話就表示可以收成了。此時先將周圍的土挖鬆，以手握住整株植株拔起即可。

❸拔起後，要再次確認土壤裡是否還有遺漏的馬鈴薯。

青菜趣味

馬鈴薯雖然營養豐富，但芽眼存有有害物質。

含有豐富澱粉的馬鈴薯，同時也含有相當豐富的維牛素B1和維生素C等營養，但是芽眼裡卻含有有機性鹽基毒素龍葵鹼，誤食的話，可能會出現腹痛或嘔吐（噁心）、頭痛等危險的中毒症狀，所以如果沒有充分培土的話，馬鈴薯可能會突出於地表之上，受到陽光照射後，顏色會轉成綠色，這綠色部分就含有很多有機性鹽基毒素龍葵鹼。保存時，請放置於陰暗處，不要受到陽光直接照射。

顏色轉變成綠色的馬鈴薯，含有很多有機性鹽基毒素龍葵鹼，所以種植時，一定要注意充分培土。

病蟲害的對策

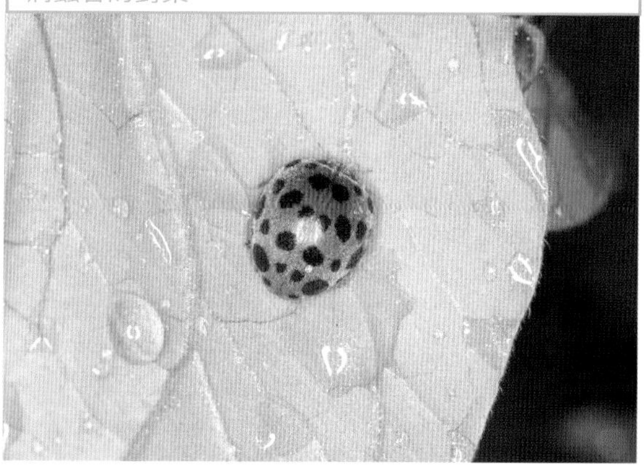

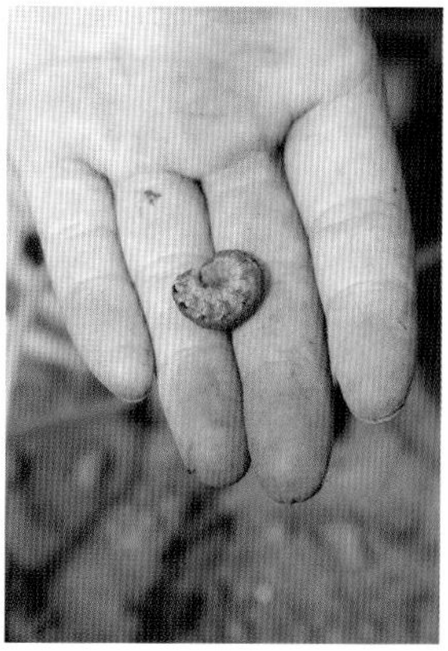

馬鈴薯較常見的蟲害是茄28星瓢蟲（上方照片）以及夜盜蟲（右方照片）。茄28星瓢蟲好侵害茄科作物，啃食植株的莖葉表面、果實等。夜盜蟲白天隱身於土壤中，夜間則出來啃食葉片，若在植株根部附近發現蟲跡，要立即撲滅，如果發現植株已受害，挖掘根部即可找出害蟲撲滅。

火鍋料理不可欠缺的綠黃色蔬菜

山茼蒿

〔英〕*garland chrysanthemum*

菊科
原產於地中海地區

在日本和中國以及台灣，都是食用其葉子部分，但是在歐洲地區，大都是栽培成為觀賞用的花卉，葉子含有苦土味和獨特的香氣，是山茼蒿的特徵。

難易度	：
必要材料	：無特別需求
日照	：全日照
株間	：10～15cm（條間距離15～20cm）
發芽溫度	：15～20℃
連作障害	：有（2～3年）
PH值	：5.5～6.5
盆箱栽培	：○（深度20cm以上）

●栽培時間表

月份	1	2	3	4	5	6	7	8	9	10	11	12
播種			■	■					■	■		
疏苗			■	■					■	■		
追肥				■	■					■	■	
收穫					■						■	■

1 播種

❶以支柱等在田圃地上壓出一條細細植溝。
❷植溝裡儘可能平均地播種。
❸將溝兩側的土壤填回，薄薄地覆蓋種子。再以手掌輕壓土壤，使種子與土壤密合。

2 疏苗

❶發芽後，本葉長到4～5片時，就可以進行第1次的疏苗。
❷以剪刀從植株根部剪斷進行疏苗。
❸一直到植株高度約10cm的這段期間，分成數次進行疏苗，最後株間距離約10～15cm即可。

秋天播種要摘芯 讓側芽生長

整地準備 播種前2週，1㎡左右的土壤平均加入250g的苦土石灰確實翻土混合。播種前1週，1㎡左右的土壤摻入堆肥3kg、化學肥料150g混合作為基肥。播種前需整理好寬度50～60cm的田畦。

播種 直接將種子播在田圃裡，覆蓋極薄的土壤。播種後要給予充足的水分，早春及晚秋溫度較低的時期，發芽之前都必須覆蓋塑膠隧道棚防寒。

疏苗 本葉長到4～5片後，就可以進行第1次的疏苗，使株距約5～6cm，之後直到植株高度約10cm的這段期間，分成數次進行疏苗。

追肥 第1次的疏苗後，當本葉長出5～6片時，在植株周圍施予一小撮的化學肥料，進行追肥。

摘芯 秋天播種的情況下，植株長到15cm，本葉長到10片以上的話，留下下層約4～5片的葉子，植株前端的芯摘除，以利側芽生長。

病蟲害 遭受病害、蟲害的情況並不多見，但是春天播種容易遭受蚜蟲或薊馬蟲害，秋天播種則容易遭受夜盜蟲及根切蟲之害。

收穫 春天播種約需1個月左右，秋天播種約40～50天就可以收成。

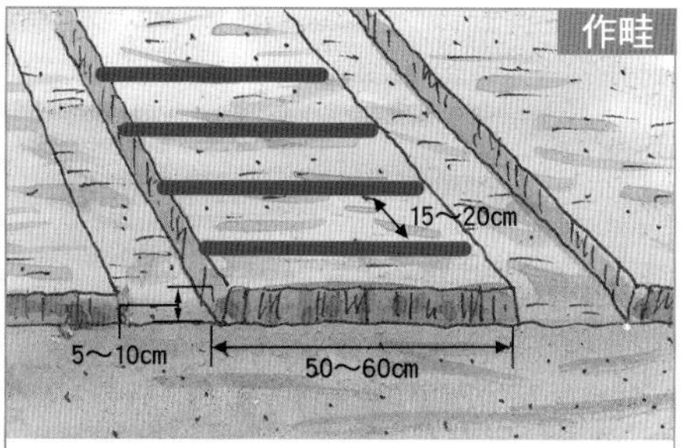

整土：苦土石灰250g/㎡
施肥：堆肥3kg/㎡、化學肥料150g/㎡

種菜 Q&A

Q 明明播了種卻不發芽？

A 山茼蒿的種子是屬於好光性種子，發芽時期，需要有充足的光照，因此，播種後如果覆蓋過厚的土壤，種子就不會發芽，覆蓋土壤時，只要若隱若現，薄薄地覆蓋一層薄土即可。

3 追肥

❶第1次的疏苗結束後，當本葉長出5～6片時，在植株周圍施予一小撮的化學肥料，進行追肥。
❷以小鏟子將土壤表面略微鬆土，將土壤和肥料混合。

4 收穫

❶植株高度長到約15cm時，就可以收成了。
❷❸秋天播種的話，採收時，只要留下底層的4～5片葉子，其餘以剪刀剪下採收即可，採收過的地方會再發出側芽，因此可以再次收成。若是春天播種的話，要趁莖還沒有抽苔之前，整株採收。

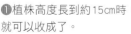

越瓜

〔英〕*oriental pickling melon*

瓜科
原產於中國近東部～
東南亞地區

和小黃瓜比起來，越瓜即使成熟仍帶有生味，所以在日本被稱為白瓜，屬於香瓜的變種，但沒有香瓜的甜。

難易度	：
必要材料	：塑膠布
日照	：全日照
株間	：1m
發芽溫度	：28～30℃
連作障害	：有（2～3年）
PH值	：6.0～6.5
盆箱栽培	：×

●栽培時間表

月份	1	2	3	4	5	6	7	8	9	10	11	12
播種				■	■							
疏苗					■							
追肥						■	■					
收穫							■	■				

1 播種・定植

可以以育苗盆育苗或是直接播種在田圃裡育苗，以育苗盆育苗時，當本葉長出3～4片後，就可以進行定植，因為莖蔓會沿著地面生長，所以株間距離要預留1m左右。

定植

將幼苗從育苗盆裡取出，盡量不要破壞根缽的土壤，種進直徑約10cm的植穴裡，定植時，要注意幼苗根部的高度和地面的高度相同，定植後請給予充足的水分。

2 摘芯・整枝

因為越瓜是從孫莖蔓結果收成，所以主莖蔓只要留下4片本葉即可，其餘摘除。

整枝

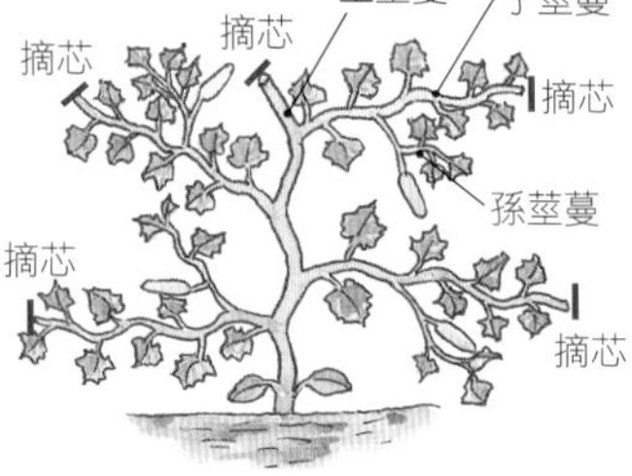

主莖蔓只要留下4片本葉，其餘摘除，子莖蔓也只要留下8片本葉，其餘摘除，至於孫莖蔓只要留下1個果實上的3～4片葉子即可，其餘同樣進行摘芯。

趁果實未成熟前採收，口感較佳。

播種 育苗盆裡倒入培養土，一個育苗盆裡約以指間挖出3～4個植穴，每個植穴播下一粒種子，播種後略微蓋土，再輕輕灑水，給予充足的水分。

疏苗 當子葉展開時，即可進行第1次的疏苗，當本葉長出2片時，只留下一株健苗即可。

整地準備 5月初旬左右，定植前2週，1㎡左右的土壤摻入100g的苦土石灰，確實翻土混合。定植前1週，1㎡左右的土壤摻入堆肥3kg、化學肥料100g混合作為基肥。播種前需整理好寬度100cm的田畦。

定植 5月初旬，本葉長出3～4片時，就可以定植到田圃裡。

摘芯．整枝 因為越瓜是從孫莖蔓收成，所以主莖蔓只要留下4片本葉，其餘摘除，子莖蔓也只要留下8片本葉，其餘摘除，至於孫莖蔓只要留下1個果實上的3～4片葉子即可，其餘同樣進行摘芯。

收穫 開花之後約20天左右，即可收成。果實日益變大之後，必須轉動果實，讓果實整體都能平均照到陽光。

參考：播種在田圃的方法 也可以不使用育苗盆而直接播種在田裡育苗。播種前的準備工作和定植前的準備工作一樣，每隔1m挖出一個直徑10cm的植穴，每一植穴播下3～4粒種子。

作畦

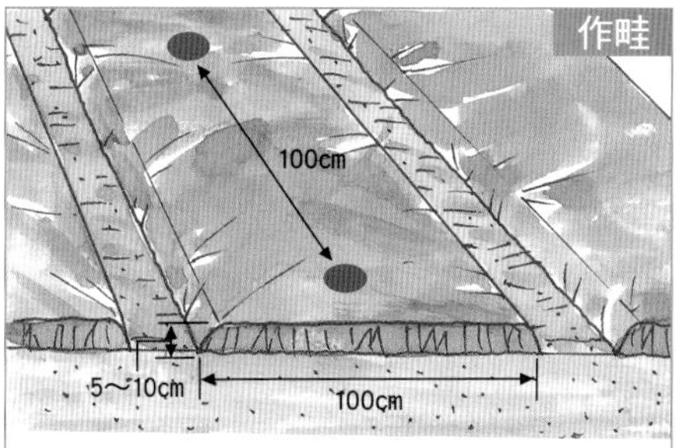

整土：苦土石灰100g/㎡

施肥：堆肥3kg/㎡、化學肥料100g/㎡

種菜Q&A

Q 整個果實長不大，好像要枯萎的樣子？

A 如果沒有進行授粉的話，果實不會變肥大，無法生長，而且會變成枯萎的顏色。如果因為連日陰雨或蟲害而無法自然授粉的話，可採雄蕊的花摩擦雌蕊的花，進行人工授粉。

3 追肥

定植一週之後，以一個月一次的比例，在植株周圍灑下一小撮的化學肥料。如果鋪了塑膠布的話，請將塑膠布掀起來，於距離植株稍遠處施肥。

追肥的方法

為了不讓肥料和植株的根部及莖蔓直接接觸，所以在距離莖蔓稍遠處以畫圓圈的方式施肥即可。

4 收穫

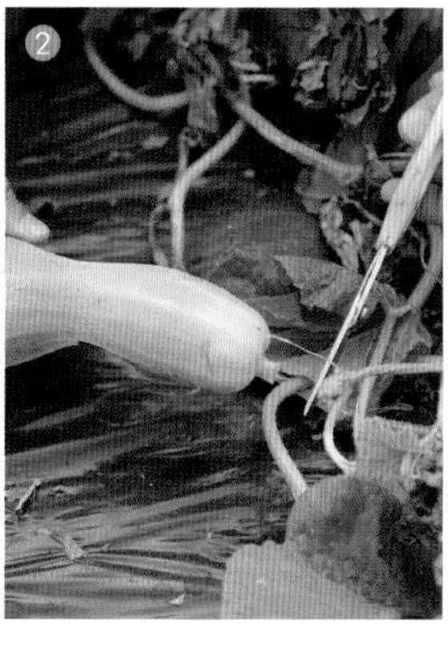

❶果實長到約15～20cm左右時，果實上的粗毛會開始脫落並產生光澤感，這時就是最佳的收穫時期，如果過於成熟才採收的話，口感不佳，所以要特別注意不要錯過採收期。
❷使用剪刀於果柄處剪斷即可採收。

口感清脆，魅力超群的中國青菜

青江菜

〔英〕*Qing geng cai*

十字花科
原產於中國地區

與白菜類似的中國青菜，軸梗是綠色的稱為青江菜，軸梗是白色則稱之為白菜。

難易度：

必要材料：寒冷紗、塑膠隧道棚（秋天播種時用）
日照：全日照
株間：15cm（條間距離15～20cm）
發芽溫度：15～25℃
連作障害：有（1～2年）
PH值：6.5～7.0
盆箱栽培：○（深度20cm以上）

●栽培時間表

月份	1	2	3	4	5	6	7	8	9	10	11	12
播種				■	■	■	■	■	■	■		
疏苗				■	■	■	■	■	■			
追肥				■	■	■	■	■	■	■		
收穫					■	■	■	■	■	■	■	■

1 播種

❶以支柱等物在田圃地上壓出一條種溝。
❷手裡捏著數粒青江菜種子，指尖相互摩擦的同時，將種子播下。
❸發芽率很高，所以種子不要撒太密集，稍微留些空隙，播種後，薄薄地覆蓋一層土壤，再以手掌輕壓土壤，並給予充足的水分。

2 疏苗

❶發芽後，為了使葉子之間不會互相碰觸，可以以小鑷子進行疏苗。
❷疏苗分2～3次進行，大約葉子之間不會互相碰觸即可。
❸最後一次疏苗是本葉長出5～6片時，株間距離約15cm即可。

酸性土壤必須以苦土石灰中和

整地準備 因為青江菜討厭酸性土壤，所以定植前2週，1㎡左右的土壤平均摻入100g的苦土石灰，確實翻土混合。定植前1週，1㎡左右的土壤摻入堆肥3kg、化學肥料100g作為基肥。定植前需整理好寬度60cm的田畦。

播種 使用支柱等在菜圃裡壓出一條種溝，直接將種子播在田圃裡，其上覆蓋極薄的土壤，播種後要給予充足的水分，也可以在育苗盆或泥箱裡放入培養土育苗。

疏苗 發芽後，當本葉開始長出來後，為了使葉子之間不會互相碰觸，必須進行2～3次的疏苗，留下生長最健康的幼苗。

定植 育苗盆裡育苗的話，當本葉長出4～5片時，就可以定植於田圃裡。

追肥 視植株的生長狀況，在收穫之前，要進行1～2次的追肥，在每株植株周圍施予一小撮的化學肥料後培土。

病蟲害 較常發生蚜蟲或小菜蛾、螟蛉蟲等蟲害，特別是春天播種非常容易遭受蟲害，因此，蟲害初期請以合適的藥劑來防止。

收穫 秋天播種後，若遇到下霜的情況，請覆蓋寒冷紗或塑膠隧道防寒，當根部長至約5cm、植株高度約15cm時，就是收穫的最佳時期。

作畦

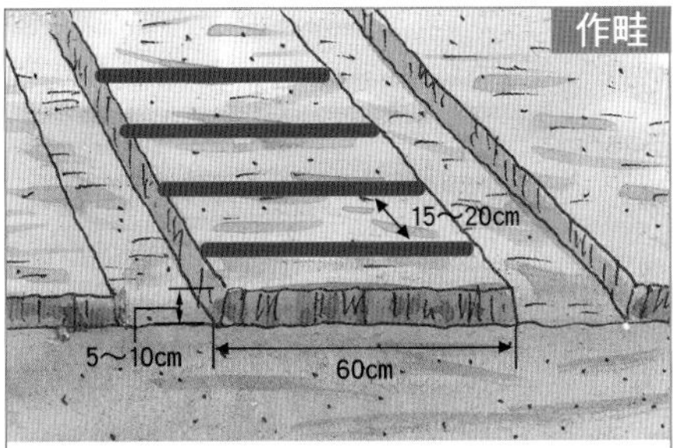

整土：苦土石灰100g/㎡
施肥：堆肥3kg/㎡、化學肥料100g/㎡

種菜 Q&A

Q 對於初學者來說，何時是播種的最佳時機？

A 青江菜對於夏天的高溫有較強的抵抗力，春天到秋天都適合栽種，但是，最容易栽培的是秋天播種，可於8月下旬～9月播種。

3 追肥

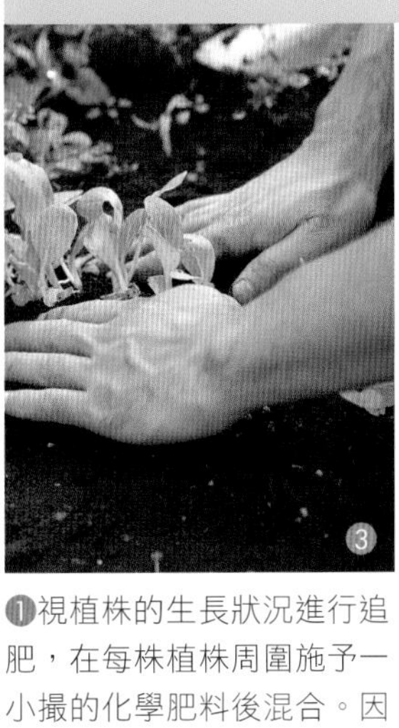

❶視植株的生長狀況進行追肥，在每株植株周圍施予一小撮的化學肥料後混合。因為要促使菜葉成長，所以要施放含氮較多的肥料才能見效。
❷❸以小鏟子將土壤和肥料混合後培土即可。

4 收穫

❶秋天播種的情況下，當根部往上長至約5cm長、植株高度約15～20cm時，就是收穫的最佳時期。將植株連根拔起後，再以剪刀或刀子將根部切除即可。
❷春天播種的話，莖很容易抽苔開花，所以要趁還嫩的時候採收。採收時，只要將剪刀深入土壤裡將根剪斷即可。

採收嫩莖食用的健康蔬菜

落葵

〔英〕*Indian spinach*
Malabar spinach

落葵科
原產於亞洲熱帶地區

屬於熱帶性多年蔓生植物，非常適合油炒或涼拌後食用。

難易度	：
必要材料	：支柱
日照	：全日照
株間	：30cm
發芽溫度	：25～30℃
連作障害	：有（1～2年）
PH值	：6.0～6.5
盆箱栽培	：○（深度20cm以上）

●栽培時間表

月份	1	2	3	4	5	6	7	8	9	10	11	12
播種				■								
疏苗				■	■							
追肥					■	■	■	■	■			
收穫						■	■	■	■	■		

1 播種

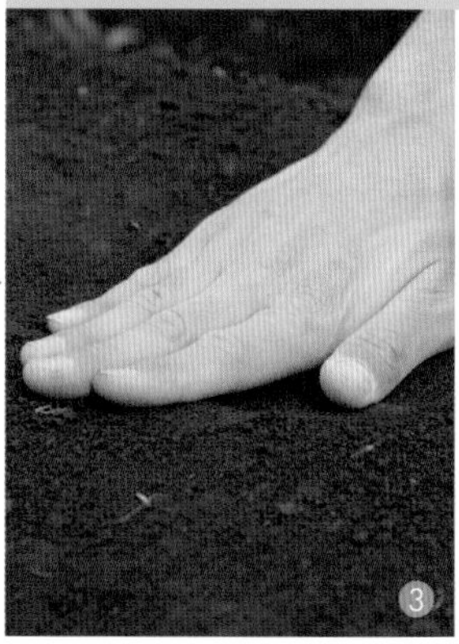

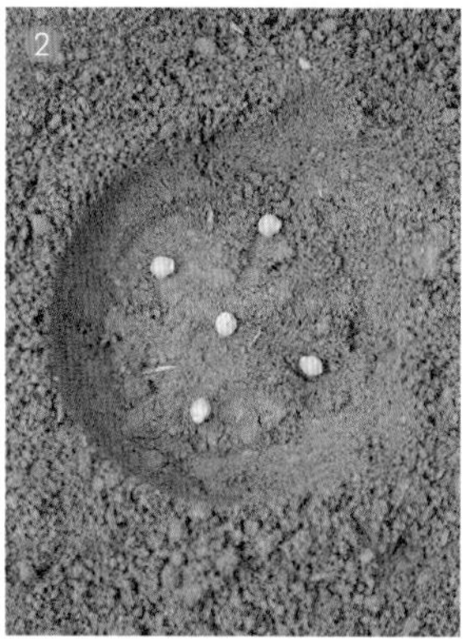

❶種子先浸泡一個晚上的水，如此一來較容易發芽。
❷以瓶底等物在田圃裡壓出間隔約30cm的淺凹洞，一個凹洞裡播下4～5粒的種子。如果覆蓋了塑膠布的話，可將塑膠布戳孔後再壓出植穴。
❸最後蓋上約1cm的土壤後，再以手掌自上輕壓土壤，大約10～14天左右就會發芽。

2 追肥

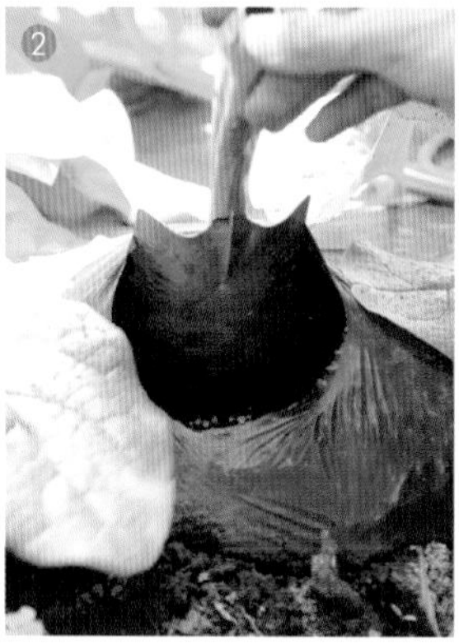

❶一直到採收為止，1個月進行1～2次的追肥，肥料施於株與株之間，不要讓根與葉子直接接觸肥料，稍微混合後培土即可。
❷如果覆蓋了塑膠布的話，可用圓鍬或小鏟子在塑膠布上戳個洞後施肥即可。

進行摘芯讓側芽延伸生長

整地準備 選擇日照充足的場所，播種前2週，1㎡左右的土壤平均摻入100g的苦土石灰，確實翻土混合。定植前1週，1㎡左右的土壤摻入堆肥3kg、化學肥料100g左右作為基肥。播種前需整理好寬度50～60㎝的田畦。

播種 播種要等溫度暖和之後進行。

疏苗 當本葉長出2片後，就進行第1次的拔間疏苗，一處只要留下2株栽培即可。當本葉長出4～5片時，就可以進行第2次疏苗，只要留下一株健康的幼苗即可。

追肥 疏苗至收穫這段期間，1個月追肥1～2次，將氮素含量較多的化學肥料施予植株周圍，略微混合後培土即可。

立支柱 植株高度長到15～20㎝時，就必須立支柱誘引莖蔓攀爬。因為莖蔓分枝時會同時延伸向上攀爬成長，所以要確實搭立較長的支柱。

摘芯 植株高度長到20㎝時，只要留下下層葉片約5～6片即可，將前端嫩芽摘除，透過摘芯的方式，促使側芽發出，可以讓植株不至於太高又能健康成長。

收穫 植株高度長到1m，葉片大小約10㎝左右時，就可以採收了，從側芽前端約15㎝處摘取採收即可。

作畦

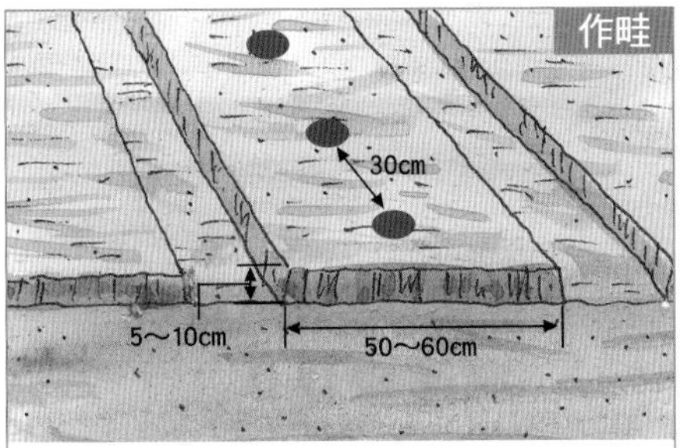

整土：苦土石灰100g/㎡

施肥：堆肥3kg/㎡、化學肥料100g/㎡

種菜 Q & A

Q 不立支柱也可以栽種嗎？

A 落葵從夏天到秋天這段期間，會長得特別茂密，所以如果不立支柱的話，可能需要非常廣大的生長空間，植株高度至20～30cm時，莖蔓會延伸重疊交纏，所以必須進行整枝。

3 搭支柱

❶植株高度長到15～20cm時，就必須立支柱讓莖蔓攀爬，並用繩子將支柱與莖蔓略微綁起固定。

❷植株生長至某個程度時會快速延伸成長，所以要確實搭立比植株還要長的支柱。

支柱的搭法

一株植株需要2支支柱組合起來，上面交叉處，以繩子綁起來，水平橫架上一支支柱，與另一端的支柱交叉處綁起來固定即可。

4 收穫

❶落葵是食用前端柔軟的嫩芽部分，所以當植株高度長到約1m，葉片大小約10cm左右時，就可以從側枝前端約15cm處摘取採收即可。

❷以指尖將嫩芯折斷摘取即可。

❸也可以以剪刀剪斷採收。

令人滿足的豐收喜悅

蕃茄

〔英〕*tomato*

茄科
原產於南美

雖然一整年都能吃到新鮮的蕃茄，但是，蕃茄最美味的時期，當屬夏天了。蕃茄喜好晝夜溫差大的氣候，是屬於耐旱力強的蔬果類。

難易度	：✓✓
必要材料	：塑膠布、支柱
日照	：全日照
株間	：50～60cm
發芽溫度	：25℃左右
連作障害	：有（3～4年）
PH值	：6.0～6.5
盆箱栽培	：○（深度30cm以上）

●栽培時間表

月份	1	2	3	4	5	6	7	8	9	10	11	12
定植					■							
發芽					■	■	■	■	■			
追肥					■	■	■	■				
收穫						■	■	■	■			

確實地摘除側芽

整地準備 定植前2週，1㎡左右的土壤散布200g的苦土石灰並充分翻土混合，以深挖的方式翻土（儘可能深約30cm）。播種前1週，要整理好寬度約60cm的田畦。田畦中央挖出寬約20cm、深約40cm的植溝，1㎡的土壤摻入堆肥5kg、化學肥料200g，混合後填回即可。

定植 田畦裡每間隔50～60cm的距離，挖出一個植穴，在不破壞育苗盆土壤的情況下，將幼苗淺淺地種下，定植前如果先鋪上塑膠布的話，可以預防疾病和雜草的發生。

立支柱 本葉長到10片左右時，就必須搭起合掌型支柱，引誘莖蔓攀爬伸長。

摘芯・整枝 如果側芽長出卻置之不理的話，葉子會生長過於茂盛，影響果實的健康，因此側芽要及早摘除。選擇天氣好的日子以手指摘除即可。

追肥 定植後，以一個月1～2次的比例，每一株施放一小把的化學肥料即可。

授粉 輕輕地搖晃支架，讓整株搖晃，進行授粉。

摘果 一房只要留下4～5個果實，其餘形體較小、外形較差的果實（畸形果）必須摘除，尚未結成果實的花也要一併摘除。

收穫 由於品種和氣候的不同，收成期也不一樣。一般來說，開花後約40～60天即可收穫。

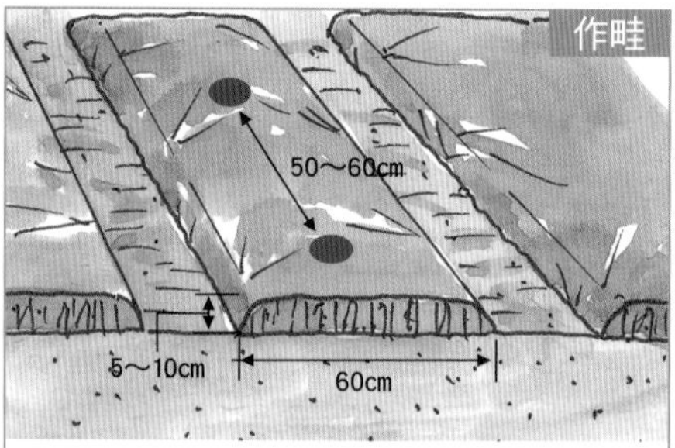

整土：苦土石灰200g/㎡
施肥：堆肥5kg/㎡、化學肥料200g/㎡

種菜 Q&A

Q 有關蕃茄的病蟲害有哪些？

A 蕃茄最容易發生葉斑病變，是具有傳染性的疾病，所以，如果看見葉片成尖細狀且帶有濃淡不一的馬賽克斑點時，請立刻將植株整株拔除避免擴大。

蕃茄的生長過程

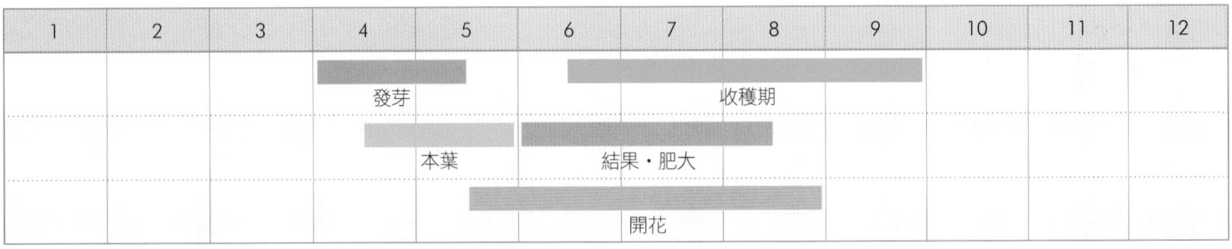

本葉▶
播種之後約10～20天，就會長出本葉，本葉長出7～8葉時，即可進行定植。

開花▶
定植之後的10～20天，就會開花，如果此時已經結果的話就必需進行摘果。

收穫▶
開花之後約30～40天，果實轉為紅色，就表示成熟可以採收了。

1 定植前的準備工作

❶定植工作要在第一次花開出之前進行，因為蕃茄的花房都是朝向同一個方向延伸生長，所以定植時，只要將這個方向對著通路走道栽種，日後的收穫工作進行起來也會較容易。
❷❸成長較為健康的幼苗在定植前，要事先將側芽摘除。

2 定植

❶每隔50～60cm挖出一個直徑約10cm左右的植穴，定植時，調整花房的方向，在不破壞根缽土的情況下，將幼苗淺淺種下，再將先前掘起的土壤蓋回，輕壓根部緊實即可。
❷定植後要架立暫時性支柱，以繩子輕輕地鬆綁著固定。
❸完成後請給予植株充足的水分。

3 立支柱・誘引

❶本葉長到10片左右時，就必須立起支柱，誘引莖蔓攀爬伸長。

❷將莖與支柱固定時，請打「8」字形的結，鬆鬆地綁著即可。

❸請勿為了讓莖蔓與支柱密合而綁的太過緊而影響植株生長。

4 摘芽

❶從葉腋處長出的側芽要及早摘除。如果太潮濕的天氣摘芽的話，傷口處容易衍生病變，所以摘芽要選擇天氣好放晴的日子來進行。

❷側芽長出的地方，以手指摘除即可。

❸如果使用剪刀的話，容易感染病毒，為了防止病變發生，基本上每一株都要進行消毒。

5 追肥

❶定植後，以一個月1～2次的比例，在株間施放一小把化學肥料即可。

❷如果覆蓋黑色塑膠布的話，可用圓鍬或小鏟子將塑膠布戳個口後，在株間將肥施入即可。

6 授粉

蕃茄基本上是屬於自然授粉的植物，所以，自然授粉不會有什麼困難，但是，在生長初期或高溫落花不明顯的時候，就必須依賴人工授粉了，此時，當然不是一朵一朵的授粉，只要輕輕將支柱搖晃，使植株整株跟著搖晃，花粉紛飛之下，自然就能授粉。

人工授粉

輕輕將支柱搖晃，使植株整株跟著搖晃，花粉紛飛之下，自然就能授粉。

8 收穫

❶果實變大轉紅，就表示成熟可以採收了。一般來說，開花後約40～60天即可採收。

❷以手輕輕握著果實，果柄的地方輕輕折斷就可以採下了。

❸採收後，以剪刀將相連的果柄（蒂頭）切除。

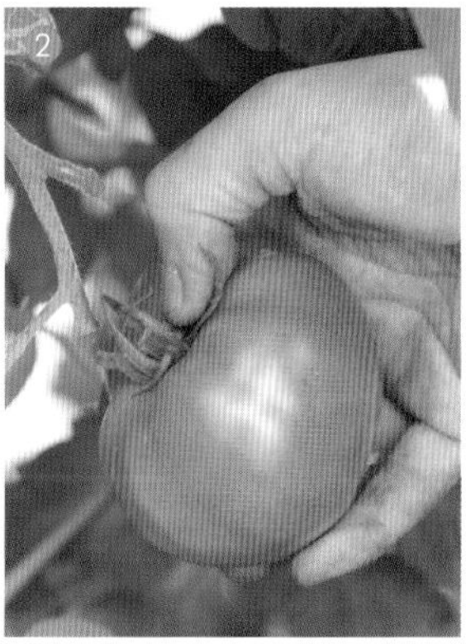

7 摘果

❶花房能夠開出很多的花，結出很多的果實，但是必須要將型體較小、外型較差的果實（畸形果）摘除，一個花房只要留下4～5個果實即可，其餘都摘除，還有，尚未結成果實的花也要一併摘除。

❷❸摘果時，只要以手指在節處輕輕折斷即可輕鬆摘除。

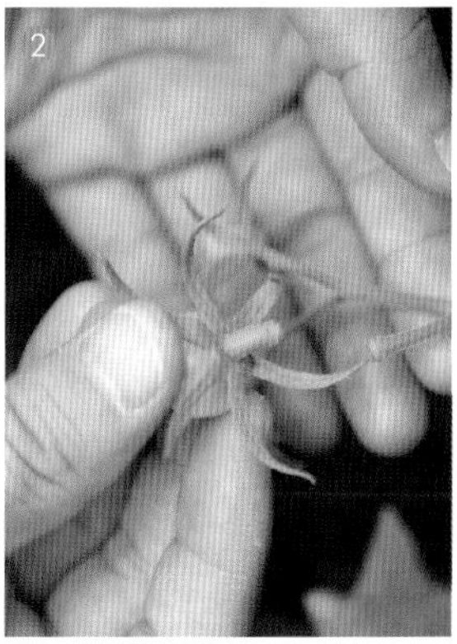

青菜趣味 廣泛使用於各種不同料理的蕃茄

蕃茄目前被廣泛使用於各種料理中，例如：生菜沙拉料理、炒或煮的料理以及醬料料理等。營養豐富是大家所熟知的，尤其是近年特別受到注目的防癌要素之一的茄紅素，據研究指出茄紅素對於預防癌症及生活上的慢性病有很大的效果，比起生食用的粉紅色系蕃茄，加工用的熟透純紅蕃茄含有更多的茄紅素，可說是「蕃茄紅了，醫生的臉就綠了」。

罐裝用的蕃茄，純紅熟透，經過加工之後，釋放出大量的茄紅素。

著果荷爾蒙劑

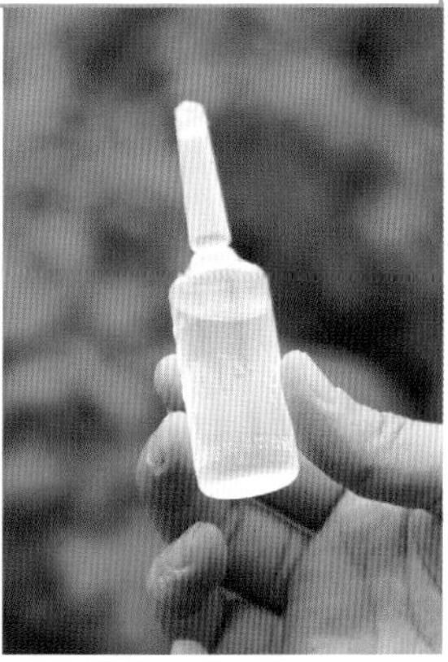

日照不足或低溫、高溫等情況之下，較不容易授粉時，可以噴灑荷爾蒙劑（如右上、左上照片），促進授粉，因為荷爾蒙劑對花以外的東西會產生不良的影響，所以，請配戴橡膠或塑膠手套，直接以手蓋住葉片後噴灑荷爾蒙劑（如右下照片）。如果是合宜的氣候之下，沒有必要噴灑荷爾蒙劑。

花費少少的時間享受收穫時大大的喜悅

茄子

〔英〕*aubergine*、*eggplant*

茄科
原產於印度

茄子與蕃茄、小黃瓜並列為家庭菜圃裡指定種植的蔬菜。性喜高溫，所以請勿太早定植，不耐乾旱，水分必須充足。

難易度	：
必要材料	：塑膠布、支柱
日照	：全日照
株間	：50～60cm
發芽溫度	：20℃～30℃
連作障害	：有（4～5年）
PH值	：6.0～7.0
盆箱栽培	：○（深度30cm以上）

●栽培時間表

月份	1	2	3	4	5	6	7	8	9	10	11	12
定植				■	■							
發芽						■	■	■	■			
追肥					■	■	■	■				
收穫							■	■	■	■		

追肥充足才能培育出健康茄子

整地準備 定植前2週，1㎡左右的土壤灑入200g的苦土石灰，以深挖的方式翻土（儘可能深約30cm）。播種前1週，1㎡左右的土壤摻入堆肥4kg、緩效性化學肥料200g混合為基肥，並整理好寬度約70～80cm的田畦。

定植 最適合定植的時期是4月下旬～5月上旬，要架立暫時性支柱並給予充足的水分。

追肥 定植後，確定根部已經開始生長之後，即可在株間或枝葉底下寬廣處，施放一小把的化學肥料。之後以一個月1～2次的比例，進行追肥即可。開始收穫後，每一次收成，都施放一小把的化學肥料即可。

立支柱・整枝 第一朵花開出後，花下會長出側芽（側枝），花的正上方的側芽約留下3支即可。

收穫 如果果實長得過大，會使吃起來的口感變差，植株也會轉為虛弱，所以要趁其尚未長得過大時採收，尤其是第3次結果時，要趁茄子還鮮嫩的時候採收才會好吃，採收後要再次進行施肥。

更新剪枝 夏天高溫乾燥的時候，植株會轉為脆弱，結果狀況也會惡化，所以7月中旬時必須進行剪枝更新的作業，雖然1個月後還不能採收，但是到9月時，就可以收成秋茄了。

種菜Q&A

Q 雖然有結果實，但果實卻長不大？

A 葉子長的過大、過茂密，節間之間延伸太長，有可能是因為氮肥肥料施放過多，所以要控制肥料，尤其是氮肥的份量，相反的如果植株過小，葉片變成枯黃色，有可能是因為肥料不足的關係。

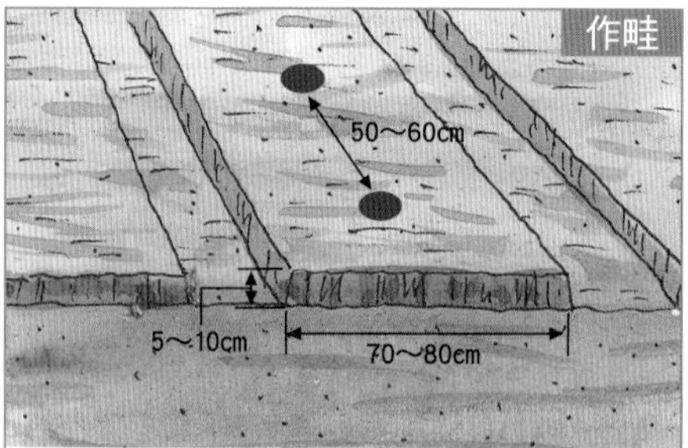

整土：苦土石灰200g/㎡
施肥：堆肥4kg/㎡、化學肥料200g/㎡

茄子的生長過程

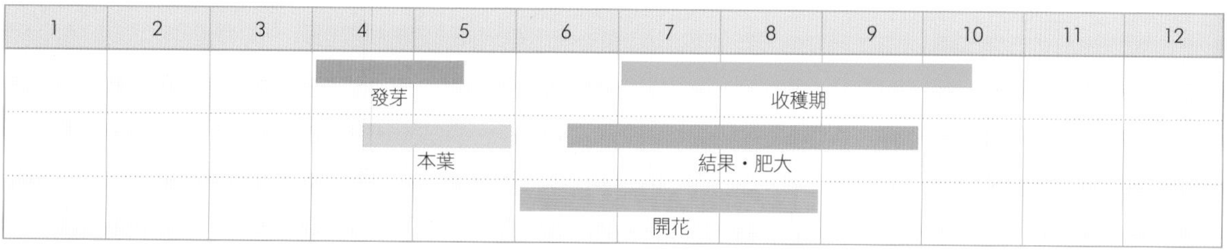

本葉▶
播種之後約20～30天，就會長出本葉。本葉長出7～8葉時，就可進行定植。

開花▶
定植之後的10～20天，就會開花。如果此時已經結果的話，就可以及早採收。

收穫▶
開花之後約15～25天就可以採收，如果果實長得過大，口感會變差，植株也會虛弱，所以要趁其尚未長得過大時採收。

1 定植前的準備工作

花開得太多的幼苗，已經錯過了最佳定植的時機了。所以請選擇只開了一朵花的幼苗來栽培。

❶適合定植的幼苗，根部已經長的很堅實，會緊緊地盤在缽底，甚至會從育苗盆底露出少許根來。

❷從主枝下的分枝生長出來的芽必須摘除。

2 定植

❶不破壞根缽土壤完整的情況下，將幼苗從育苗盆裡取出。

❷❸定植時，將幼苗種得比地表高一點，再將先前掘起的周圍土壤蓋回，輕壓根部使其穩固密合即可。

3 立暫時性支柱・給水

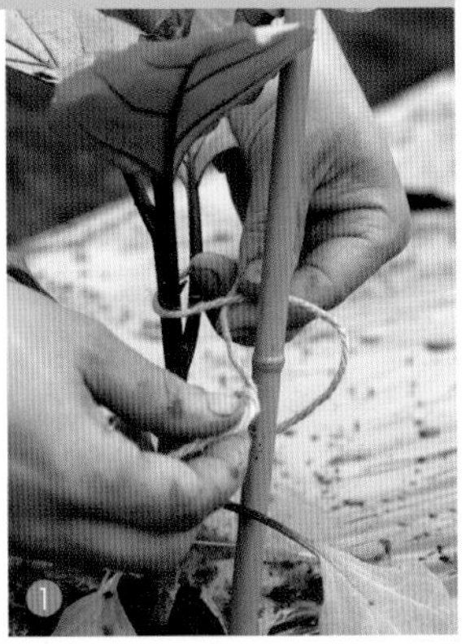

➊定植後，必須立刻架起暫時性支柱，避免植株傾倒。
➋將莖與支柱固定時，請勿綁得過緊，只要鬆鬆地打個「8」字形的結固定即可。
➌暫時性支柱架立好之後，要進行定植最後的工作，給予植株充足的水分。

4 追肥

定植2個星期後，可以開始進行追肥。
➊在枝葉正下方的寬廣處，每一植株圓周呈環狀施放一小把化學肥料即可。
➋追肥後，與根部附近的土壤略微混合後再覆蓋回根部。
➌如果覆蓋了塑膠布的話，可從塑膠布的圓孔邊緣將塑膠布拉起，儘可能在距離根部較遠的位置施肥。

5 組合・立支柱

3支支柱的組合法

留下主莖開出的第一朵花下方側芽（側枝）和正上方的側芽，以下其餘的側枝全部剪除，以3支支柱的組合，沿著莖立起支柱。

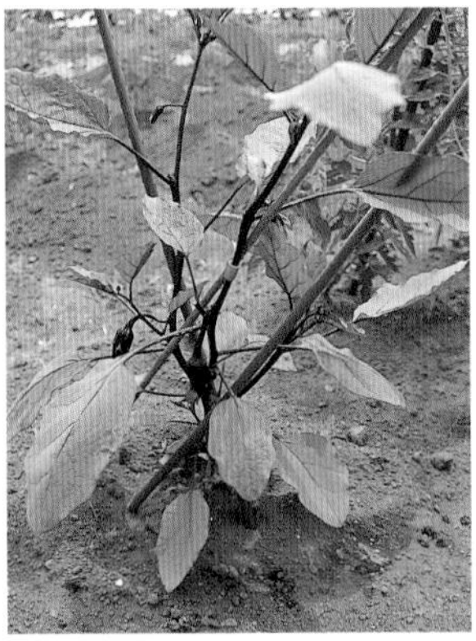

植株看起來疲軟下垂沒有精神的時候，可以將支柱架立的角度調整成窄一點，使弱枝挺立，及早恢復生氣，整株植株挺直充滿活力的話，對植株的生長也有很大的幫助。

6 摘芽

➊➋如果讓多餘的側芽生長的話，可能會吸收植株的養分，對植株的生長來說，會產生不良的影響。所以只要留下主莖開出的第一朵花正下方的側芽（側枝）即可，其他側芽請及早摘除。

摘芽

只要留下主莖開出的第一朵花正下方的側芽（側枝）即可，其他側芽請及早摘除。

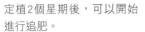

7 收穫

開花後約15～25天就應該可以採收了。還有，第一次結果的時間會比預定的時間稍早，要趁果實還青嫩的時候採收。

收穫前和收穫後

收穫前只留下結果枝上的1片葉子，將芯摘除。收穫後留下果實下方的2片葉子，其餘剪除。

8 更新剪枝

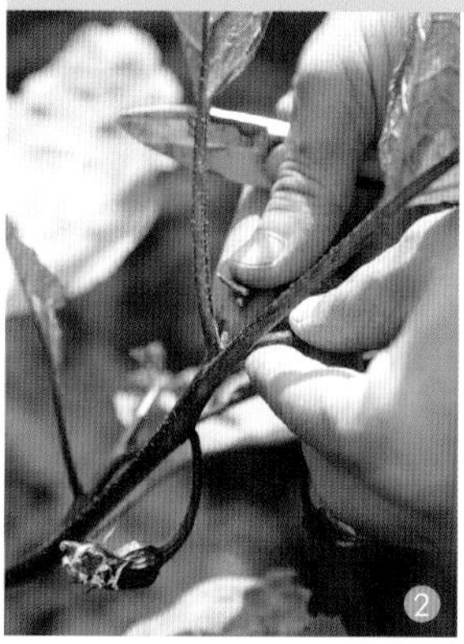
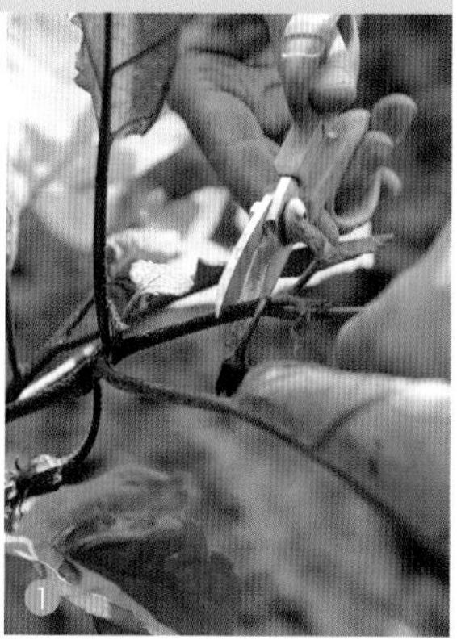

7月中旬時必須進行剪枝更新的作業，以促使側芽生長。

❶留下較粗的枝約3～4根，其餘剪短，如果剪的太多的話，葉子數量會變少，植株會虛弱，所以大概需留3片葉子。

❷為了讓側枝延伸生長，多餘的側芽可以以手摘除。

更新剪枝

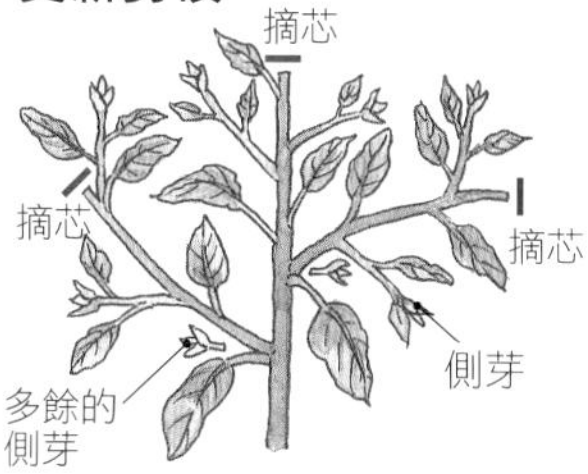

留下較粗的枝約3～4根、葉子3片，其餘摘芯。側芽只要留下4～8枝繼續生長，其他多餘的側芽摘除即可。

栽培的秘訣

方便型支柱的搭法

如果植株數量較多的時候，每一植株旁交叉搭立2支支柱，支柱的兩端以繩子串聯綁起來，這樣就可以堅固地支撐植株的重量了。

剪除接枝芽

如果是接枝的情況下，接枝木有時也會長出側芽，接枝側芽的生長力旺盛，如果留著的話，會使植株生長狀況惡化，所以，接枝木一旦發芽就要立刻剪除。接枝木的種類雖然不同，但是大多是較堅硬的莖或葉，所以剪除時要小心不要受傷。

苦瓜

〔英〕*balsam pear*、*bitter cucumber*

瓜科
原產於熱帶亞洲

苦瓜在日本沖繩也被稱為「青苦瓜」，最近市面上出現非常多不同的品種，因為耐旱耐熱，是屬於較容易栽培的蔬菜。

難易度	：
必要材料	：支柱、網子
日照	：全日照
株間	：50cm
發芽溫度	：25℃～30℃
連作障害	：有（3～4年）
PH值	：5.0～8.0
盆箱栽培	：×

●栽培時間表

月份	1	2	3	4	5	6	7	8	9	10	11	12
播種					■							
定植						■						
追肥						■	■					
收穫							■	■	■			

主莖蔓摘芯，讓子莖蔓、孫莖蔓延伸生長

播種 因為發芽需要較高的溫度，所以播種於育苗盆育苗時，必須同時做好溫度管理。先在盆裡挖出2～3個深約1～2cm的種穴凹洞，各穴凹洞裡撒下一粒種子後覆土，當本葉長出時就可以進行疏苗，一直到本葉長出5片時，一個育苗盆裡只留一株健苗即可。

整地準備 太過潮濕的土壤容易造成根部腐爛，所以要選擇排水良好的土地。定植前2週，1㎡左右的土壤摻入100g的苦土石灰，充分混合。播種前1週，1㎡左右的土壤摻入堆肥3kg、化學肥料100g混合，並整理好田畦。

定植 田畦裡挖出直徑約10cm的植穴，不破壞根缽土壤的情況下種下幼苗，定植後，要架立支柱並給予充足的水分。

摘芯 苦瓜的果實並不是結在主莖蔓上，而是結在子莖蔓和孫莖蔓上，因此，當主莖蔓長到10～12節（本葉10～12片）時，主莖蔓必需摘除頂芽，讓側芽生長延伸成子莖蔓。當子莖蔓成長到與旁邊的莖蔓碰觸時，則進行摘芯，孫莖蔓放任其生長即可。

追肥 定植2週後就可以開始追肥。收穫期很長，所以要特別注意肥料不足的問題。

收穫 果實成熟變大後就可以收成了。

種菜Q&A

Q 只開雄花，雌花卻不開？

A 苦瓜喜歡高溫的環境，如果氣溫不夠高的話，可能會只開雄花不開雌花，若進入連續幾日高溫的季節，就可能會開出雌花。

作畦

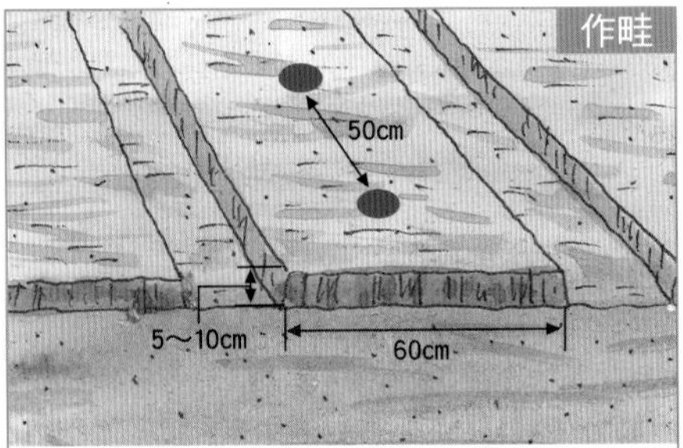

整土：苦土石灰100g/㎡

施肥：堆肥3kg/㎡、化學肥料100g/㎡

苦瓜的生長過程

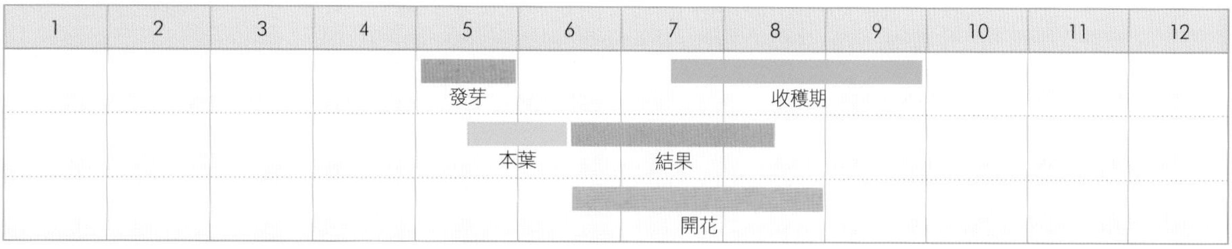

本葉▶
播種之後約7～15天，就會長出本葉。當本葉開始長出時，就可以開始疏苗，最後只留下一株健苗即可。

開花▶
定植之後的20～30天，就會開花。盛夏時，莖蔓成長延伸的狀況會特別良好。

收穫▶
開花之後約15～20天即可採收。當果實表面散發出光澤時，就可以採收了。

1 定植

❶田畦裡先挖出直徑約10cm的植穴，正好是幼苗根缽可以放入的大小。
❷不破壞根缽土壤的情況下，將幼苗種下，根缽邊緣略高於地表的高度。
❸種下後，將先前挖掘出來的土壤覆蓋回去。輕壓根部的土壤，使根缽與地面高度相同。

2 立支柱

❶定植後，在幼苗旁立下長度約2m的支柱。
❷支柱固定後，以繩子將幼苗和支柱以「8」字結的方式鬆鬆地綁起來，避免幼苗傾倒。
❸如果不使用支柱固定，也可以利用定點拉網的方式固定植株。

3 主莖蔓摘芯

➊側枝生出後，子莖蔓會延伸攀爬，此時，要將主莖蔓節（本葉10～12片）之後的芯摘除。

➋➌固定支柱可以採用合掌式組合，或利用拉網裝置，誘引子莖蔓成扇形狀擴展延伸。

4 子莖蔓摘芯

當子莖蔓成長到與旁邊的莖蔓相互碰觸時，則必須進行摘芯。

➊➋子莖蔓的芯以手指摘除，而孫莖蔓任其生長即可。

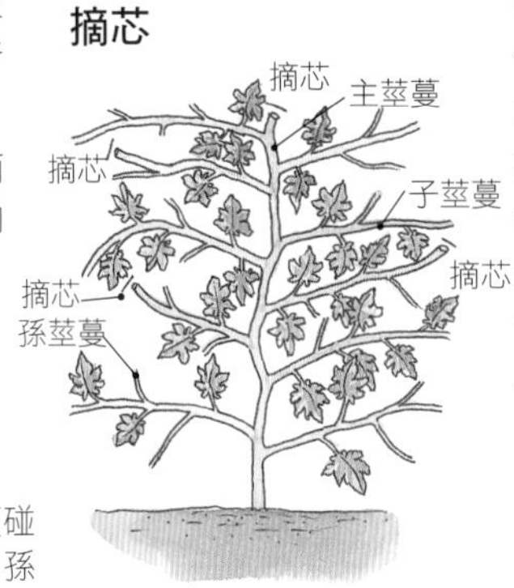

子莖蔓長到與旁邊的莖蔓碰觸之前，必須進行摘芯，孫莖蔓任其生長即可。

5 整枝

當葉子生長過密而互相重疊干擾時，就必須適度地將一些葉子剪除，使其透出空隙。

➊➋以手拉著莖蔓的前端部分，同時剪除過多的葉子。

➌剪枝過後，到處留有像小窗一樣的空隙，通風狀況才會良好。

6 追肥

定植2週後就可以每個月進行1次追肥。

➊植株周圍以畫圓方式施放一小把化學肥料即可。

➋如果鋪了塑膠布的話，可從塑膠布的圓孔邊緣將塑膠布拉起，儘可能在離開根部的位置施肥。

➌也可以在植株之間將塑膠布戳個孔後再施肥。

8 收穫

形體較大的果實就可以採收了，過於成熟果實會變黃，要趁未成熟時採收綠色的果實。

❶果實表面的瘤狀突起變大且帶有光澤的時候，就是適合採收的時期。

❷圖為表面缺乏光澤的果實，還不能採收。

❸只要剪斷莖蔓即可採，採收後請將連著的果柄（蒂頭）剪短即可。

7 不良果實的處理

❶無法正常授粉的果實長不大，而且顏色會變枯黃。

❷長得不好的果實要及早摘除。

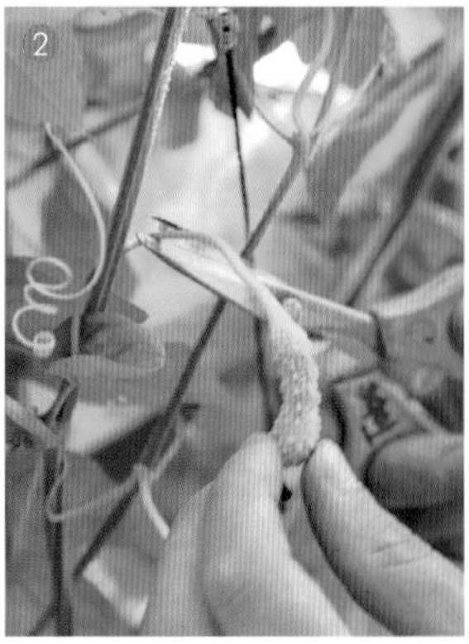

蔬菜趣味

雖然帶有苦味，卻是營養價值很高的健康蔬菜。

日文稱為「錦荔枝」，因為具有獨特的苦味，所以被一般人稱為「苦瓜」，但是，在沖繩被稱為「青苦瓜」，向來就是很容易取得且營養豐富的蔬菜之一。在此特別值得一提的是苦瓜的維生素C含量非常豐富，依照品種不同各異，一般說來，100g左右的苦瓜約含有維生素C70～150mg的量，是小黃瓜的10倍、檸檬3顆的份量，特別是「青苦瓜」的維生素C，加熱後也不會減少，從苦瓜料理中可以有效地攝取維生素C。

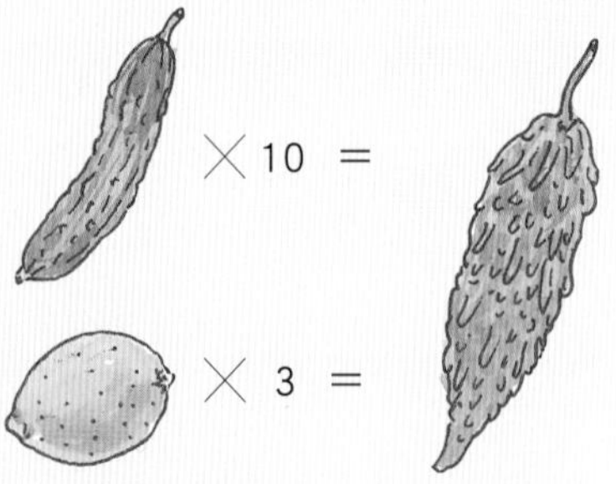

苦瓜維生素C的含量是小黃瓜的10倍、檸檬的3倍。

病蟲害的對策

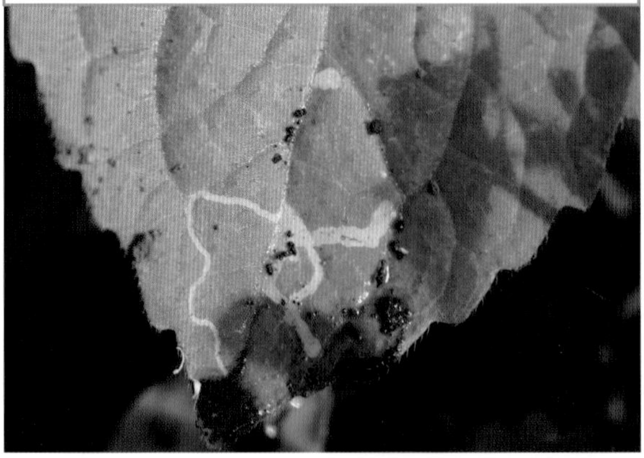

會將葉子啃蝕光的寄生蜂（上方照片）以及會將果實和莖蔓的汁液吸光的椿象（右方照片），是苦瓜常見的蟲害，如果發現寄生蜂的話請將整片葉子摘除，發現椿象則立刻驅除。

用心栽培就能享受收穫的快樂

胡蘿蔔

〔英〕*carrot*

繖形花科
原產於中近東～中亞一帶

雖說春天播種，到夏天就可以收成了，但是一般說來還是建議於夏天播種。品種很多，可以視季節或用途的需要來選擇。

難易度	：（2）
必要材料	：無特別需求
日照	：全日照
株間	：15cm（條間距離15～20cm）
發芽溫度	：15～25℃
連作障害	：少
PH值	：6.0～6.5
盆箱栽培	：○（深度30cm以上）

●栽培時間表

月份	1	2	3	4	5	6	7	8	9	10	11	12
播種							■					
疏苗							■	■				
追肥								■				
收穫	■	■								■	■	■

1 播種

❶先在整平的土地上，以支柱等壓出一條種溝。
❷種溝中平均播下種子，如果種子已經過特殊的包覆處理，發芽率很高，所以間隔15cm播一粒種子。
❸以手指覆蓋種溝兩側的土壤，再以手輕壓土表，並給予充足的水分。

2 疏苗

❶如果是直接播種在田裡的話，必須進行疏苗。如果是經過特殊的包覆處理的種子，則不需要疏苗，當本葉長到5～6片之前，不可缺乏水分。
❷本葉長到3～4片時，可以將生長狀況不良的植株，分成3次進行疏苗，當本葉長到5～6片時，植株間距離約為15cm即可。
❸為了避免傷及留下的植株，請以手將植株根部的土壤壓住之後再進行拔苗。

細心地疏苗、追肥，用心栽培

整地準備 播種前2週，1㎡左右的土壤摻入100g的苦土石灰，播種前1週仔細整地，將石頭等硬物去除，並整理好耕種的田畦。1㎡左右的土壤摻入化學肥料100g、過磷酸鈣30g當作基肥，基肥要和播種的位置錯開。

播種 先在田裡壓出種溝，平均地播下種子。因為種子已經過特殊的包覆處理，發芽率很高，所以間隔15㎝播一粒種子也可以。播種後，覆蓋上極薄一層土，再將土壤表面壓平，一直到收成之前，要不間斷地確實給水。

疏苗 如果是直接播種在田裡的話，當本葉長出時，就可以及早進行第1次的疏苗。之後當本葉長到3～4片時，疏苗至與旁邊植株的葉子剛好不會碰觸到的間隔距離即可。

追肥・培土 在第2次、第3次的疏苗後，就可以進行追肥。距離植株約5㎝處，施予化學肥料後，略微鬆土混合後培土即可。

收穫 隨著根部的肥大，胡蘿蔔根部也會略微隆起於地面上，此時只要將雙手緊握靠近根的葉子，筆直地向上拔起就可以收成了。

作畦

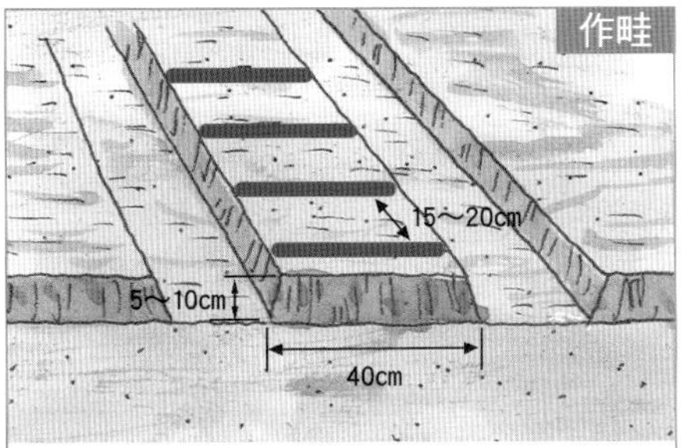

整土：苦土石灰100g/㎡

施肥：化學肥料100g/㎡、過磷酸鈣30g/㎡

種菜Q&A

Q 根裂開了，怎麼辦？

A 生長初期若正好會遇上低溫或乾燥現象，會造成生長不良，之後如果氣溫回升或水分補足，生長迅速，反而造成根內、外的生長不平衡，而產生所謂的「根裂」現象，還有，太慢收成也會產生此種現象，所以生長初期要細心照顧，千萬不要錯過收穫時期。

3 追肥・培土

❶疏苗後，在每株植株葉子外圍下，以畫圓圈的方式施予一小撮的化學肥料。
❷以手指略微鬆土，將肥料與土壤混合。
❸植株根部覆蓋土壤，此時請勿埋沒植株的生長點。

4 收穫

❶以眼目測，當隆起於地面上的胡蘿蔔約為5元大小時，就可以收成了。
❷將雙手緊握靠近根的葉子。
❸就這樣握著，筆直地向上使力拔起就可以了。

輕鬆栽培、歡喜豐收

青椒

〔英〕*sweet pepper*、*bell pepper*

茄科
原產於中南美洲

青椒、辣椒都是屬於同一類的蔬菜，性喜歡高溫，對於夏天的暑熱有較強的抵抗力，比較起來是屬於栽培簡單的蔬菜。

難易度	：
必要材料	：塑膠布、支柱
日照	：全日照
株間	：50cm
發芽溫度	：25℃～30℃
連作障害	：有（3～4年）
PH值	：6.0～6.5
盆箱栽培	：○（深度20cm以上）

●栽培時間表

月份	1	2	3	4	5	6	7	8	9	10	11	12
定植					■							
追肥						■	■	■	■			
整枝						■	■	■	■	■		
收穫						■	■	■	■	■		

1 定植・立支柱

❶青椒本來就是屬於根部抓地很淺的植物，所以定植後，必須立刻架起支柱，避免植株傾倒。將支柱牢牢地插入土裡，以繩子將莖與支柱固定時，請勿綁得過緊，只要鬆鬆地打個「8」字形的結固定即可。
❷太過乾燥的土地，必須覆蓋塑膠布，避免乾燥。

2 摘芽

第一朵花開出後，開花的主莖分枝處以下的側芽，全部摘除。
❶照片中手指的地方就是開出第1朵花的地方。
❷❸開花的主莖分枝處以下的側芽，以手指全部摘除。

定期追肥避免肥料不足

整地準備 選擇日照良好的菜圃，定植前2週，1㎡左右的土壤灑入200g的苦土石灰充分混合。播種前1週，要整理好田畦，田畦邊緣處，1㎡左右的土壤摻入堆肥3kg、雞糞500g、化學肥料100g為基肥埋入土裡。

定植 請選購本葉已經長出7～8片，葉片活潑有元氣地向上挺立的幼苗來定植，定植時氣溫太低的話會影響植株日後的生長，最適合定植的時期是溫度較高的5月中旬左右。

追肥 因為青椒生長時間很長，所以定期的追肥是必要的重點，定植2週後，開始以一個月2次的比例，進行追肥，每株植株施放一小把的化學肥料即可。如果鋪了塑膠布的話，可從塑膠布的圓孔邊緣掀起，於枝葉下方寬廣處施肥。

摘芽 第一朵花開出後，開花的主莖分枝處以下的側芽，全部摘除。

收穫 雖然青椒是綠色的，如果完全成熟時會轉成紅色，甜度也會增加，但是從可以採收到完全成熟這段期間，植株會慢慢衰弱，之後的生長狀況或結果狀況會漸漸惡化，所以要趁青椒尚綠的時候採收。

作畦

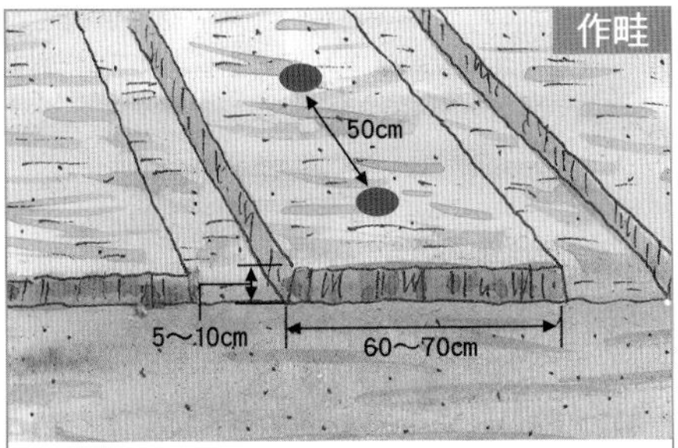

整土：苦土石灰200g/㎡
施肥：堆肥3kg/㎡、雞糞500g/㎡、化學肥料100g/㎡

種菜 Q&A

Q 請問有哪些農作物不能和青椒輪作？

A 茄科的農作物大多有共通的土壤傳染病，所以不可與青椒、無辣辣椒、辣椒以及其他茄科青菜輪作。種植茄科以外的青菜，如果沒有個3～4年以上，不可再種植茄科作物。

3 追肥

❶配合植株枝葉正下方的寬度，每一植株周圍以畫園圈的方式施放一小把化學肥料。
❷追肥後，將土壤表面輕輕鬆土混合順便除草。
❸再將土壤覆蓋回根部。

4 收穫

果實長大後，要趁果實還是濃綠色青嫩的時候採收。
❶收穫初期要趁早採收以減輕植株的負擔。
❷剪刀於果柄處剪斷即可收成。

營養豐富高人氣蔬菜

綠花椰菜

〔英〕*broccoli*

十字花科
原產於地中海東部地區

綠花椰菜雖然與高麗菜類似，但是並非食用葉子，而是食用莖頂端很多小花蕾聚集而成的團狀大花球，含有豐富的維生素等營養。

難易度	：
必要材料	：無特別需求
日照	：全日照
株間	：40cm～50cm
發芽溫度	：15～25℃
連作障害	：有（1～2年）
PH值	：5.5～6.5
盆箱栽培	：○（深度30cm以上）

●栽培時間表

月份	1	2	3	4	5	6	7	8	9	10	11	12
播種							■					
定植								■				
追肥									■	■		
收穫	■	■								■	■	■

1 播種

❶育苗盆裡先放入播種用的培養土，播下約5粒種子。
❷覆蓋一層薄薄的土壤。
❸以手指輕壓土壤表面，讓土壤與種子密合。

2 定植

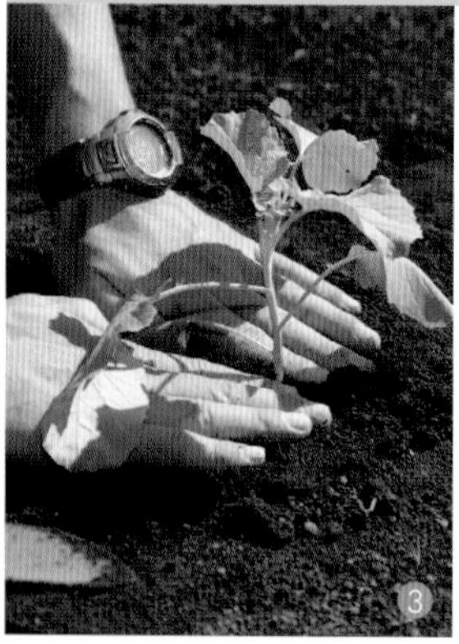

❶當本葉長出5～6片時，就可以移植到田裡。
❷將幼苗從育苗盆裡取出，盡量不要破壞根缽土，淺淺地種進植穴裡。
❸以手掌輕壓土壤表面，讓植株更穩固。

持續追肥至花蕾出現為止

播種 育苗盆裡播下數粒種子，視情況施予液體肥料培育幼苗，當本葉長出5～6片時，再移植至田裡。

整地準備 定植前2週，1㎡左右的土壤摻入150g的苦土石灰確實混合，定植前1週，1㎡左右的土壤摻入堆肥3kg和150g左右的化學肥料，整理好寬度約70cm的田畦。

定植 定植前約2～3小時，先給予田圃土壤充足的水分。定植時，每隔40～50cm的距離，挖一個深度約10cm的植穴，當本葉生長出5～6片時，將幼苗從育苗盆裡取出，盡量不要破壞根缽土，淺淺地種進田裡。

追肥 定植後2～3週左右，就可以開始追肥了。如果鋪了塑膠布的話，可從塑膠布的圓孔邊緣將塑膠布拉起，將肥料施放進去。之後每隔2～3週追肥1次，一直持續到長出花蕾。

立支柱 基本上沒有架立支柱的必要，但是當植株向上生長的高度會因為風而傾倒的時候，就需要架立支柱。

收穫 莖的花蕾球長到直徑10～15cm時，就可以切入莖約10cm的地方割下採收。

作畦

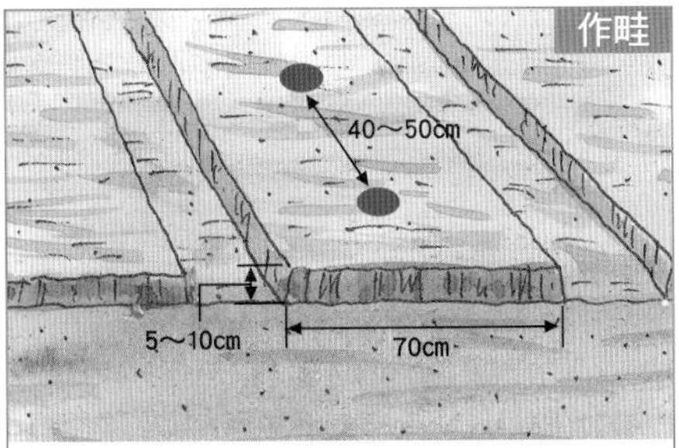

整土：苦土石灰150g/㎡

施肥：堆肥3kg/㎡、化學肥料150g/㎡

種菜 Q&A

Q 側芽不斷延伸生長該怎麼辦呢？

A 側芽延伸生長的話葉子數量也會隨著增加，產生更多的光合作用，促使花蕾的生長，甚至側芽的前端也會結出花蕾，所以即使側芽延伸生長，也不要摘除，就這樣讓他繼續生長。

3 追肥・培土

定植後2～3週左右，就可以開始進行追肥了。

❶在每一株植株葉片周圍，以畫圓圈的方式灑上一小把的化學肥料。

❷追肥後，土壤表面進行鬆土，使土壤和肥料充分混合後，再將土壤覆蓋回去。

❸以手掌輕壓植株根部的土壤。

4 收穫

❶❷花蕾球長到直徑10～15cm時，就是最佳收穫期。以刀子割斷花蕾下方的莖即可採收。

❸採收後發出的側芽也會結出花蕾，所以不要摘除讓它繼續生長，可以再次採收。

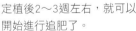

春、秋播種可以長期採收

菠菜

〔英〕*spinach*

藜科
原產於西亞地區

菠菜喜好冷涼的氣候，耐寒力強，卻不耐夏天的暑熱，因此，播種時要避開暑熱，選擇春天或秋天栽培。

難易度	：
必要材料	：寒冷紗、塑膠隧道棚等（秋天播種時用）
日照	：全日照
株間	：15cm（條間距離10～15cm）
發芽溫度	：15～20℃
連作障害	：有（1～2年）
PH值	：6.5～7.0
盆箱栽培	：○（深度30cm以上）

●栽培時間表

月份	1	2	3	4	5	6	7	8	9	10	11	12
播種		春播	━	━	━			秋播	━	━		
間拔			━	━	━	━			━	━	━	
疏苗				━	━	━				━	━	
追肥	━	秋播	━	━	━	━	━	春播		━	━	━

1 播種

❶以支柱等物在田圃地上壓出一條種溝，儘可能平均等距離地撒下種子。
❷以手指將種溝兩側的土壤填回。
❸以手掌輕壓土壤，讓種子和土壤密合，再以澆水器的蓮蓬噴嘴輕輕地澆水，避免種子流失，給予充足的水分。

2 疏苗

❶❷發芽後，當本葉長出1～2片後，就可以進行第1次的疏苗，避免葉子之間互相碰觸。
❸當本葉長出4～5片時，就可以進行第2次的疏苗。拔除太過細小或者形狀不良的植株，株間距離調整為約15cm。

酸性土壤必須以苦土石灰充分中和

整地準備 菠菜是屬於不喜酸性土壤的作物，PH值低於5.5以下就會枯死，不能像其他蔬菜一樣，必須非常在意土壤酸鹼度的中和，所以播種前2週，1㎡左右的土壤平均摻入150g，甚至更多的苦土石灰，確實混合。播種前1週，1㎡左右的土壤摻入堆肥3kg、化學肥料100g混合作為基肥。播種前需整理好寬度50～60cm的田畦。

播種 菠菜種子的外皮較堅硬，因此播種前幾個小時，先將種子浸泡於水中，較容易發芽。如果是特別處理過表皮的種子，就可以直接播種。

疏苗 播種後約一週就會發芽，當本葉長出1～2片後，就可以進行第1次的疏苗，之後，當本葉長出4～5片時，就可以進行第2次的疏苗。

追肥 只有在菜葉顏色不佳的時候才進行追肥。在列與列之間施放肥料，輕輕鬆土讓肥料與土壤混合後，再將土蓋回植株根部。

防寒對策 雖然菠菜是屬於耐低溫的作物，但是如果秋天播種的話，會遇上11月之後的寒風，因此必須在田畦北側搭立防風竹林或是覆蓋寒冷紗隧道棚防風。

收穫 秋天播種後，約50～60天就可以收成。春天播種的話，很容易發生莖伸長（抽苔）的情形，因此要趁抽苔之前採收。

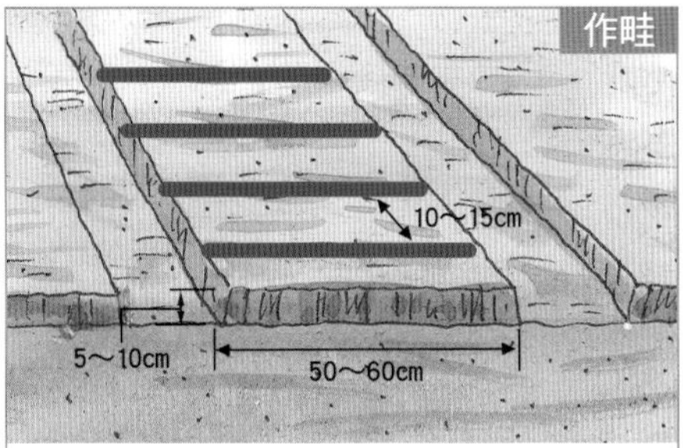

整土：苦土石灰150g/㎡
施肥：堆肥3kg/㎡、化學肥料100g/㎡

種菜 Q&A

Q 播種後已發出的芽卻中途夭折？

A 如果是在根部折斷的話，可能是遭受根切蟲為害，根切蟲於夜間活動，白天則躲在淺淺的土壤裡，可以挖掘被害植株的周圍，一發現該蟲的蹤跡立刻撲滅。

3 追肥・防寒

只有在菜葉顏色不佳的時候才進行追肥。
❶在植株旁，沿著株列施放一小把的化學肥料。
❷輕輕鬆土順便除草，讓肥料與土壤充分混合，若鬆土挖得太深，容易切及植株根部，請特別注意。
❸秋天播種的話，會遇上11月之後的寒風，因此必須搭立防風林或是覆蓋寒冷紗隧道棚防寒。

4 收穫

❶當葉子長度約20cm時，就可以收穫。
❷❸只要以剪刀將靠近根部的莖剪斷即可採收。除了東洋種菠菜（日本菠菜）之外，其他品種的菠菜都要趁植株尚嫩之前採收。

充滿水分的口感、超魅力蔬菜

水菜

十字花科
原產於日本

水菜是屬於十字花科的作物，在關東地區也被稱為「京菜」，吃起來清脆的口感，非常受大眾喜愛。

難易度	：
必要材料	：無特別需求
日照	：全日照
株間	：30cm（條間距離30cm）
發芽溫度	：18～25℃
連作障害	：有（1～2年）
PH值	：6.2～6.8
盆箱栽培	：○（深度20cm以上）

●栽培時間表

月份	1	2	3	4	5	6	7	8	9	10	11	12
播種									■	■		
疏苗									■	■		
追肥									■	■		
收穫	■	■	■								■	■

1 播種

❶圖為細小的水菜種籽。
❷以支柱等物在田圃地上壓出數條列間距為15～30cm的種溝，直接播下種子。
❸種溝裡儘可能等距離地撒下種子，再輕輕覆蓋土壤即可。

2 疏苗

❶當植株高度約5cm時，就可以進行第1次的疏苗。
❷拔除葉子過密或是生長狀況不良的幼苗，但是拔苗時不要傷及留下的幼苗，建議可以使用小鑷子小心地進行疏苗。
❸配合植株生長的狀況進行數次的疏苗，使葉子之間不會互相碰觸，最後植株高度15cm時，株間距離約為30cm。

冬季必須要防風、防霜

整地準備 水菜喜好保水性佳的土壤。基肥則以效果較持久的堆肥為主，基肥必須充足。播種前2週，1㎡左右的土壤平均摻入100g的苦土石灰並確實混合。播種前1週，1㎡左右的土壤摻入堆肥3kg、化學肥料100g混合作為基肥。播種前需整理好寬度50～60cm的田畦。

播種 田畦整理好之後，以支柱等物在田圃地上壓出一條種溝，儘可能等距離平均地撒下種子，再蓋上一層薄土。

疏苗 植株高度長到約5cm時，就可以進行疏苗，配合生長的狀況進行數次的疏苗，調整至最後植株高度15cm時株間距離30cm。

追肥 從開始疏苗到植株高度長到25cm這段期間，進行1～2的追肥，每一植株施放一小把的化學肥料。追肥後，輕輕鬆土混合後蓋回根部即可。

防寒對策 雖然水菜是屬於耐寒力強的作物，但是為了要防止寒冷的北風以及防霜，必須在北側搭立防風竹林或是覆蓋塑膠隧道棚。

收穫 當葉子長度約25cm以上時，就可以從根部切下採收。如果9～10月可以播種的話，年底時就可以採收了。

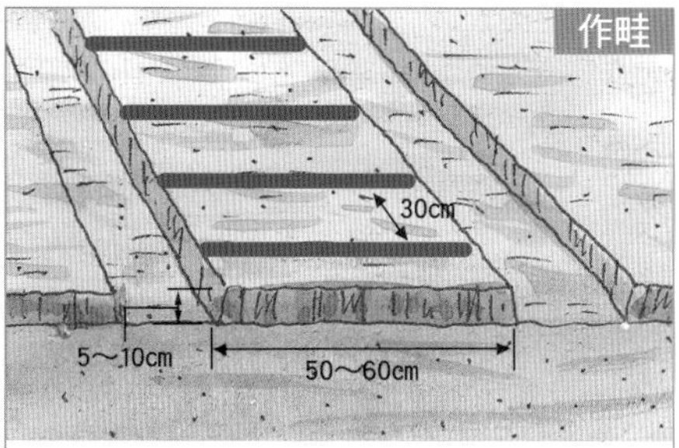

整土：苦土石灰100g/㎡

施肥：堆肥3kg/㎡、化學肥料100g/㎡

種菜 Q&A

Q 水菜通常有哪些病蟲害呢？

A 水菜通常較常見的蟲害有蚜蟲、小菜蛾、夜盜蟲等，也經常發生黃斑病、白斑病等病害。葉子變黃有可能是病毒感染，為了避免感染其他植株，要整株拔除才行。

3 追肥

從開始疏苗到植株高度長到25cm這段期間，進行1～2的追肥。在植株旁，沿著株列施放一小把的化學肥料。

❶❷每一植株葉片外圍下，以圓圈方式施放一小把的化學肥料。

❸追肥後，輕輕鬆土與肥料混合後，將土蓋回根部，此時要注意不要埋沒植株的生長點。

4 收穫

❶當植株高度約20cm時，就可以疏苗同時採收了。

❷❸只要以剪刀或刀子從植株根部切斷即可採收，如果是冬天栽培的話，因為天氣寒冷不至於成長過度，可以種著持續收成。

營養價值高的健康蔬菜

埃及野麻嬰

〔英〕*tossa jute*

田麻科
原產於熱帶非洲

營養價值高，可以有效抑制生活習慣不良所帶來的疾病，非常受大眾歡迎，是屬於發芽溫度和栽培溫度都偏高的作物。

難易度	：
必要材料	：塑膠鋪布
日照	：全日照
株間	：30cm
發芽溫度	：30～35℃
連作障害	：無
PH值	：5.5～6.5
盆箱栽培	：○（深度30cm以上）

●栽培時間表

月份	1	2	3	4	5	6	7	8	9	10	11	12
播種			育苗	■	■ 直接播種							
定植					■	■						
追肥						■	■	■				
收穫							■	■	■			

1 定植

將培養土放入育苗盆裡，散播下數粒種子，疏苗後留下2～3株健苗即可。

❶本葉發出5～6片時，就是定植的最佳時期。

❷不傷及根部的情況下將幼苗分株。

❸定植時，株與株之間隔為30cm，定植後給予充足的水分。

2 追肥

定植後約2週即可進行追肥，或以1個月1次的比例進行追肥。

❶每一植株周圍，施予一小撮的化學肥料。

❷❸輕輕鬆土使土壤和肥料充分混合後，進行根部培土即可。

播種需要非常溫暖的氣溫

播種 因為發芽需要較高溫度，所以一定要選擇溫度較高的時期播種，將培養土放入育苗盆或育苗箱裡，散播下數粒種子，用篩子篩上一層薄土後，給予充足的水分，避免乾燥現象發生。

疏苗 本葉長出2片時，就可以進行疏苗，只要留下健苗2～3株。疏苗後以10天1次的比例，施放稀釋的液肥。

整地準備 定植前2週，1㎡左右的土壤摻入100g的苦土石灰，確實混合翻土。定植前1週，1㎡左右的土壤摻入堆肥3kg和100g左右的化學肥料後充分混合，定植前要整理好寬度約60cm的田畦，最好鋪上塑膠布。

定植 幼苗的本葉長出5～6片時，就可以定植了。夏天乾燥期要鋪上塑膠布或乾草，防止土壤乾燥。

追肥 每一植株周圍灑下一小撮的化學肥料，略微鬆土混合後培土即可。

摘芯・立支柱 因為葉子數量不斷增加，所以當植株高度長到約30cm時，就必須摘芯讓側芽伸長，而且當植株高度長到40cm左右時，就必須架立支柱誘引植株延伸生長。

收穫 當植株高度超過50cm時，摘下側芽芯的同時也摘下前端嫩葉即可。

種菜 Q&A

Q 埃及野麻嬰的病蟲害及對應策略？

A 埃及野麻嬰不太容易遭受蟲害，較常見的蟲害是蝨類蟲、芋蟲，蝨蟲可以改善通風來預防，至於芋蟲，一發現就立刻撲滅。

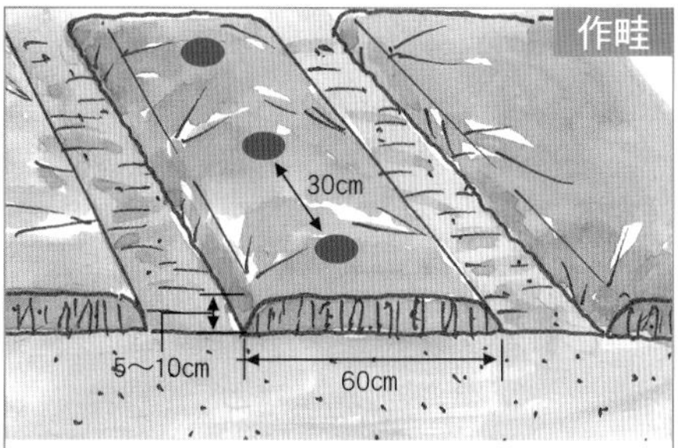

整土：苦土石灰100g/㎡
施肥：堆肥3kg/㎡、化學肥料100g/㎡

注意 埃及野麻嬰的花和種子

埃及野麻嬰的種子含有毒性成分，種子外形長的像開花一樣，植株採收完成後，顏色轉變為黑色的種子，絕對不可食用。
❶圖為埃及野麻嬰的種子。
❷圖為埃及野麻嬰的花。

3 收穫

❶當植株高度超過50cm時，就是採收時期。
❷摘下植株前端約3～4片嫩葉的芯即可。
❸也可以剪刀剪下採收。

長在土裡的豆子

落花生

〔英〕*earthnut*、*peanut*

豆科
原產於南美

生長在土裡的豆子，能夠享受掘起的收穫樂趣，很適合家庭菜圃栽種。落花生性喜砂質土壤，適合高溫生長。

難易度：

必要材料：暖帳、塑膠布等
日照：全日照
株間：30～45cm
發芽溫度：25～30℃
連作障害：有（2～3年）
PH值：5.4～6.6
盆箱栽培：○（深度30cm以上）

●栽培時間表

月份	1	2	3	4	5	6	7	8	9	10	11	12
播種							■	■				
追肥									■	■		
收穫											■	■

1 播種

❶田圃裡，每隔30～45cm，壓出深度約2cm、直徑6cm的種穴，每個種穴裡撒下1～2粒種子，此時請勿讓花生種子的薄皮脫落。
❷覆蓋回周圍的土壤。
❸以手掌輕壓，使土壤和種子密合。

2 追肥・培土

❶本葉長出3片後，就可以進行追肥。
❷株與株之間或植株周圍，1㎡左右施放含石灰成分（Ca）較多的化學肥料50～70g，一直到開花為止必須追肥2～3次，施肥後略微鬆土再培土即可。
❸開花授粉後，花的子房柄會潛入土裡，此時不需要追肥培土。

多施放苦土石灰

整地準備 播種前2週，1㎡左右的土壤摻入200g的苦土石灰並確實翻土混合，播種前1週，1㎡左右的土壤摻入堆肥3kg和100g的化學肥料當做基肥，播種前要整理好約70cm的田畦。

播種 田圃裡，以瓶底每隔30～45cm，壓出深度約2cm的凹洞當作種穴，每個種穴裡撒下1～2粒種子，如果是以育苗盆等育苗的話，先放入培養土後，挖出深約2cm的凹洞，埋入2～3粒種子，可以覆蓋塑膠布來保溫，給水的同時要注意保溫的管理，可施予液體肥料來育苗，當本葉長出3～4片時，在不破壞根缽土的情況下，移植到菜圃裡定植。

追肥 株與株之間或植株周圍，1㎡左右施放含石灰成分（Ca）較多的化學肥料50～70g，一直到開花為止必須追肥2～3次。

中耕・培土 開花授粉後，花的子房柄會潛入土裡，此時只要將周圍雜草除去，略微中耕鬆土後培土即可，子房柄潛入土裡後就不需要進行培土了。

收穫 11～12月時，莖葉會開始枯黃，此時就可以試著挖掘確認看看，若花生外殼上的網目已經很清楚明顯的話，就表示可以收成了，收成時，將圓鍬插入離植株稍遠處的土壤裡，將根挖起後，再以手握著植株根部向上拔起即可。

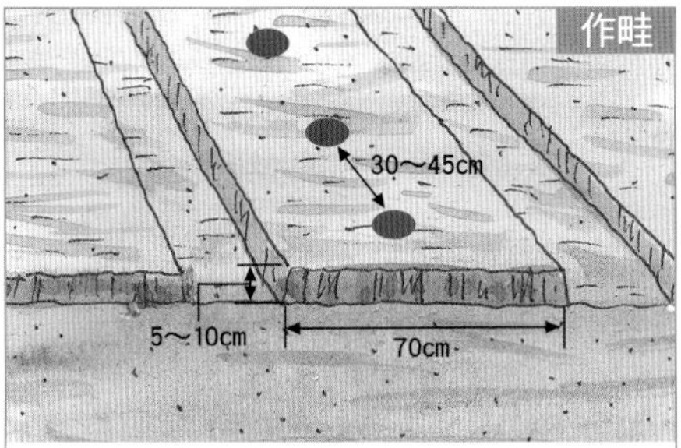

整土：苦土石灰200g/㎡

施肥：堆肥3kg/㎡、化學肥料100g/㎡

種菜 Q&A

Q 有很多空殼花生，結粒狀況不佳？

A 形成這種情況的原因有很多，第1個考量因素有可能是因為鈣質不足，因為落花生外殼的主要成分就是鈣質，定植前應該事先多施放較多的苦土石灰，追肥時也要施放石灰份量較多的化學肥料。

3 收穫

11月～12月莖葉開始枯黃時，就是收穫時期了。

❶可以試著挖掘一株確認看看，若花生外殼上的網目已經很清楚明顯的話，就表示可以收成了。

❷收成時，將圓鍬垂直插入距離植株約1個腳掌大的土壤裡，將根挖掘壟起。

❸此時土質較鬆軟後，以手握著植株根部整株向上拔起即可

4 收穫後

❶落花生挖掘起來後，連殼一起一顆顆摘下。

❷以水洗淨沾附的土壤。

❸天晴時約1週就會乾燥。清水洗淨後連殼一起加鹽水煮，吃起來也非常美味。

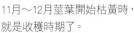

栽培輕鬆且短時間就可收成

櫻桃蘿蔔

〔英〕*radish*

十字花科
原產於歐洲

從播種到可收成的期間非常短，所以也被稱之為「20日蘿蔔」，除了盛夏和嚴冬之外，全年都可栽種。

難易度	
必要材料	寒冷紗（夏天用）、塑膠隧道棚（冬天用）
日照	全日照
株間	10cm（條間距離10～15cm）
發芽溫度	15～30℃
連作障害	少
PH值	5.0～6.8
盆箱栽培	○（深度15cm以上）

●栽培時間表

月份	1	2	3	4	5	6	7	8	9	10	11	12
播種			■	■	■	■	■		■	■		
疏苗				■	■	■	■		■	■	■	
追肥				■	■	■	■		■	■	■	
收穫					■	■	■	■	■	■	■	■

1 播種

❶以支柱等物在田圃地上壓出一條淺淺的種溝。
❷❸櫻桃蘿蔔的發芽率很高，所以播種時種子之間不要重疊，約距離1～2cm即可。

2 疏苗

❶拔除生長狀況不佳及葉子形狀較不良的幼苗，為了不傷及其他幼苗，可以用小鑷子小心地進行疏苗。
❷本葉長到2～3片時，株間距離2～3cm，本葉長到4～5片時，株間距離約6～10cm。大約與旁邊植株的葉子不會互相碰觸的距離即可。

過遲收成會造成根裂現象

整地準備 播種前2週，1㎡左右的土壤撒入100g的苦土石灰並確實翻土混合。播種前1週，1㎡左右的土壤摻入堆肥3kg、化學肥料100g混合作為基肥。播種前需整理好寬度60cm的田畦。

播種 菜圃裡先壓出一條種溝，種子不重疊的情況下平均地播在田裡，發芽之前都要確實給予充足的水分，避免土壤乾燥。

疏苗・追肥 當本葉長出來後，疏苗將葉子茂密重疊的部份拔除，當本葉長出4～5片時，株間距離約10cm。疏苗後在條間施放化學肥料即可。

防暑・防寒對策 夏天天氣酷熱時，可以覆蓋寒冷紗隧道棚，以防止酷熱與乾燥。冬天寒冷時則覆蓋塑膠隧道棚，以防寒害。

收穫 本葉長到5～6片，從土裡冒出的根莖直徑約3cm時，就可以收成了。

栽培箱種植 栽培箱裡先放入市售的培養土，在間距10cm的2條種溝裡播下種子，為了避免發生缺水及缺肥的情形，必須選擇日照充足的場所，當本葉長出4～5片時，株間距離為6～10cm。其間栽培箱施放半把左右的化學肥料，在子葉的正下方處增土培土，土裡冒出的根莖直徑約3cm時，就可以收成了。

作畦

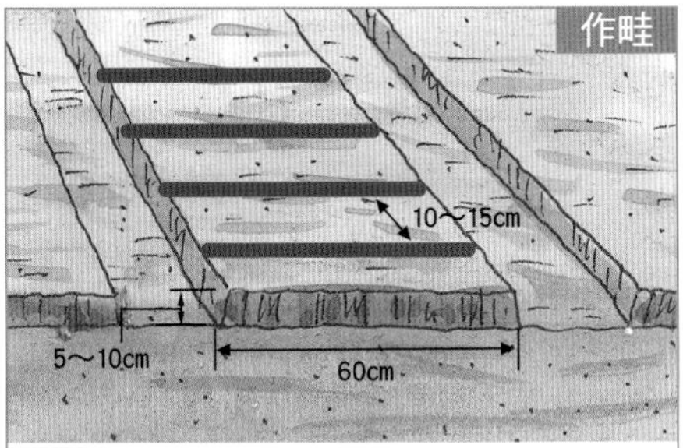

整土：苦土石灰100g/㎡
施肥：堆肥3kg/㎡、化學肥料100g/㎡

種菜 Q&A

Q 地下根莖長不大，怎麼辦？

A 明明日照充足，葉子長的又多又茂密，根卻長不大，這有可能是因為肥料太多葉子太過茂盛，導致營養無法輸送到根部，所以施肥時要控制肥料的分量。

3 追肥・培土

❶疏苗後，在條間1㎡左右施放1小撮的化學肥料即可。
❷以小鏟子將土壤和肥料混合。
❸在子葉的正下方覆土及培土即可。

4 收穫

❶從土裡冒出的根莖直徑約3cm時，就是收穫的最佳時期。
❷以手握住根部附近的葉子，將植株整株連根拔起。
❸過遲收成、生長過度會造成根裂現象。

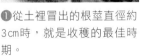

可以當作香草調味使用的芝麻味蔬菜

葉用蘿蔔

〔英〕*rocket*、*roquette*

十字花科
原產於地中海地區

屬於十字花科的青菜，也被稱作「蘿蔔葉菜」。具有芝麻的香味以及微微的辛辣味，是葉用蘿蔔的特色。

難易度	：
必要材料	：無特別需求
日照	：全日照
株間	：15cm（條間距離15cm）
發芽溫度	：15～20℃
連作障害	：有（1～2年）
PH值	：5.5～7.0
盆箱栽培	：○（深度20cm以上）

●栽培時間表

月份	1	2	3	4	5	6	7	8	9	10	11	12
播種		春播	■	■	■	■		秋播	■	■		
疏苗			■	■	■	■	■		■	■	■	
收穫	秋播 ■	■	■	■	春播 ■	■	■			秋播 ■	■	■

1 播種

❶以支柱等物在田圃地上壓出一條種溝。

❷手指捏著數粒種子，指尖相互扭轉摩擦的同時，將種子播下。

❸撒種時儘可能平均是一個訣竅。播種後，薄薄地覆蓋一層土壤，再以手掌輕壓土壤表面，並給予充足的水分。一直到發芽為止要避免土壤乾燥。

2 疏苗～追肥

❶❷本葉開始展開後，就可以開始進行疏苗。太過茂密或太過虛弱的幼苗，以小鑷子小心拔除。

❸當本葉長出4～5片後，就可以進行第2次的疏苗，使株間最後的距離約15cm。疏苗後，在株間施予一小撮的化學肥料，略微鬆土使土壤與肥料混合後培土即可。

要趁抽苔之前採收鮮嫩的菜葉

整地準備 播種前2週，1㎡左右的土壤摻入100g的苦土石灰並確實混合。播種前1週，1㎡左右的土壤摻入堆肥3kg、化學肥料100g混合作為基肥。播種前需整理好寬度50～60cm的田畦。

播種 直接播種於田圃裡即可。田畦整平之後，與田圃成水平的方向，以支柱等壓出數條間隔15～20cm的種溝，直接將種子播在種溝裡，其上覆蓋極薄的土壤。

疏苗 本葉長出2片後，就可以進行第1次的疏苗，當本葉長出4～5片後，就可以進行第2次的疏苗，使株間距離約15cm。

追肥 完成疏苗後，在株間施予一小撮的化學肥料，略微鬆土使土壤與肥料混合後培土即可。也可以1週1次以液態肥料取代給水。

收穫 若於秋天播種，隔年的春天容易產生抽苔的現象，而使莖葉變硬，所以如果看見植株中心已經發出花芽，就表示已過了採收期，當植株高度約為20cm時就採收的話，就能採收到柔軟的嫩葉。

種菜 Q&A

Q 如何預防蟲害？

A 葉用蘿蔔很容易遭受小菜蛾的幼蟲及蚜蟲的侵害，可以覆蓋防蟲網預防蟲害發生，但是因為小菜蛾的幼蟲體型非常小，防蟲網的網目必須細到2mm以下，才能有效預防，而且沿著地面的部份也要確實覆蓋，不要留有任何縫隙，設置防蟲網的時候網子不要接觸植株的葉子，避免影響植株生長。

作畦

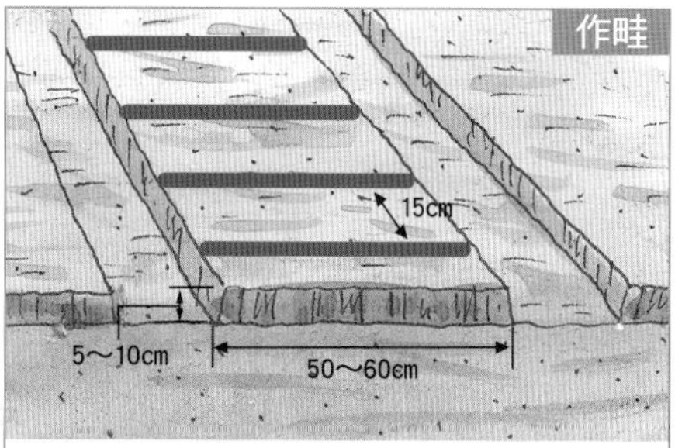

整土：苦土石灰100g/㎡
施肥：堆肥3kg/㎡、化學肥料100g/㎡

病蟲害的對策

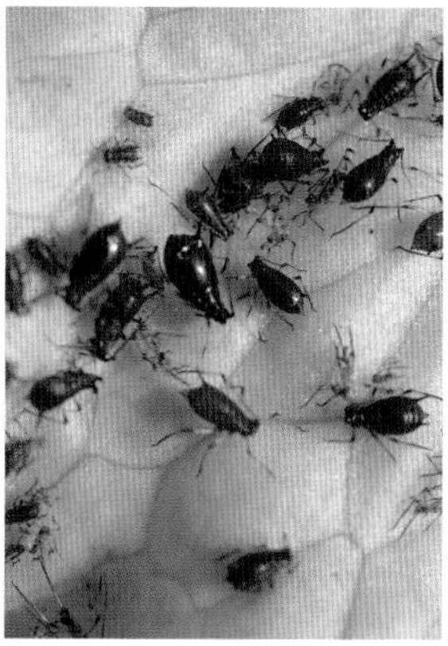

十字花科（高麗菜等）的作物經常見的蟲害是粉白蝶的幼蟲螟蛉蟲（上方照片）以及蚜蟲（右方照片）等。可以覆蓋防蟲網來預防，如果看見粉白蝶的話，要仔細確認葉子是否有蟲卵或幼蟲，蚜蟲則在地上鋪報紙後，以毛筆將其掃落撲滅即可。

3 收穫

❶播種後約1個月，就可以收成了。
❷以剪刀將外側的葉子剪除同時從根部剪斷即可。如果抽苔的話，莖會變硬且開花，所以要趁還嫩的時候採收。

栽培容易，最適合當佐料

日本蔥

〔英〕*wakegi green onion*

百合科
原產地不詳

只要種下種球（球根）就可以輕鬆栽培，非常適合家庭菜圃栽種，因為具有香味且口感柔軟，所以常用於佐料調味用。

難易度	：
必要材料	：無特別需求
日照	：全日照
株間	：15cm（條間距離15cm）
發芽溫度	：15～20℃
連作障害	：有（1～2年）
PH值	：6.0～6.5
盆箱栽培	：○（深度20cm以上）

●栽培時間表

月份	1	2	3	4	5	6	7	8	9	10	11	12
定植								■	■			
追肥									■	■		
收穫	■	■	■	■							■	■

進行2次追肥

整地準備 定植前2週，1㎡左右的土壤摻入150g的苦土石灰並確實翻土混合。定植前1週，1㎡左右的土壤摻入堆肥3kg、化學肥料150g作為基肥並確實混合。

定植 每隔15cm種下1個種球，定植深度約為種球芽露出土表一點即可。

追肥 剛開始分枝以及採收前1個月，進行2次追肥。1㎡左右的土壤，在株與株之間施予一小把的化學肥料，略微鬆土使土壤與肥料混合後培土即可。

收穫 當植株高度長到20～30cm時，就可以從根部剪斷採收。採收時根部若留下約3cm的長度的話，之後會再發芽，可以再度收成。

1 定植

2 收穫

❶將種球的薄皮留下，只要將外皮剝除即可，每隔15cm種下1個種球，栽種的深度為種球的芽若隱若現露出土表少許即可。

❷當植株高度長到20～30cm時，就可以採收。採收時根部若留下約3cm的話，之後會再發芽，就可以再度收成。

作畦

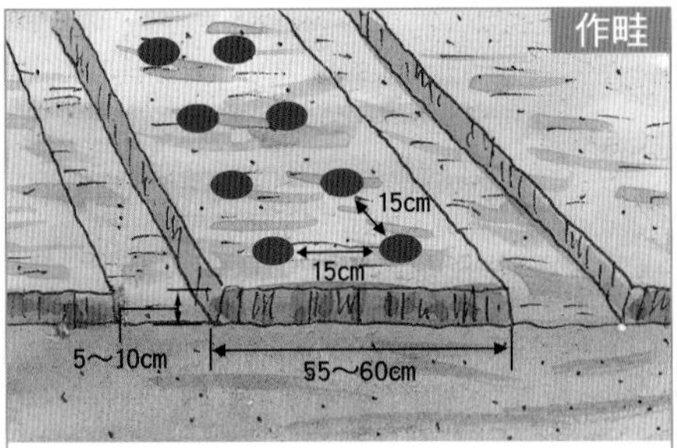

整土： 苦土石灰150g/㎡
施肥： 堆肥3kg/㎡、化學肥料150g/㎡

挑戰種植
大型蔬菜吧!

初學者也能輕鬆栽培的大型蔬菜

南瓜

〔英〕*pumpkin*、*squash*

瓜科
原產於中南美

南瓜是很適合初學者種植的大型蔬菜，含有胡蘿蔔素和維生素等多種豐富營養的黃綠色蔬菜。

難易度	
必要材料	塑膠布
日照	全日照
株間	1m以上
發芽溫度	18℃～23℃
連作障害	少
PH值	5.5～6.0
盆箱栽培	×

●栽培時間表

月份	1	2	3	4	5	6	7	8	9	10	11	12
播種				■	■							
定植					■							
追肥						■						
收穫							■	■				

1 播種

❶育苗盆裡先放入培養土，在平整的土壤表面放一粒種子。
❷以手指將種子壓入土中約1～2㎝（約指頭的第1個指節）。
❸輕壓土壤的表面，讓土壤與種子密合並給予充足的水分。

2 定植

當本葉長出5～6片後，就可以進行定植了。
❶在不破壞缽土壤的情況下，將幼苗取出種入事先挖好的植穴裡。
❷定植時，根缽邊緣略高出地面少許，並以手輕壓根部固定，讓土壤與種子密合。
❸定植後給予充足的水分。

肥料過多容易引起莖蔓過盛的現象

播種 育苗盆裡先放入培養土，在平整的土壤表面放一粒種子。

整地準備 定植前2週，1m^3左右的土壤摻入200g的苦土石灰並充分混合。定植前1週，1m^2左右的土壤摻入堆肥3kg、化學肥料100g，並整理好寬度60cm且鋪好塑膠布的田畦。

定植 播種之後1個星期左右就會發芽。當本葉長出5～6片後，就可以定植了，如果田畦土壤太過乾燥的話，定植前必須給予充足的水分，讓土壤濕潤，再挖出適合根缽大小的植穴，在不破壞缽土壤的情況下，將幼苗取出種下並以手輕壓根部固定，此時，根缽邊緣略高出地面少許，定植後給予充足的水分。

摘芯 西洋南瓜的主莖蔓必須摘芯，子莖蔓可以摘除或是留下1～2支。

追肥 肥料太多的話會引起莖蔓過盛的現象，導致無法結出果實，因此，一直到結出第1個果實之前都不要追肥，結果之後，以1個月1～2次的比例，施予少量的化學肥料。

收穫 果實成熟變大後，果柄正上方已經木質化而轉成茶色時，就表示可以收成了，以大型剪刀或刀子切斷即可。

種菜 Q&A

Q 莖蔓延伸生長，看起來發育良好卻不結果實？

A 這就是所謂的「莖蔓過盛」的現象，為了避免這種現象發生，肥料不可施放過多，一直到結出第1個果實之前都不要追肥，結出果實後，也只要施予少量的化學肥料即可。

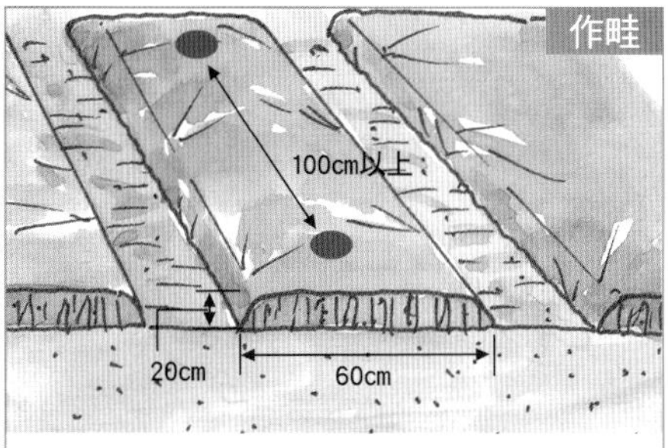

整土：苦土石灰200g/m^2

施肥：堆肥3kg/m^2、化學肥料100g/m^2

3 摘除莖蔓

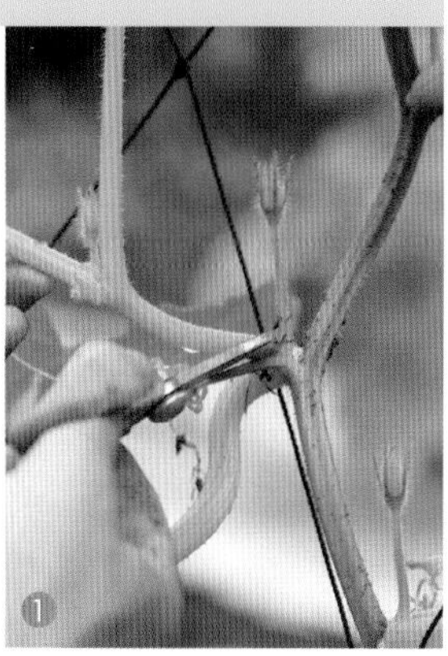

西洋南瓜必須摘除子莖蔓（側芽）以培育開雄花的主莖蔓，也可以留下1～2支子莖蔓繼續生長。

❶❷以剪刀將莖蔓分歧的地方剪斷即可。

一般來說，西洋南瓜會留下幾支子莖蔓，其餘摘除，讓主莖蔓繼續延伸生長，而日本南瓜則是主莖蔓摘芯，留下子莖蔓生長。

摘芯

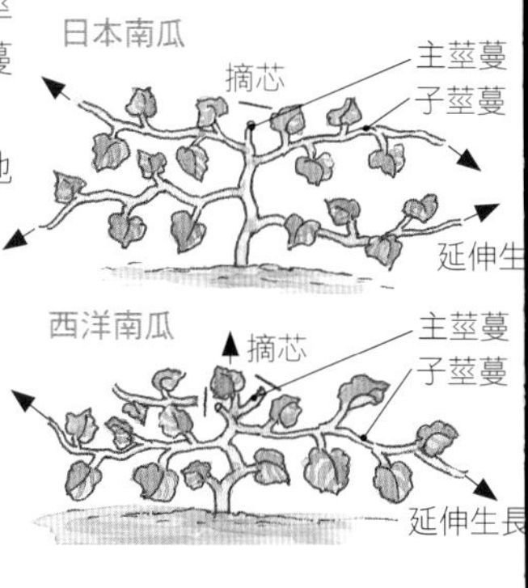

4 人工授粉

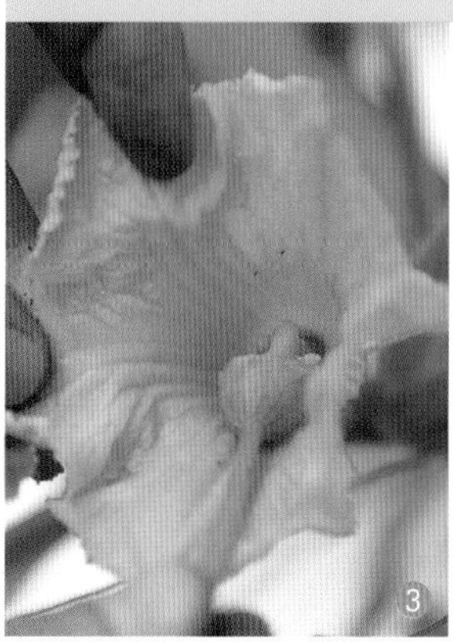

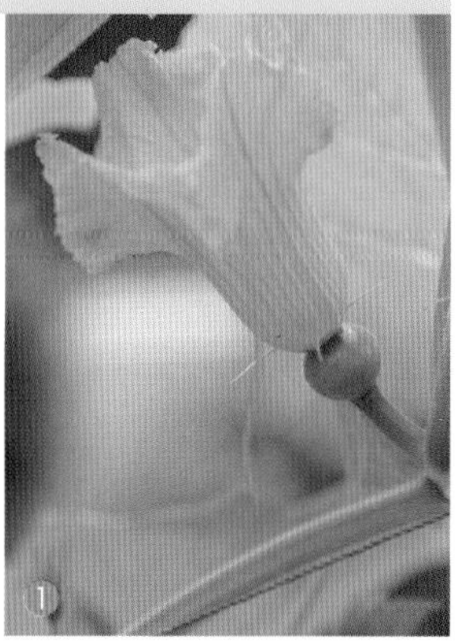

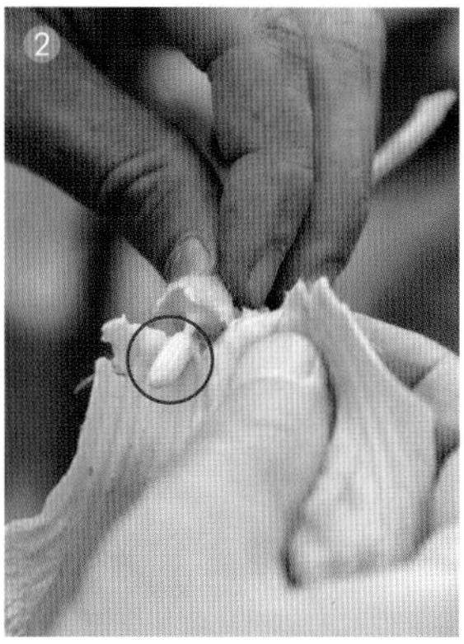

為了確保能結出果實來，可以進行人工授粉。

❶圖為南瓜的雌花。花萼處會膨脹起來，這是跟雄花之間最大的區別。

❷選擇天氣好的日子，摘朵雄花，去掉花瓣，露出雄蕊。

❸將雄花的花粉沾上開著的雌花中心點，這樣就完成了人工授粉。

6 收穫

❶整顆果實外皮呈現濃綠色，而且果柄正上方已經木質化而轉成茶色時，就是適合採收的時期。
❷❸只要以剪刀或刀子將果柄部分切斷即可。

5 調整果實的角度

❶❷果實必須全面接受日曬才可以平均生長，顏色才會綠得均勻，因此有時需要調整果實的位置，改變果實的方向，這就叫做「調果」。

蔬菜趣味

南瓜是綠黃色健康蔬菜中的金牌選手

除了可以蒸煮或做成南瓜濃湯、油炸天婦羅之外，蛋糕或甜點布丁裡也都會用到南瓜，南瓜含有胡蘿蔔素、維生素、礦物質、食物纖維、脂肪、蛋白質等多種豐富的營養素，可說是綠黃色健康蔬菜的代表。雖然產季是在6～8月，但從前有個說法：如果冬至這天吃南瓜的話，身體就會健康強壯，可能是因為保存性良好、營養價值高的南瓜，能增強身體的抵抗力，也因此能對抗嚴寒的冬天。

南瓜如果存放於通風良好的陰暗地方，就可以長期保存。

南瓜的網子栽培

如果是小品種的南瓜，可以拉網子將莖蔓誘引至狹小的空間裡栽培（右方照片），這樣果實不會接觸地面，也減少了病蟲害發生的機率（上方照片）。

歡喜收穫的大型蔬菜

高麗菜

〔英〕*cabbage*

十字花科
原產於歐洲

蟲害較多，不能說是容易種植的蔬菜，但收穫時的喜悅無法言喻，是一定要嘗試栽種的蔬菜之一。

難易度	：🌱🌱
必要材料	：鋪乾草
日照	：全日照
株間	：30～40cm
發芽溫度	：15～30℃
連作障害	：有（1～2年）
PH值	：5.5～6.5
盆箱栽培	：×

●栽培時間表

月份	1	2	3	4	5	6	7	8	9	10	11	12
播種									■	■		
定植											■	■
追肥			■	■								■
收穫				■	■							

※注：在台灣春夏秋都是高麗菜的生產期，夏天的高麗菜大半是梨山及其他高冷地區所產。

要注意肥料不足的問題

播種 育苗盆裡放進播種用的培養土，平均撒上5～6粒種子。

疏苗 管理上要避免土壤乾燥，當本葉長出1～2片時，進行疏苗，只留下一株健苗即可。疏苗後，進行1次追肥，在盆裡的角落施放一小撮的化學肥料，必須全日照育苗。陽光直射過強的時候，可覆蓋寒冷紗遮光。

整地準備 定植前2週，1㎡左右的土壤摻入150g的苦土石灰並確實翻土混合，定植前1週，1㎡左右的土壤摻入堆肥5kg和150g的化學肥料，充分混合，定植前要整理好寬度約60cm，高度約10～15cm的田畦。

定植 當本葉長出5～6片時，要進行定植，取出植株時，盡量不要破壞根缽土，定植時不要種的太深，緊壓根部後，給予充足的水分。

追肥 定植之後的2～3週，就要開始追肥了。開始結球之後，為避免肥料不足，要進行第2次追肥。

防寒對策 11月下旬，可以在植株根部鋪上乾草防寒。

收穫 植株長到夠大時，結球會變硬實，而且結球部份的葉子表面會呈現光澤感，此時就可以採收了。

種菜 Q&A

Q 去掉被蟲啃食的外側葉子會有利於生長嗎？

A 高麗菜或大白菜如果葉子過少到某種程度的話，中心就無法結成球。高麗菜的外葉至少需要18～20片才會開始結球，所以即使外側的葉子遭蟲啃食，只要將蟲撲滅即可，外葉最好繼續留下。

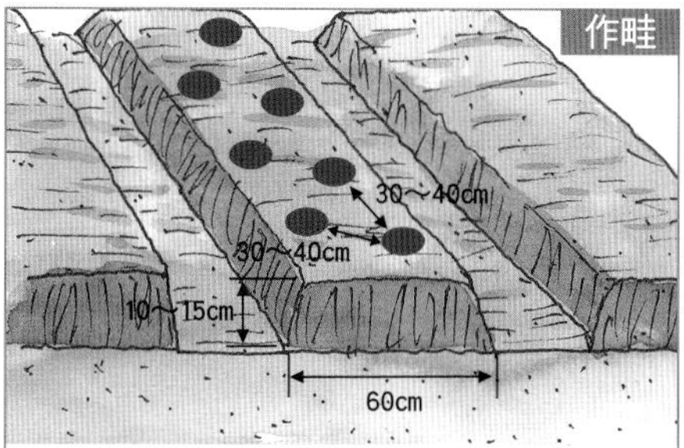

整土：苦土石灰150g/㎡
施肥：堆肥5kg/㎡、化學肥料150g/㎡

1 播種

❶育苗盆裡先放入培養土，將土壤表面整平後，等距離播下5～6粒的種子。

❷以過篩的方式覆蓋一層薄薄的土壤，再以手指由上而下輕壓土壤表面，讓土壤與種子密合。

❸最後以附蓮蓬噴嘴的澆水器，小心地澆水，勿讓種子流失，當本葉長出1～2片時，就可以進行疏苗。

2 定植

當幼苗本葉長出5～6片時，就可以移植到田裡。

❶先在田圃裡挖出直徑約8～10cm、深度約10cm的植穴，在不破壞根土的情況下，將幼苗取出。定植時不要種的太深，緊壓根部後，給予充足的水分

❷定植時，讓根缽的邊緣略高於地面，再種進植穴裡。

❸將周圍的土壤蓋回根部，以手掌緊壓土壤表面，讓根缽的高度與地面相同。

3 追肥

❶定植後2～3週左右，當胚軸漸漸生長之後，就可以開始追肥了。

❷在每株植株葉片下的寬廣處，以畫圓圈的方式灑上半撮的化學肥料。

4 培土

❶追肥後，土壤表面進行鬆土，使土壤和肥料充分混合。

❷將周圍的土壤覆蓋回根部，注意不要將長出地面的胚軸覆蓋住，也不要將葉子蓋入土裡，培土後以手掌輕壓植株根部固定即可。

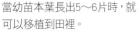

5 第2次追肥・培土

❶開始結球之後，菜葉生長茂密，必須進行第2次追肥。
❷追肥時，以手將菜葉扶起，注意不要傷及菜葉，在植株間施放1小把的化學肥料後，略微鬆土讓肥料和土壤充分混合。

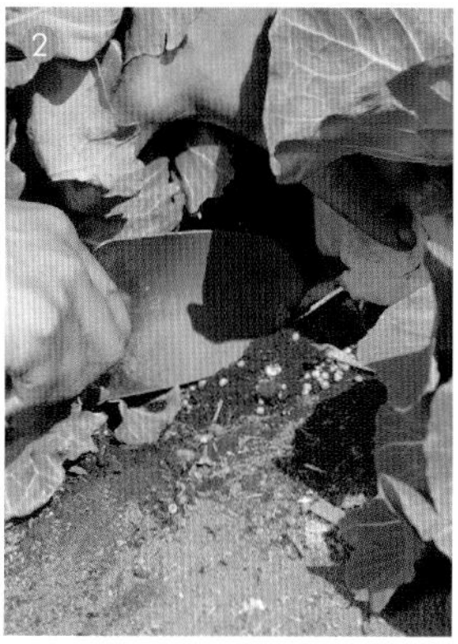

6 收穫

結球開始變硬並產生光澤時，就表示可以採收了
❶將外側的菜葉壓下，就會露出結球的底部。
❷以刀子切入結球的底部割下採收即可。

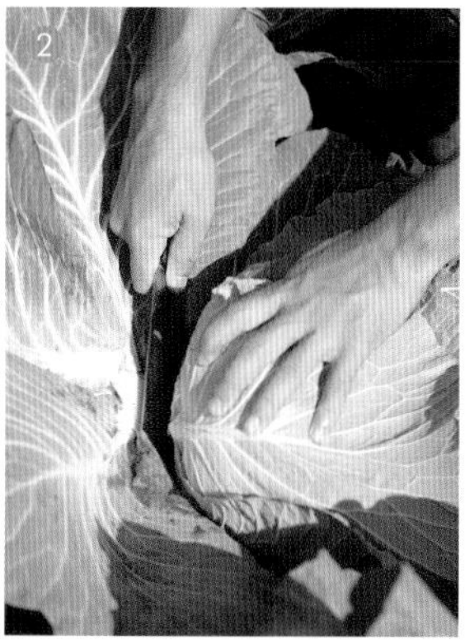

青菜小知識

含有刺激腸胃運動的維他命

和其他健康蔬菜一樣，高麗菜也含有多種營養素，在多種維生素當中，以維生素C最多，最特別的是含有其他蔬菜所沒有的維生素U。維生素U對於胃及十二指腸的潰瘍等胃部疾病特別有效，市售的腸胃藥中也都以維生素U為主要成分。

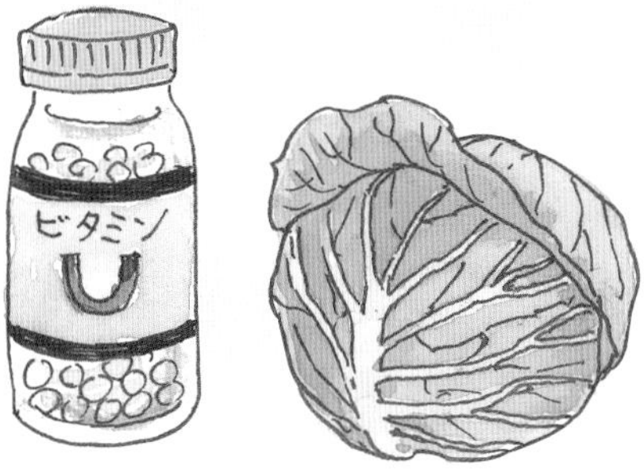

高麗菜中含有和腸胃藥相同成分的維生素U。

病蟲害的對策

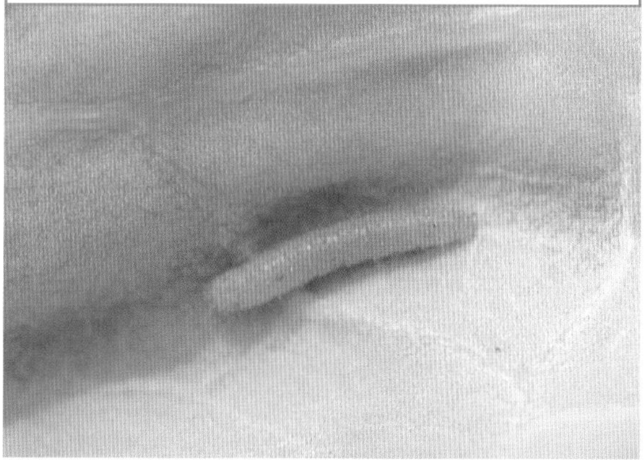

螟蛉蟲（上方照片）是粉白蝶（右方照片）的幼蟲。如果看見粉白蝶停留在高麗菜上，必能在葉子背面發現蟲卵，只要一發現卵和幼蟲就立刻去除，其他像螟蛾和夜盜蟲也是高麗菜的害蟲。

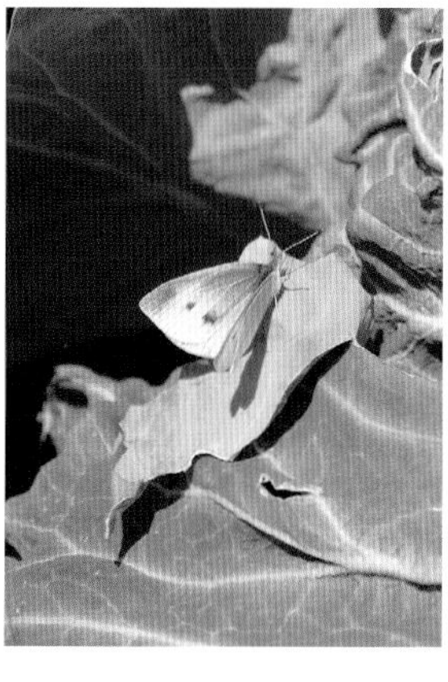

特別推薦容易栽培的短根品種

牛蒡

〔英〕*edible burdock*

菊科
原產於歐洲、西伯利亞、中國東北部

最近市面上推出適用於輕食或減重的沙拉牛蒡，長度約40cm左右，是屬於比較容易栽種的品種。

難易度	：✔✔
必要材料	：無特別需求
日照	：全日照
株間	：10cm
發芽溫度	：20～25℃
連作障害	：有（2～3年）
PH值	：6.5～7.5
盆箱栽培	：×

●栽培時間表

月份	1	2	3	4	5	6	7	8	9	10	11	12
播種		春播	■	■				秋播	■	■	■	
疏苗				■	■				■	■	■	
追肥					■	■	■			■	■	
收穫				秋播	■		春播	■	■	■	■	■

※注：在台灣春季撥種因採收時雨水兩過多，根部容易腐爛，所以不適合春播

1 播種

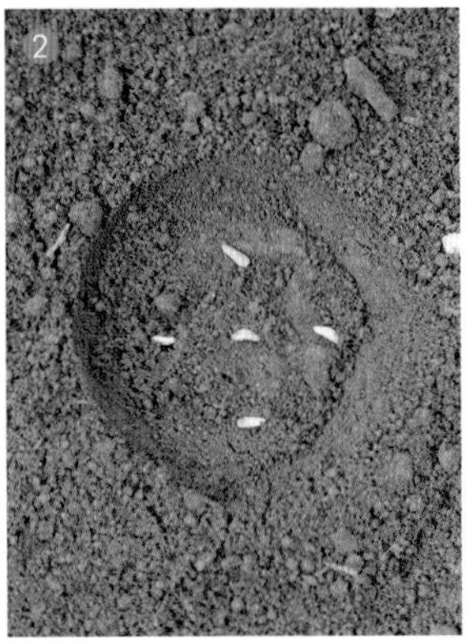

❶將田畦表面整平後，以瓶底在田地上壓出約0.5cm的植穴。

❷各個植穴中播下約4～5粒的種子。

❸覆蓋薄土，再輕壓使土壤與種子密合。要特別注意，只能覆蓋一層薄土，土蓋太厚的話，種子發芽時間會不一致，甚至無法發芽。

2 疏苗

發芽之後，每一植穴初次疏苗後留下約2～3株，當本葉長出3～4片後，進行第2次疏苗，只留下一株健苗即可。

疏苗

發芽後約長出1片本葉時，進行第1次疏苗，當本葉長出3～4片後，進行第2次疏苗。

播種後覆蓋薄土

整地準備 因為牛蒡不喜歡酸性土質，所以播種前2週，1㎡左右的土壤摻入150g的苦土石灰並且翻土深耕約80cm。播種前1週需挖掘寬15cm、深40cm的植溝，1㎡左右的土壤摻入100g的化學肥料，播種前要整理好約60cm的田畦。

播種 每隔10cm壓出約0.5cm的植穴，各個植穴中播下約4～5粒的種子後，覆蓋薄土，再輕壓使土壤與種子密合。

疏苗 發芽之後，每一植穴疏苗後留下約2～3株健苗，當本葉長出3～4片後，只留下一株健苗即可。

追肥 第2次疏苗後，在植株周圍施放1小把的化學肥料，略微鬆土後培土即可，之後可以視植株生長的狀況進行追肥，但植株高度至30cm時，就必須停止追肥。

收穫 葉子生長狀況良好，根肩部分長到直徑約2cm粗時，就可以收成了。當莖葉開始枯黃時就可以收穫了。採收時，先將葉子自根部切除，在牛蒡根部旁邊往下挖掘，要注意不要傷及牛蒡，挖到接近根部最前端的深度後，讓牛蒡倒進穴裡就可以挖出了。挖穴時有個小技巧，穴要挖在牛蒡的正側邊，才不會傷及牛蒡。

作畦

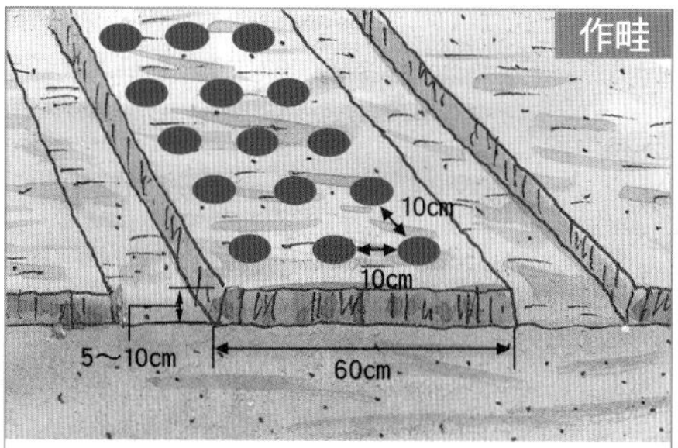

整土：苦土石灰150g/㎡
施肥：化學肥料100g/㎡

種菜 Q&A

Q 牛蒡種子不發芽？

A 為了讓種皮裡所含有的發芽抑制物質消除並使發芽時間整齊，可將種子先泡水一個晚上後再播種。還有，牛蒡種子屬於好光性種子（光是必要的發芽條件），只能覆蓋一層薄土，土蓋太厚的話，種子無法發芽。

3 追肥

第2次疏苗後，在植株周圍施放1小把的化學肥料。
❶❷如果鋪了塑膠布的話，可從田畦邊緣，戳破塑膠布，將化學肥料以小鏟子施放進去。

追肥・培土

如果沒有鋪塑膠布的話，就直接在植株周圍施放肥料，鬆土混合後培土即可。

4 收穫

葉子生長狀況良好，根肩部分長到直徑約2cm粗時，就可以收成了。

牛蒡的收穫方式

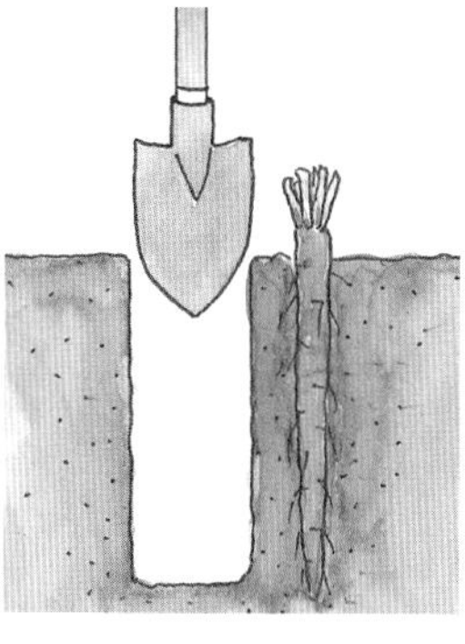

先將葉子自根部切除，在牛蒡與牛蒡之間的空隙處，圓鍬向下往根部的地方挖掘，洞穴挖好後，讓牛蒡倒進穴裡，就可以將牛蒡挖出了。

栽培時需要充足的陽光、水和肥料

西洋芹

〔英〕*celery*

繖形科
原產於南歐

西洋芹不耐高溫及乾燥，對初學者來說稍微有點難度，給予充分的養分和水分，是栽培成功的祕訣。

難易度	：
必要材料	：鋪乾草以及塑膠鋪布
日照	：全日照
株間	：40cm
發芽溫度	：15～20℃
連作障害	：有（3～4年）
PH值	：5.0～6.8
盆箱栽培	：○（深度30cm以上）

●栽培時間表

月份	1	2	3	4	5	6	7	8	9	10	11	12
播種					■	■						
定植							■					
追肥								■	■	■		
收穫											■	■

1 疏苗

❶育苗盆裡放入培養土，散播下種子後覆蓋薄土，本葉長出2～3片時，葉子茂密重疊的地方就可以進行疏苗，避免植株葉片之間相互碰觸。
❷配合植株的生長狀況進行疏苗，當本葉長出7～8片時，育苗盆裡只留下1～2株健苗即可。

2 定植

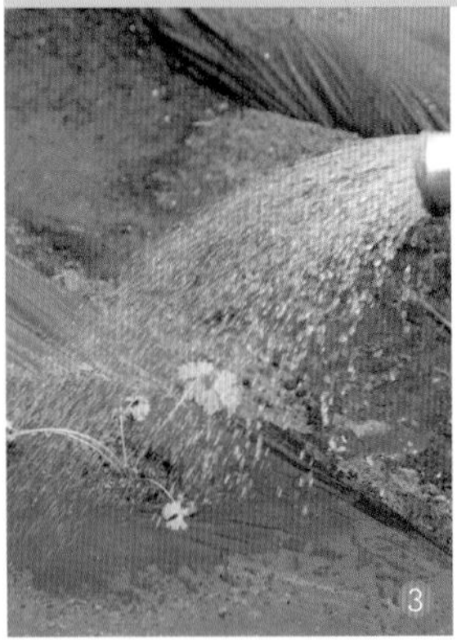

❶不破壞根缽土的情況下，將幼苗從育苗盆取出。如果有2株的話，儘可能在不落土、不傷及根部的情況下將幼苗分株。
❷株間距離約40cm，淺淺地種下後，將根部土壤壓緊，使土壤與根部密合。
❸定植後，給予充足的水分。

給予充足的水分避免乾燥

播種 將培養土放入育苗盆裡，散播下數粒種子。西洋芹的種子覆蓋厚土的話，無法發芽，所以可以使用篩子篩上一層薄土，或不覆蓋土壤直接覆蓋濕報紙，發芽之前放在通風良好、陽光無法直接照射的陰涼處，照顧上要避免乾燥現象發生。

疏苗 本葉長出2～3片時，於葉子茂密重疊之處進行疏苗，避免植株葉片之間相互碰觸，本葉長出7～8片時，只留下1～2株健苗即可。

整地準備 定植前2週，1㎡左右的土壤摻入50～100g的苦土石灰並確實翻土混合。定植前1週，1㎡左右的土壤摻入堆肥4kg、雞糞400g和150～200g左右的化學肥料後充分混合，定植前要整理好寬度約60cm的田畦並鋪上塑膠布。

定植 以不破壞根缽土的情況下取出幼苗，確實地澆水以防止土壤乾燥。

追肥 以2～3週進行追肥1次的比例，進行追肥2～3次後，略微鬆土混合後培土即可。土壤乾燥時要給予充足的水分，不可缺水，沒有鋪塑膠布的話，植株根部要鋪上乾草以防乾燥。

摘芽 天氣轉涼後，植株根部會長出側芽，此時可以連同傷葉一起摘除。

收穫 當植株高度約30～40cm時，從植株根部割下即可採收。

作畦

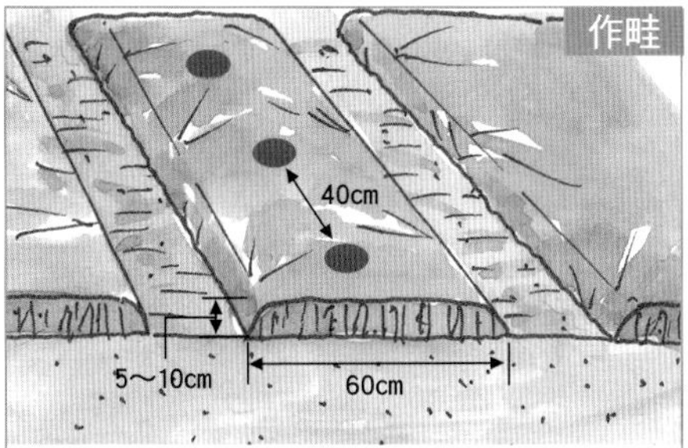

整土：苦土石灰50～100g/㎡
施肥：堆肥4kg/㎡、雞糞400g/㎡、化學肥料150～200g/㎡

種菜 Q&A

Q 莖變白、變軟之後，就可以採收？

A 採收下來的西洋芹，莖外側的部分去掉後，就會露出白而軟的部份。生菜沙拉等使用的是內側柔軟的部份，外側則用來煮湯時提味。

3 追肥

定植後2週左右，每2～3週進行追肥2～3次，每一植株施予一小把的化學肥料後，於根部培土即可，請勿覆蓋生長點，鋪塑膠布的情況下，將肥料施放於塑膠圓孔內距離根部稍遠處。

沒有鋪塑膠布的情況

植株外圍下方空曠處，以畫圓的方式環狀施肥，略微鬆土後培土即可。

4 收穫

❶定植後約90～100天，植株高度長到30～40cm時，就是最佳收穫時期。
❷以手將植株整株稍往下壓住，將刀子切入植株根部收割即可。
❸沿著地面切斷採收。

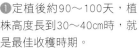

屬於夏天風物詩的超大型果菜

西瓜

〔英〕*watermelon*

瓜科
原產於熱帶～南非

西瓜藤蔓延伸的範圍很廣，所以需要廣大的栽培面積，是屬於一定要挑戰的蔬果之一。

難易度	：（3）
必要材料	：寒冷紗、塑膠布以及鋪乾草
日照	：全日照
株間	：150cm
發芽溫度	：25～30℃
連作障害	：有（4～5年）
PH值	：5.0～7.0
盆箱栽培	：×

●栽培時間表

月份	1	2	3	4	5	6	7	8	9	10	11	12
播種		■										
定植			■									
追肥				■								
收穫					■	■						

1 定植

❶定植時，盡量不破壞盆缽的土，小心地將幼苗從育苗盆裡取出植入挖好的植穴裡 。

❷種下後，將先前挖掘起來的土壤覆蓋回去，緊壓根部讓土壤與根部密合，並給予充足的水分。

❸定植後約7～10天，覆蓋寒冷紗以保持溫度。

2 摘芯

西瓜基本上是採收子莖蔓結出的果實。

❶❷只留下2～3株健康良好，已長了3～6節的子莖蔓，主莖蔓約5～6節目的芯全部摘除，讓留下的子莖蔓各結一顆果實。

主莖蔓摘芯和剪枝

留下2～3株生長狀況良好的子莖蔓，其餘的子莖蔓要及早摘除，主莖蔓最前端的芯也要摘除。

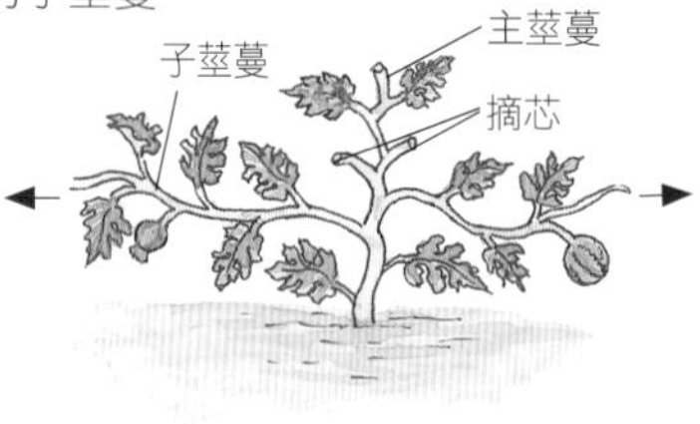

主莖蔓摘芯，讓子莖蔓更容易結果

播種 將培養土放入4號育苗盆裡，等距離播下3～4粒種子，覆蓋上8mm左右的土壤。

疏苗 本葉長出後，只留下健苗其餘疏苗。

整地準備 播種前2週，1㎡左右的土壤混入100g的苦土石灰並充分翻土混合，播種前1週，每間隔150cm挖出直徑30cm、深度40cm的植穴，將堆肥3kg、化學肥料100g填入穴底，和土壤充分混合後，再將掘出來的土填蓋回去並鋪好塑膠布。

定植 本葉長出5～6片時，施肥後即可定植，市售的接木苗也沒有關係。

鋪稻草 如果不鋪塑膠布的話，就必須鋪乾草。

摘芯・整枝 只留下3株健康良好，已長了3～6節的子莖蔓，主莖蔓的芯全部摘除，讓留下的子莖蔓各結一顆果實。

人工授粉 為了確保能夠順利結果，可以以雄花花粉去沾雌花蕊，完成人工授粉。

追肥 定植1個月後，結出的果實大小像蛋一樣時，就必須進行追肥。

正果 果實開始肥大之後，要調整果實的形狀讓果實日照平均，將果實的位置調正，這叫做「正果」。

收穫 授粉後40～50天，就可以採收了。

作畦

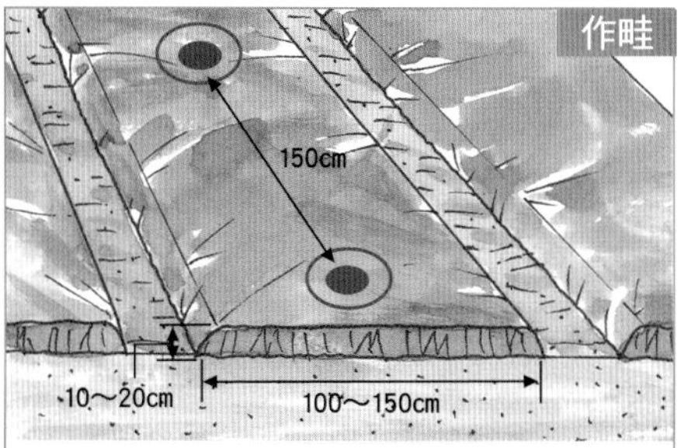

整土：苦土石灰100g/㎡
施肥：堆肥3kg/㎡、化學肥料100g/㎡

種菜Q&A

Q 莖和葉生長茂密，卻不開花也不結果？

A 這就是所謂「莖蔓過盛」的現象。主要是肥料裡的氮肥過多而產生的現象，所以追肥的時候要特別注意氮肥的份量。

3 整枝

❶如果受限於栽培面積不足的話，可以讓莖曼呈螺旋狀蔓生，是比較適當的栽培方式。
❷從子莖蔓側生出來的孫莖蔓，請以剪刀剪除。

4 人工授粉

❶圖為西瓜的雄花。
❷圖為西瓜的雌花。花萼彭脹起來的是雌花，摘下雄花後，以花中心的雄蕊沾黏雌花的雌蕊，就可以完成人工授粉。

人工授粉

摘下雄花花瓣，以雄蕊去沾黏雌蕊，可以在藤蔓旁邊貼上日期標籤，就可以預估收穫的時期。

6 收穫

授粉後40～50天，就可以採收了。當果實肥大，果實表面輕敲會發出濁音時，就表示可以採收了。

調果

開花後約35～45天，果實會開始肥大，採收前為了讓果實日照平均，必須調整果實的方向，將果實的位置調正，這就叫作「調果」。

5 追肥

❶定植1個月後，進行第1次的追肥。於每一植株周圍灑下一小把含磷量高的化學肥料。
❷鋪塑膠布的情況下，可將塑膠布圓孔邊緣拉起，在距離根部稍遠處施肥，再以指間略微鬆土混合即可。

青菜趣味

西瓜水分豐富利尿效果佳

西瓜是夏天蔬果的代表，原產於熱帶非洲，據說埃及4000年前的壁畫裡就已經出現西瓜了，而日本也在南北朝時期就已經栽種了。

西瓜的魅力在於飽含糖分的水分，事實上，西瓜含有90%以上的水分，此外還有均衡的維生素、礦物質…等營養素，特別是含有利尿作用的鉀成分，自古以來就對腎臟有很大的好處。

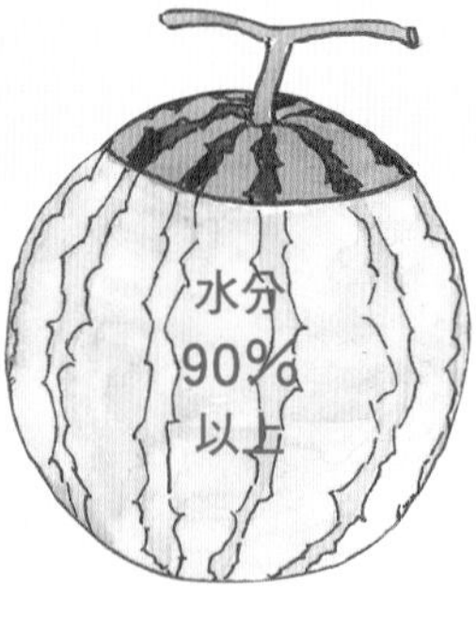

西瓜含有90%以上的水分，此外還有均衡的維生素、礦物質等營養素。

網子栽培

若栽種面積較小的話，可以利用網子栽培。架立支柱拉網後，先誘引主莖蔓向上（左上照片），子莖蔓長出來後誘引往地面蔓生，讓子莖蔓結果於地面上（右上方照片）。

網栽培

架立支柱拉起網子，即使是狹小的空間也可以栽種西瓜。

享受拔蘿蔔的樂趣

白蘿蔔

〔英〕*radish*

十字花科
原產於地中海沿岸、西南～東南亞

白蘿蔔在日本屬於春天七草當中的其中一種植物，也稱作「清白」，約有100種以上的品種，深受民眾的喜愛。

難易度	：
必要材料	：無特別需求
日照	：全日照
株間	：30cm
發芽溫度	：15～30℃
連作障害	：有（1～2年）
PH值	：5.0～6.8
盆箱栽培	：×

●栽培時間表

月份	1	2	3	4	5	6	7	8	9	10	11	12
播種									■			
疏苗									■	■		
追肥										■	■	
收穫											■	■

基肥施放於植穴與植穴之間

整地準備 定植前2週，1㎡左右的土壤摻入100g的苦土石灰並翻土深耕約40～50cm，將石頭及堅硬的土塊去除。翻土完必須整理好寬度約60～70cm的田畦。

播種 每隔30cm壓出深度約1cm的植穴，植穴與植穴之間挖一條寬約15cm，深約40cm的溝，施放一小把的化學肥料當作基肥，和土壤充分混合。每個植穴中播下5粒種子後蓋土，以手掌輕壓讓根部與土壤密合。

疏苗 疏苗分成2～3次進行。發芽後4～5天就可以進行第1次疏苗，當本葉長出後，一個植穴只要留下健苗3株，將其他生長狀況不佳、葉形較不完整的幼苗拔除，當本葉長到6～7片時，一處只留一株健苗即可。

追肥 第2次疏苗後，就可以進行追肥。植株附近先鬆土後再培土，距離植株稍遠處施予一小撮的化學肥料後混合，追肥後不要培土。

收穫 隨著植株生長，根部會漸漸的肥大，壟起於地表上，可快速收成的品種，播種之後約90～100天就可收成。

種菜 Q&A

Q 為什麼發芽疏疏落落呢？

A 這種現象有可能是因為播種後下雨，雨水使種子流失或將種子沖刷進土裡，造成發芽時間不一致，較慢發芽的種子生長狀況一定不佳，因此播種前要先查詢天氣預報，下雨後改日再進行播種。

作畦

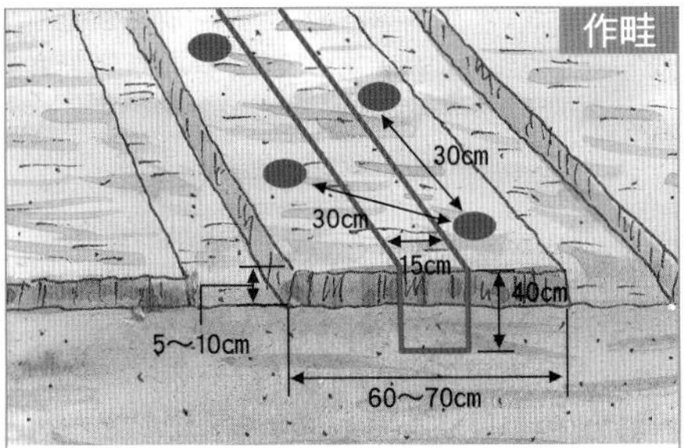

整土：苦土石灰100g/㎡
施肥：化學肥料50g/㎡

1 播種

❶如果是持續乾燥的情況下，播種前一天，要給予土壤充足的水分，再以瓶底壓出植穴。

❷一個植穴等距離播下約5粒種子後覆蓋薄土，再以手輕壓，使種子和土壤更密合。

施放基肥的方式

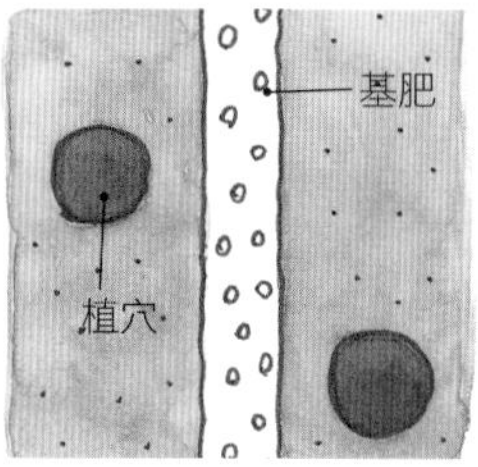

基肥不要直接碰觸植株的種子與根部，應施放於植穴與植穴之間。

2 第1次疏苗

❶5個芽全部發齊後，當本葉長出1～2片時，就可以進行第1次疏苗。若5個芽沒有全部發齊，則不必進行第1次疏苗。

❷將生長狀況不佳、葉形較不完整的幼苗拔除。

❸覆蓋周圍的土壤。此時不要勉強將已傾倒的幼苗撐起。

3 第2～3次疏苗

❶當本葉長出後，一處各留3株幼苗，當本葉長出6～7片時，一處只留1株幼苗，儘可能留下未遭啃食，胚軸生長較穩固的幼苗，其餘小心拔除即可。

❷❸疏苗時要注意，拔苗時為了不傷及其他幼苗，請以手壓住幼苗周圍的土壤後再進行拔苗。

4 培土

❶進行2～3次疏苗後，植株根部周圍的土以指尖略微鬆土。

❷略微鬆土後，將土壤覆蓋回根部，露出土表的胚軸也以土壤覆蓋。

❸圖為露出土表的胚軸。

5 追肥

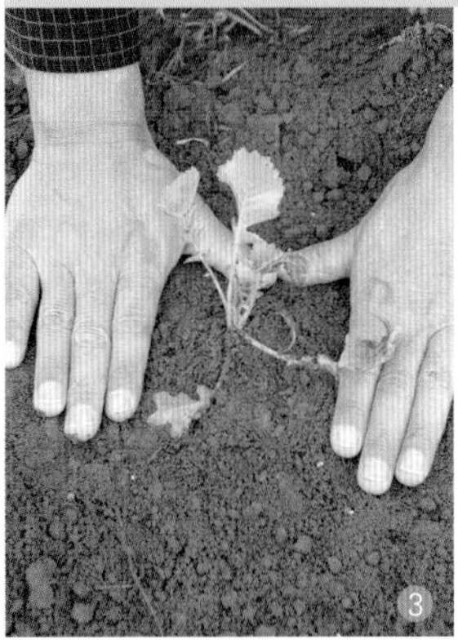

❶基肥不要直接碰觸植株的根部，在距離植株略遠處以環狀施肥施放一小撮化學肥料。
❷以指尖略微鬆土後，將肥料和土壤充分混合。
❸自上輕壓使根部土壤更穩固。

6 收穫

❶冒出土的根肩部份，直徑長到約8cm時（根據品種略有差異），是最適合的收成時期。
❷緊緊握住靠近根部的葉子部位。
❸就這樣使力拔起即可，如果過晚採收的話，根部會裂開造成「糠」的空心現象，所以請不要錯過收成時間。

※注：糠指蘿蔔肉質不結實、不細緻。

青菜趣味

葉和根分開保存

蘿蔔經常被使用於各種日常生活料理，包括磨成蘿蔔泥以及做成沙拉等生菜料理、醃漬或燉煮等料理。整株蘿蔔採收後，常溫下放置2～3天沒有什麼問題，但是如果想要保存久一點的話，就必須將葉子和根切開分別保存，保存時要防止水分的流失。甚至，採收起來的白蘿蔔如果連泥一起埋在土裡，可以保存1個月以上。

保存時，將葉子和根切開分別以保鮮袋密封保存即可。

股根

根裂開後繼續生長的現象就叫作「股根」（上方照片），當根部向下生長的時候，直根前端的生長點若碰到障礙物或直接接觸肥料時，就會產生股根現象。形成股根現象的植株，在連接葉柄的地方也會產生變化（右方照片）。所以在整地翻土時，務必要深耕，將石頭等障礙物去除，就可以預防股根現象。

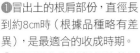

加熱後滋味更加甜美

洋蔥

〔英〕*onion*

百合科
原產於中亞

洋蔥是自西元前就已經在埃及被栽種的作物，歷史悠久。原本強烈的辛味經過烹調後會減少，並釋放原本的甜味。

●栽培時間表

月份	1	2	3	4	5	6	7	8	9	10	11	12
播種									■			
定植										■	■	
追肥			■									■
收穫			■	■								

難易度	：
必要材料	：塑膠布
日照	：全日照
株間	：10～15cm
發芽溫度	：15～20℃左右
連作障害	：有（2～3年）
PH值	：6.3～7.8
盆箱栽培	：○（深度30cm以上）

洋蔥不喜歡酸性土，整地時要特別用心

整地準備 播種前2週，1㎡左右的土壤灑入200g的苦土石灰並充分翻土混合，生性不喜歡酸性土質，所以必須確實調整土質的酸鹼度。定植前1週，1㎡左右的土壤摻入堆肥3kg、化學肥料300g混合，並整理好寬度約50～60cm的田畦。

播種 每隔15cm挖出植溝，平均1cm左右的間隔播下種子。

疏苗 本葉長出2片時，進行疏苗將過於茂密及生長狀況不佳的幼苗拔除，株間距離約1～2cm即可。當本葉長出3～4片時，株間距離約3～4cm，疏苗後，植列長約15～20cm的面積，撒下一小撮的化學肥料，翻土讓肥料和土壤混合即可。直接播種在田裡育苗的話，則要進行第3次的疏苗，植株距離約15cm。

定植 請準備好和播種育苗相同條件的田畦。播種約2個月前後，本葉長出4～5片，植株高度超過20cm時，就可以間隔10～15cm的距離，進行定植。

追肥 定植後3～4週或於3月上旬進行追肥。

收穫 當植株葉子開始疲軟傾倒時，就是適合採收的時期。採收後放置於通風良好的地方讓莖蔓風乾，讓葉子自然枯黃脫落。

種菜 Q&A

Q 如何預防洋蔥抽苔？

A 洋蔥會抽苔，一定是入春之前已經成長至某個程度，且經歷過一定期間的寒冷狀態。所以，如果要避免洋蔥抽苔，不可讓植株在冬天之前過於成長，也就是說，播種的時機非常重要。

作畦

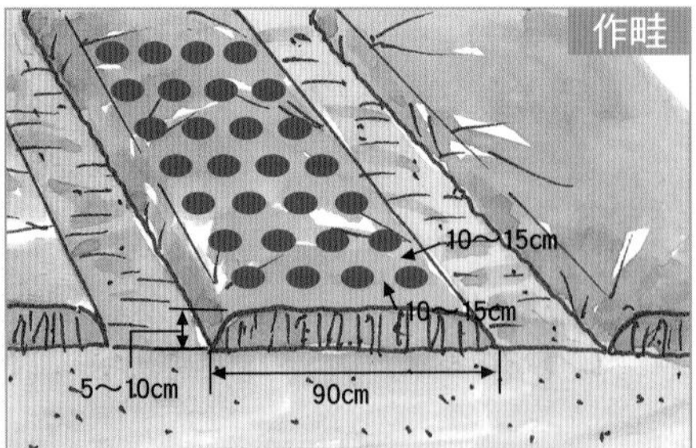

整土：苦土石灰200g/㎡
施肥：堆肥3kg/㎡、化學肥料300g/㎡

洋蔥的生長過程

1	2	3	4	5	6	7	8	9	10	11	12
			收穫期	收穫期				發芽	發芽		
		結果實	結果實	結果實							

發芽▶
播種約10～20天後，就會發芽。當本葉長出2片時，進行疏苗將過於茂密及生長狀況不佳的幼苗拔除。

定植▶
發芽之後60日，植株高度約為20cm時，即可進行定植。

收穫期▶
定植後約半年，當植株葉子開始疲軟傾倒時，就是適合採收的時期。

1 播種

❶以支柱等在田圃地上，每隔15cm壓出數條種溝。
❷以1cm左右的間隔平均地撒下種子，盡可能不要重疊。
❸播種後，覆蓋種溝兩側的薄土，再以手掌輕壓土壤表面使種子與土壤密合，最後以蓮蓬頭澆水器輕輕地給予充足的水分，注意勿讓種子流失。

2 疏苗

❶本葉長出2片時，即可進行第1次疏苗，株間距離約1～2cm（約指頭第1關節的長度）。
❷將生長狀況不良及稀稀落落生長於株間的幼苗拔除。
❸圖為疏苗之後的間隔。當本葉長出3～4片時，再進行第2次疏苗，株間距離約3～4cm即可。

3 幼苗追肥

❶第1、2次疏苗後，植列長度約15～20cm，沿著植列距離根部略遠處撒下一小撮的化學肥料

❷以小鏟子將土壤和肥料混合後培土。此時為了避免傷及根部，請勿挖太深。

❸請勿將生長點（照片中剪刀尖端）埋進土裡。

4 定植前準備

❶幼苗粗細像鉛筆一樣時，就可以定植了。

❷以移植用小鏟子垂直插入距離幼苗根部稍遠處的土裡，不可傷及根部，以鏟子將土壟起。

❸不傷及根部的情況下，將植株朝上拔起。

5 定植

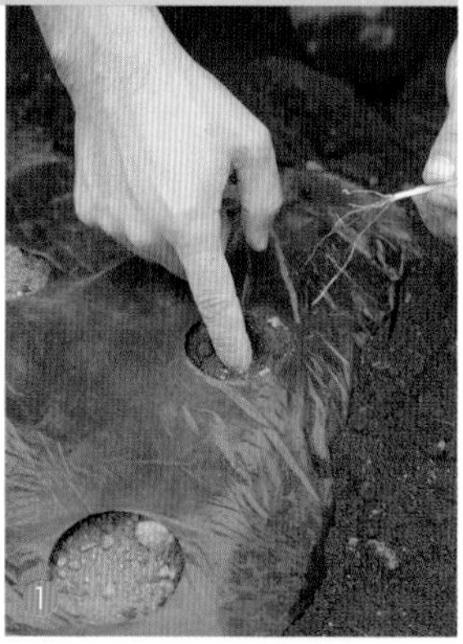

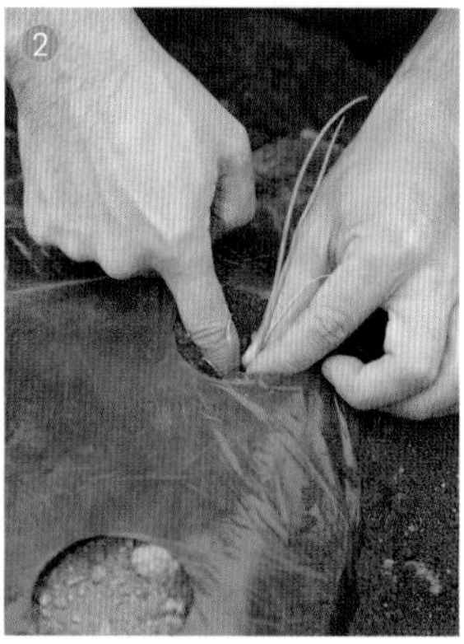

為了防止雜草生長，田畦鋪上塑膠布會比較好。

❶每隔10～15cm以手指挖一個植穴，如果鋪了塑膠布，則配合塑膠布的圓孔距離定植即可。

❷將幼苗淺淺地種入植穴中。

❸培土後緊壓根部，讓土壤與根部密合。

不移植的栽培情況

如果播種和採收都在同一個地方，不進行移植的話，必須進行第3次的疏苗，第3次的疏苗後，植株距離約15 cm（約拇指到食指之間的距離）（上方照片），將生長過密或發育不良的幼苗拔除（右方照片）。

6 追肥

❶❷定植後3～4週或3月上旬進行2次追肥。以1㎡左右施放一小撮化學肥料的比例散灑肥料即可。如果覆蓋了塑膠布的話，肥料流失的機率較少，只要在3月上旬進行1次追肥即可。

7 收穫

❶當植株葉子開始疲軟傾倒時，就是適合採收的時期。❷❸採收時，以手緊緊握著葉子根部用力拔起即可。採收後不必清洗，直接放置於通風良好的地方風乾，當莖葉自然枯黃後將葉子去除即可。

青菜趣味

真正香甜的洋蔥滋味

洋蔥可用於炒或煮、生菜等各式料理。洋蔥原本就含有豐富的糖分，但因為辛辣的成分很強，不經過處理的話舌尖會殘留辛辣的味道，經過加熱可以分解甜味，將洋蔥原本隱藏的甜味釋放出來，最適合用於咖哩及湯裡提升甜味，如果用於生菜料理時，將洋蔥切成薄片後灑上清水，可以去除辛辣的味道。

洋蔥要保存時，可將洋蔥連莖一起放入網袋裡，放置於通風良好的屋簷下保存，切勿放進溼度高的冰箱裡保存。初春上市辛味較淡的洋蔥，是新品種洋蔥栽培出來的，與我們一般食用的洋蔥口味不同。

將洋蔥放入網袋裡，置於通風良好的屋簷下保存。

雜草對策

和蔥同一種類的作物，對寒冷和蟲害的抵抗力都很強，但是對雜草的抵抗力卻很弱，所以確實地去除雜草是很重要的事。洋蔥於秋天定植後，會歷經冬天，一直到春末～夏初採收，一到春天，天氣暖和之後，田裡會同時長出很多雜草（右方照片），如果定植前可以事先鋪上塑膠布的話，較不易萌生雜草，那麼春天田園的管理工作就會輕鬆多了。

親手栽種的玉米滋味特別甜美

玉米

〔英〕*corn*、*maize*

禾本科
原產於中美地區

玉米屬於耐高溫、喜好陽光直射的夏季蔬菜，因為植株高度很高，種植時請勿遮蔽了其他作物所需的陽光。

難易度	✓✓
必要材料	寒冷紗、塑膠布
日照	全日照
株間	30cm以上（列間45cm）
發芽溫度	30～35℃左右
連作障害	有（1年）
PH值	5.0～8.0
盆箱栽培	×

●栽培時間表

月份	1	2	3	4	5	6	7	8	9	10	11	12
定植				■	■							
疏苗					■	■						
追肥					■	■						
收穫							■	■				

培土讓不定根延伸生長，使植株更穩固

整地準備 選擇日照充足的場所種植，播種前2週，1㎡左右的土壤灑入200g的苦土石灰並確實翻土混合，定植前1週，1㎡左右的土壤摻入堆肥3kg、化學肥料150g，並整理好寬度約90cm的田畦，最好是鋪上塑膠布防止雜草萌生。

播種 深度約1cm的種穴裡，播入3粒種子後覆土，再給予充足的水分。為了避免種子被鳥類啄食，可以將寶特瓶空瓶切半後，覆蓋在種子上或是整個覆蓋上寒冷紗防鳥。

疏苗 當本葉長出3～4片時，進行疏苗將生長狀況不良的幼苗拔除，只留下1株健苗即可。

追肥 植株高度到40～50cm及70～80cm時，必需進行追肥，在田畦邊緣施放化學肥料，略微鬆土後培土即可。

摘芽 植株生長過程中會從根部發出側芽，側芽可以任其生長不必摘除，不過側芽上長出來的雌穗一定要摘除。

授粉 在雄穗底下輕敲後，摘下雄穗沾一下雌穗前端的部份即可完成授粉，如果種植2列以上，就不需要進行人工授粉。

除穗·收穫 趁著還幼嫩的時候，將多餘的雌穗摘除，每株只要留下一穗即可。幼嫩的雌穗摘下後，可以做成玉米筍料理，當玉米鬚轉成茶色，玉米穗前端鼓脹起來時，就可以收成了。

種菜 Q&A

Q 要如何預防幼苗被風吹倒？

A 植株高度較高很容易被風吹倒，此時如果根部多培土可以多長出不定根，讓根部更穩定。

作畦

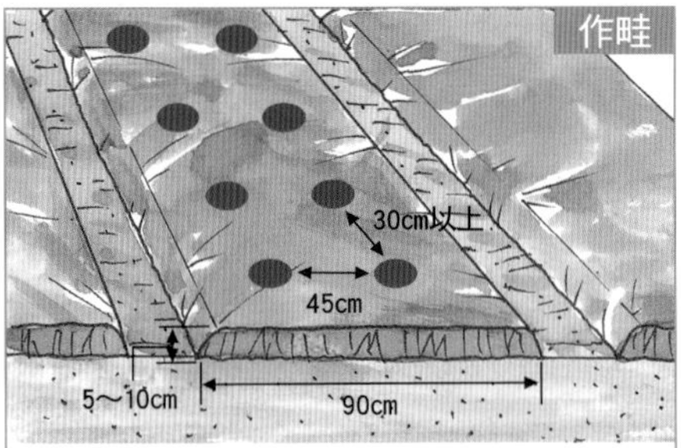

整土：苦土石灰200g/㎡
施肥：堆肥3kg/㎡、化學肥料150g/㎡

玉米的生長過程

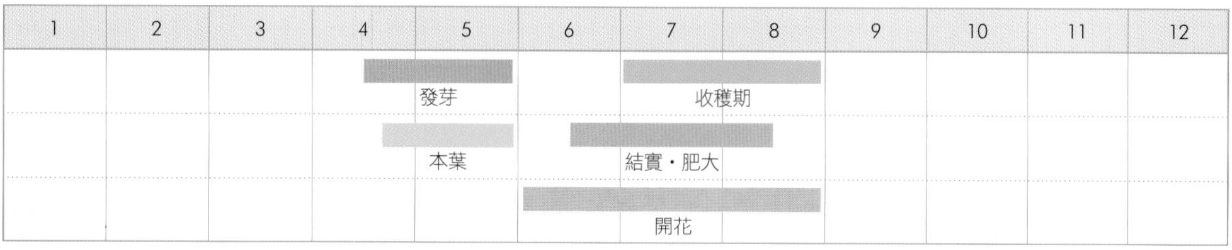

發芽▶
播種之後約15天就會發芽。本葉長出3～4片時，就可以進行疏苗。

開花▶
發芽之後30～40天就會開花。雄花開在植株的前端，雌花則開在葉腋處。

收穫▶
開花之後約60天。玉米鬚轉成茶色，果實鼓脹起來後，就可以收成了。

1 播種

❶田圃裡挖出直徑6～8cm、深度約1cm的種穴，播下種子，株間距離約30cm、列間距離約45cm，鋪塑膠布時也是一樣，種穴裡各播下3粒種子。

❷播種後，覆蓋周圍的土，再以手掌輕壓土壤表面使種子與土壤密合。

❸為了避免種子被鳥類啄食，可以將寶特瓶空瓶切半後，覆蓋在種子上。

2 疏苗

❶發芽後，當本葉長出3～4片時，即可進行疏苗，只要留下一株健苗即可。

❷❸疏苗時以剪刀沿著地面剪除即可。疏苗拔苗時，為了不傷及留下的幼苗，可以單手壓住留下的幼苗，另一手同時將多餘的幼苗拔除。

3 追肥

植株高度到40～50cm及70～80cm時，都必須進行追肥。第2次進行追肥時可以將塑膠布撤掉。

鋪塑膠布的追肥方式（第1次追肥）

在株與株之間，將移植小鏟子一半戳入塑膠布裡，再將一小把的化學肥料置於小鏟子上，讓肥料沿著小鏟子滑入塑膠布裡即可。

4 沒有鋪塑膠布的施肥方法

❶將一小撮的化學肥料施予植列的田畦邊緣。

❷略微鬆土讓肥料與土壤混合後，再將土覆蓋回根部即可。

5 培土

為了讓不定根延伸，追肥的時候，植株根部要多覆蓋一點土壤。

❶側芽發出的地方會有白色的不定根延伸成長。

❷覆蓋根部時可以多蓋些土，甚至堆高出小土堆也無妨。

不定根和培土

植株根部培土後會長出許多不定根，可以緊緊支撐住植株，也能夠讓養分及水分的吸收力增強。

6 授粉

❶圖為玉米的雄穗。植株數量不多時，輕敲雄穗下方，讓雄穗的花粉落在周圍植株的雌穗鬚上即可授粉。

❷圖為玉米的雌穗。

人工授粉

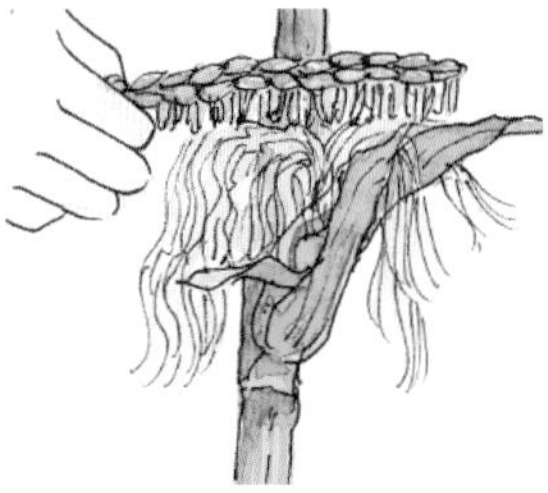

採下雄穗，沾黏雌穗前端，能更確保授粉順利。

7 雌穗數量的調整

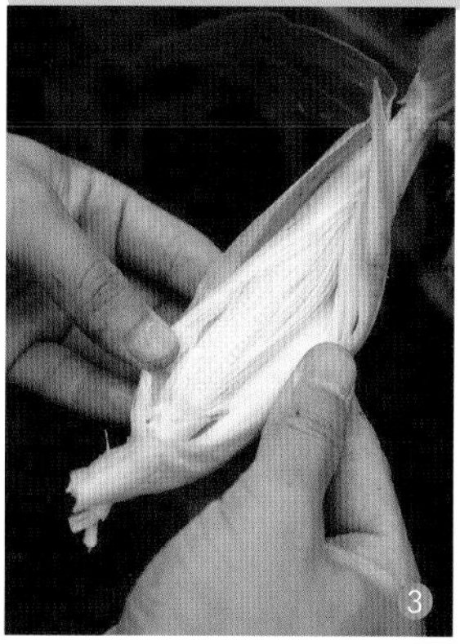

❶一般來說，一株玉米只留下一株雌穗栽培收成，其他多餘的雌穗必須趁幼嫩時摘除。
❷將多餘不要的雌穗摘除，摘除時要小心不要折傷了主莖。
❸摘下的玉米筍，可以水煮做成玉米筍沙拉料理。

8 收穫

❶當雌穗的玉米鬚轉成茶色後，就表示可以收成了。
❷採收時，以手握住雌穗的前端，雌穗前端如果像鉛筆一樣細的話，就表示還不適合採收，如果雌穗前端夠粗的話就可以採收了。
❸握住雌穗前端折下即可。

病蟲害的對策

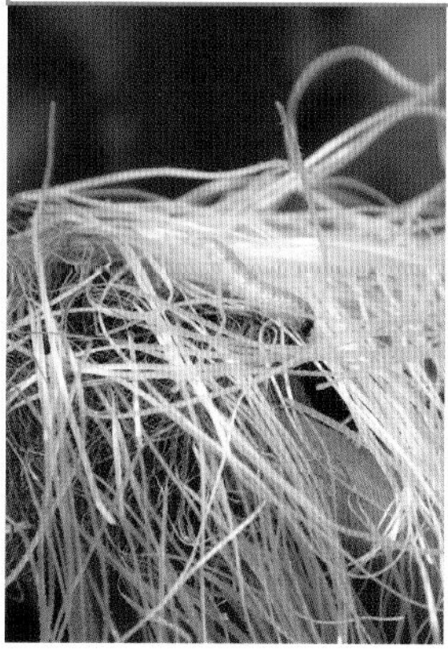

玉米較常見的蟲害是玉米螟的幼蟲（左上照片）。可以從葉腋或葉子上茶色的糞便來判斷（右上照片），比栽培期早一點播種栽種的話，可以有效抑制蟲害。也要注意預防鳥害發生（右下照片）。

青菜趣味　採收後立刻食用最好吃也最營養

剛採收的玉米，美味程度達到最高點。如果採收後放著，風味會隨著時間漸漸降低，過了24小時後，甜度和營養素都會減半，採收後立刻食用，滋味最美，如果不馬上吃的話，也要立刻水煮或蒸好，才不會讓甜度和鮮度流失，難怪有人說：「當鍋子裡的水已經煮熱沸騰後再採收玉米。」

採收後的玉米要儘可能及早料理。

花費時間多，收穫喜悅也超大

蔥

〔英〕*spring onion*、*welsh onion*

百合科
原產地中國中部～西部地區

在日本，相對於關西地區的人喜歡利用綠色葉子的葉蔥，關東地區的人卻喜歡使用顏色白的深根蔥（長蔥），不管怎麼說，蔥是人人都喜歡的蔬菜。

難易度	：
必要材料	：無特別需求
日照	：全日照
株間	：10～15cm
發芽溫度	：15～25℃
連作障害	：有（1～2年）
PH值	：6.0～6.5
盆箱栽培	：×

●栽培時間表

月份	1	2	3	4	5	6	7	8	9	10	11	12
播種			■	■								
定植							■					
追肥									■	■	■	■
收穫	■	■	■								■	■

培土同時長時間培育

整地準備 播種前2週，1㎡左右的土壤摻入150g的苦土石灰並確實翻土混合。定植前1週，1㎡左右的土壤摻入堆肥3kg、化學肥料100g混合作為基肥，同時準備好寬約60cm、高約10cm的田畦作為育苗床。

播種 在苗床上直接播種，儘可能平均地撒種，再覆蓋極薄的土壤。

疏苗 本葉長出2～3片後，就可以進行疏苗，使株間距離約2cm，育苗過程中約施肥1～2次，以少量的化學肥料進行追肥。

整地準備 定植前2週，1㎡左右的土壤摻入150g的苦土石灰和作為基肥的堆肥3kg確實混合，並沒有需要特別整畦。

定植 當幼苗高度長到約30cm，粗細像鉛筆一樣的時候，就可以進行定植。

追肥·培土 定植後1個月，挖掘植溝時挖出來的土壤，以1㎡左右的土壤摻入50g的化學肥料之比例混合後，埋回植株的生長點以下。同樣的程序，每3～4週進行1次，共計4次左右，埋回植溝時，在田畦邊追肥後和土壤混合，覆蓋於根部培土。

收穫 當植株成長至某個程度時，隨時都可以採收。在春天抽苔之前，必須完成採收。

作畦

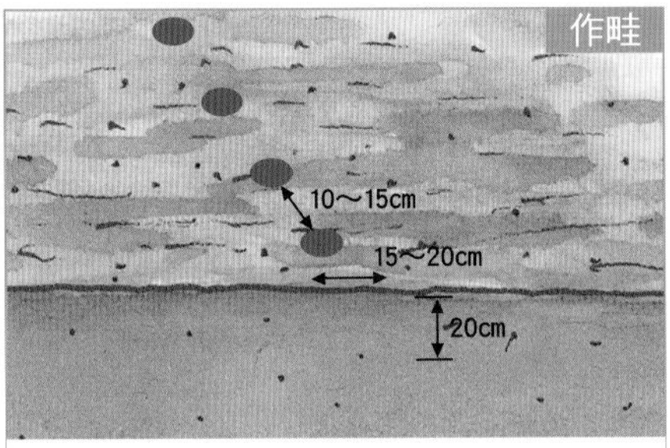

整土：苦土石灰150g/㎡
施肥：堆肥3kg/㎡

種菜 Q&A

Q 葉子上有條狀擦傷的痕跡？

A 可能是蔥蠅和蔥蝨作怪的關係，這些蟲的幼蟲會潛進葉子內部啃蝕，蔥蠅多發於幼苗期時，可能會擴及所有幼苗，因此要及早預防。

蔥的生長過程

1	2	3	4	5	6	7	8	9	10	11	12
			發芽	發芽						收穫期	收穫期
						肥大化・軟肥化	肥大化・軟肥化	肥大化・軟肥化	肥大化・軟肥化	肥大化・軟肥化	肥大化・軟肥化

發芽▶
播種後約7～15天。本葉長出2～3片後，就可以進行疏苗。

定植時▶
發芽後約40～50天。幼苗粗細像鉛筆一樣的時候，就可以進行定植。

收穫期▶
最後1次培土之後約20～30天即可收穫。在春天抽苔之前，必須完成所有採收工作。

1 播種・疏苗

❶以支柱等在田畦裡壓出淺淺的植溝，儘可能平均地播種。
❷覆蓋植溝兩側的薄土，以手掌輕壓土壤表面，使種子與土壤密合。
❸蔥的發芽。本葉長出2～3片後疏苗，使株距約2cm，育苗過程中，約1～2次於條間施放少量的化學肥料追肥。

2 掘起幼苗

❶當幼苗高度長到約30cm，粗細像鉛筆一樣的時候，就可以進行定植，也可以直接購買市售的幼苗。
❷將小鏟子垂直插入距離植株稍遠處，請勿傷及幼苗根部。
❸小鏟子插入土裡後往上翻，由下往上將幼苗掘起即可。

3 定植前準備

枯黃葉子是容易造成病害發生的原因，所以定植前要先將枯葉清理乾淨。

定植的方向

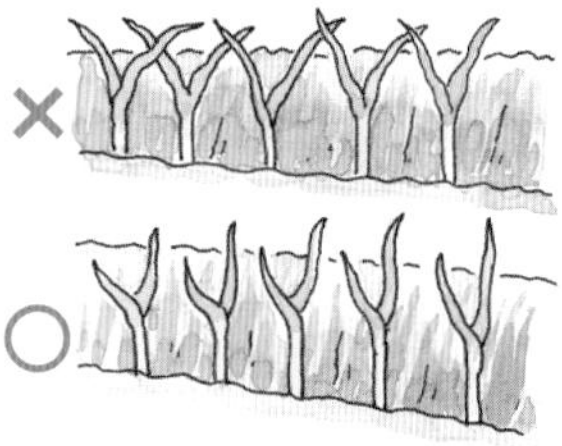

植溝挖掘的方向與田畦相同，定植時，幼苗葉子分開的方向配合植溝交叉的方向（田畦較短的方向，如右的下方圖）。如此一來，植株生長時，葉子才不會和旁邊植株的葉子重疊碰觸。

4 定植

❶將植株立靠在深約20cm的植溝壁面，覆蓋土壤至根部能夠穩定為止。

❷苗與苗之間的距離為10～15cm，但是植株會愈長愈粗大，所以定植時，距離就必須大於1個拳頭的寬度，植溝底層必須先鋪乾草。

定植

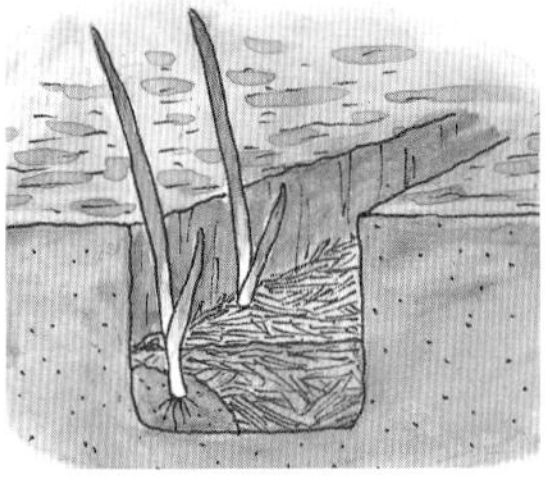

根部覆蓋土壤後，鋪上乾草，株間距離為10～15cm。

5 初期的追肥・培土

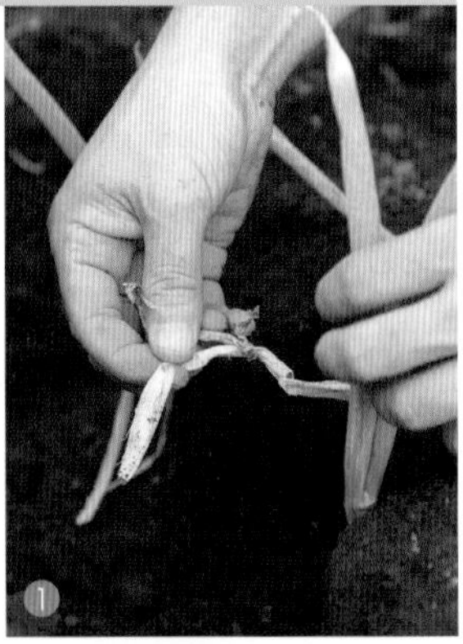

定植1個月後，每3～4週進行1次追肥和培土，最初的幾次追肥，以植溝挖出來的土壤和肥料混合後，再進行培土。

❶將枯黃的葉子等去除。

❷圖為生長點的位置。

❸將追肥之後的土壤填回植溝裡，掩埋至生長點的正下方處。

6 追肥

將土埋回植溝時，先在田畦邊追肥和土壤混合後，再覆蓋於根部培土。

❶挖掘植溝時挖出來的土壤，1㎡左右的土壤混入50g的化學肥料混合。

❷將肥料和田邊的土壤混合，要注意不要傷及洋蔥的根部。

追肥和培土

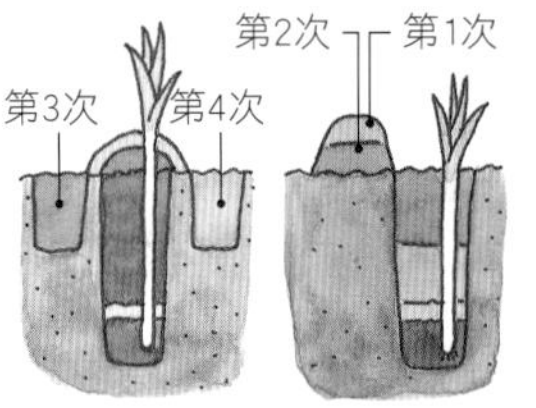

最初的幾次追肥，是將植溝挖出來的土壤和肥料混合後，再填回溝裡（右圖），將土埋回植溝時，先在田畦邊追肥並和土壤混合後，再覆蓋於根部培土（左圖）。

7 培土

❶隨著植株的生長，生長點（手指處）會從土裡往上生長。
❷將田畦邊追肥混合後的土壤，覆蓋於根部培土。
❸培土埋至生長點的正下方處，請勿掩埋生長點。

8 收穫

採收要在土壤乾燥時進行。
❶❷雙手儘可能地握住靠近根部的葉子，以不折傷蔥的情況下，筆直朝上拔起，可以像採收牛蒡一樣先挖土後再拔起，是比較正確的作法（參照p115）。
❸圖為蔥所開出的花。因為春天會產生抽苔現象，所以之前必須完成採收工作。

青菜趣味

深根蔥和葉蔥營養的差別

說起蔥的營養成分，深根蔥和葉蔥食用的部份不同，所以營養成分也不一樣，以營養成分豐富的葉蔥來說，食用的綠色葉子部分，含有豐富的胡蘿蔔素及維生素C等多種維生素，也含有鈣或鉀等礦物質成分，葉蔥裡所含的胡蘿蔔素比綠蘆筍多，維生素C含量可媲美酪梨。而深根蔥裡含有豐富的殺菌、抗菌、刺激血液循環的菸草酸等營養成分。

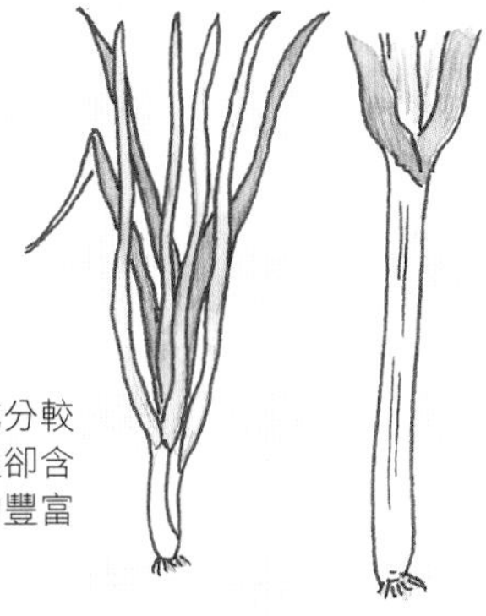

雖然葉蔥的營養成分較高，但是深根蔥裡卻含有刺激血液循環的豐富成分。

病蟲害的對策

蔥較常見的病害是初夏和入秋時常發生的銹病（上方照片）。所謂「銹」病就是葉子上會長出像銹一樣的褐色斑點，不只是看起來不好看，嚴重時會導致植株生長衰弱。所以要將病葉摘除燒毀，1週灑1次殺菌劑。蔥較常見的蟲害是蔥蠅和蔥蚤的幼蟲、蚜蟲等。

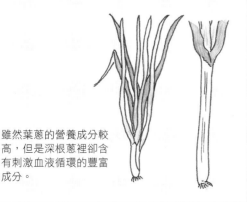

滿溢大地豐富滋味的山藥

塊莖山藥

〔英〕*Chinese yam*

薯芋科
原產於中國（長形山藥）

山藥依其形狀可分為長形山藥、扇形山藥、塊莖山藥等種類，在此介紹的是塊莖山藥的栽培方法。

難易度	✓✓
必要材料	支柱（長形山藥用）、乾草（扇形山藥、塊莖山藥用）
日照	全日照
株間	30cm
發芽溫度	20～25℃
連作障害	有（3～4年）
PH值	6.0～6.5
盆箱栽培	×

●栽培時間表

月份	1	2	3	4	5	6	7	8	9	10	11	12
定植				■	■							
追肥						■	■	■				
收穫	■	■	■	■						■	■	■

1 分割山藥種塊

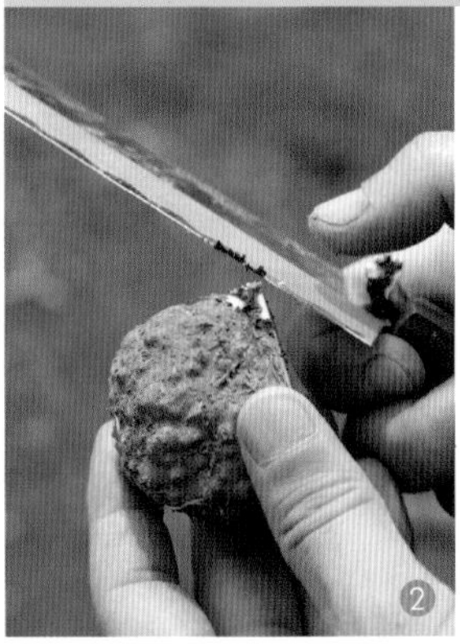

❶塊莖山藥或扇形山藥將頂端的芽切除，再以頂部為中心，縱剖兩半。
❷為了讓發芽較為整齊，可以將頂端切除。

長形山藥的切法

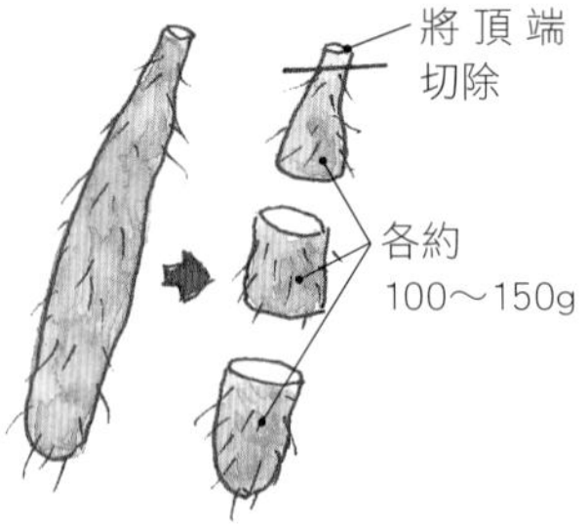

長形山藥將頂端切除，其餘切成3段，每段各約100～150g。

2 定植準備工作

❶塊莖山藥或扇形山藥以頂端為中心，縱剖成2半，各約60g左右。
❷切口處抹上草木灰使其乾燥。
❸可以先在育苗盆育苗，等天氣暖和後再移植至田圃。

田圃必須深耕翻土

整地準備 定植前2週，1㎡左右的土壤摻入200g的苦土石灰並確實混合，定植前1週，1㎡左右的土壤摻入堆肥3kg和100g的化學肥料確實混合作為基肥。栽種長形山藥必須翻土約30cm深，塊莖山藥約15cm深，定植前，需整理好寬度100cm的田畦，栽種長形山藥時田畦中央高度約需30cm，整個田畦看起來就像魚板的形狀。

定植 長形山藥先將頂部切除後，切成3段，每段各約100～150g左右。塊莖山藥或扇形山藥則先將頂端的芽切除後，再以頂部為中心，縱剖成2半，各約60g左右，切口處抹上草木灰使其乾燥後，將山藥莖塊種進深15cm、株間距離30cm的植穴中。

立支柱 長形山藥必須架立2m以上的支柱，塊莖山藥或扇形山藥則沿著地面生長延伸，不需要立支柱，但是土壤表面需要鋪上乾草。

追肥 當莖蔓開始延伸後，大約3星期進行1次追肥，至8月上旬約追肥3～4次，每1植株間施放1小撮含鉀量高的化學肥料。

收穫 夏天要給予充足的水分避免乾燥，秋天葉子開始枯黃時就是收穫時期。深挖植株根部附近即可採收。

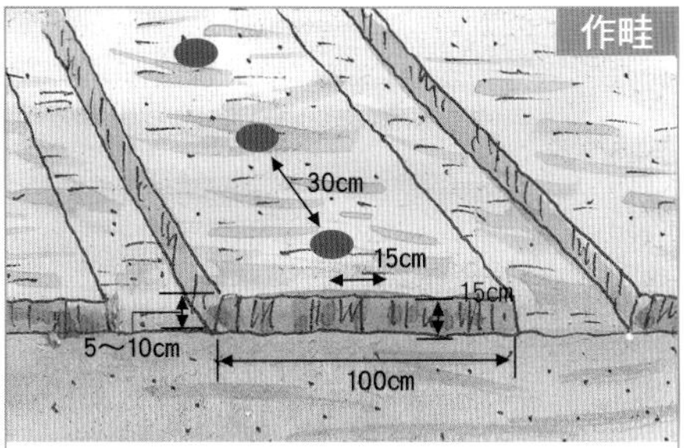

整土：苦土石灰200g/㎡

施肥：堆肥3kg/㎡、化學肥料100g/㎡

種菜Q&A

Q 葉柄處會長出像小山藥一樣的東西？

A 葉柄處長出像小山藥一樣的東西叫作「珠芽」。莖蔓下垂很容易造成這種現象，如果「珠芽」生長太多的話會影響山藥的肥大程度，所以盡量讓莖蔓向上延伸成長，不要讓莖蔓下垂。

3 定植

①先在田畦中央挖出深約15cm的植溝。

②植溝裡每隔30cm種下山藥莖塊後，再將掘出的土覆蓋其上。

種植山藥的整畦工作

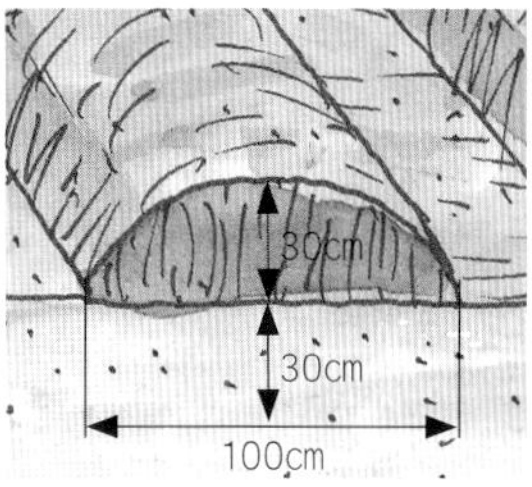

栽種長形山藥時，植穴深約30cm，田畦中央高度也是30cm，外形看起來像條魚板的形狀。

4 追肥・收穫

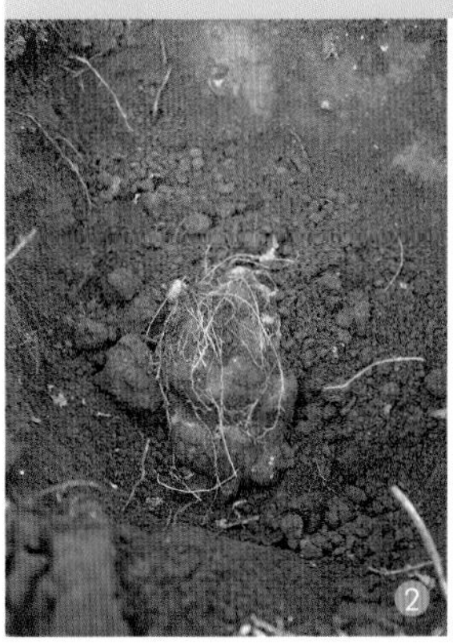

①當莖蔓開始延伸後，大約3星期進行1次追肥，直到8月上旬。每1植株間以環狀施放1小撮化學肥料後，和土壤混合後培土即可。

②當秋天葉子開始枯黃時，就可以收成了，在不傷及山藥的情況下深挖植株根部附近即可收成。

山藥收成

長形山藥會延伸長至土壤深處，所以採收時，圓鍬的利刃不要傷及山藥，從旁邊挖深後掘出即可。

容易栽培的生菜萵苣

結球萵苣

〔英〕*lettuce*

菊科
原產於歐洲

享受生菜沙拉時不可或缺的指定蔬菜，雖然是以生食為主，但是經過加熱烹調後，會散發出自然的甘甜味，口感也很不錯。

難易度	：
必要材料	：塑膠布
日照	：全日照
株間	：30cm
發芽溫度	：15～20℃
連作障害	：有（1～2年）
PH值	：6.0～7.0
盆箱栽培	：○（深度20cm以上）

●栽培時間表

月份	1	2	3	4	5	6	7	8	9	10	11	12
播種								■				
定植									■			
追肥										■		
收穫											■	■

1 播種

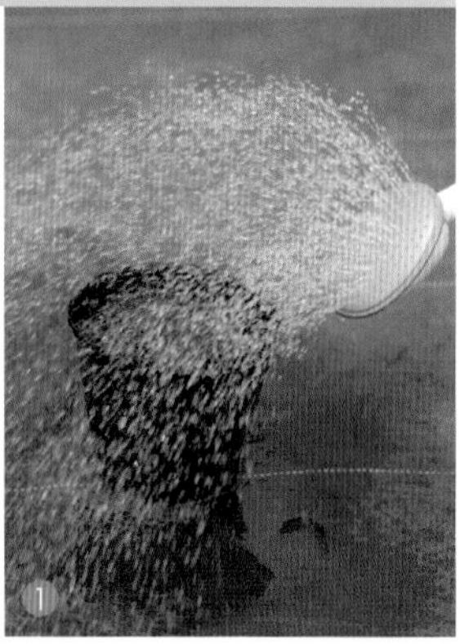

❶育苗盆裡倒入培養土，將土壤表面整平後給予充足的水分。

❷水分充足後，儘可能平均地撒下數粒種子，萵苣發芽極需要光，所以播種後覆蓋極薄的土壤，甚至不蓋土也可以，給水的時候要注意不要將種子沖刷掉。

❸如果是經過特殊包覆處理過的種子則播1粒種子後覆土即可。

2 定植

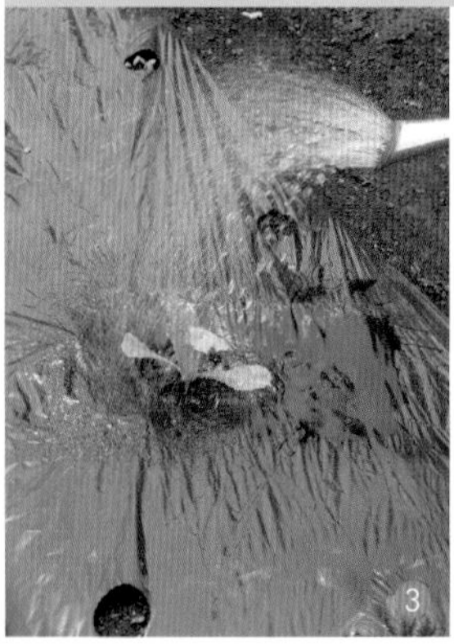

❶當疏苗後留下的一株幼苗本葉發出4～5片時，將幼苗從育苗盆裡取出，盡量不破壞缽土的情況下定種於田圃。

❷定植時，根缽的土略高於田圃的土，再以手掌緊壓根部，使根缽土壤和地面高度相同。

❸定植後給予充足的水分。

定植時請勿埋沒生長點

播種 育苗盆裡倒入培養土，儘可能平均地撒下數粒種子，萵苣發芽極需要光照，所以播種後覆蓋極薄的土壤，甚至可以不需蓋土。

疏苗 發芽後，隨著生長的狀況進行疏苗，當本葉發出2～3片時，僅留1株健苗即可。

整地準備 定植前2週，1㎡左右的土壤摻入150g的苦土石灰並充分翻土混合，定植前1週，1㎡左右的土壤摻入堆肥3kg、化學肥料100g作為基肥。定植前需整理好寬度70cm的田畦，如果鋪塑膠布的話保溫效果會更好。

定植 本葉長出4～5片時，就可以定植到田圃裡，先在田裡挖好株間、列間距離都是30cm的植穴，定植時請勿埋沒生長點。

追肥 定植2～3週後，大約2週進行1次追肥，在每1植株周圍施放約半把的化學肥料，追肥後將土壤與肥料混合順便除草，最後覆土將胚軸埋入土壤裡。

收穫 以手壓住結球部分看看結球是否夠結實，再將刀子切入結球底下採收即可。皺葉萵苣葉子長出15片以上，就可以用剪刀整株剪下採收，也可以1片1片將葉子摘下採收。

種菜 Q&A

Q 下層葉子開始變黃，生長狀況不如預期好？

A 這有可能是氮肥不足的原因，試著多增加點肥料，還有，如果是從葉子尖端葉梢處開始變黃，有可能是鉀成分不足，可以施放含鉀成分較多的肥料來改善這種狀況。

作畦

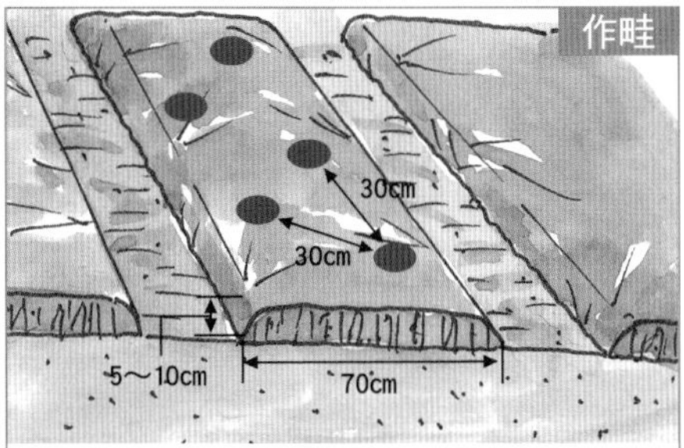

整土：苦土石灰150g/㎡
施肥：堆肥3kg/㎡、化學肥料100g/㎡

3 追肥

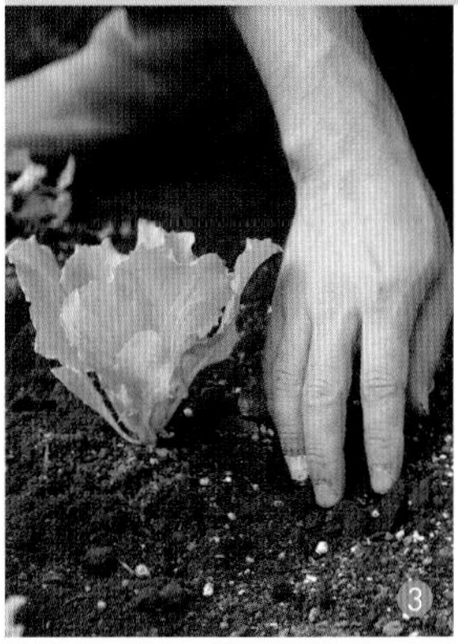

定植2～3週後，大約2週進行1次追肥。
❶在每1植株周圍施放約半把或1把的化學肥料。
❷在植株葉子外圍下方，以環狀方式施肥。
❸以指尖略微鬆土，讓土壤和肥料充分混合，如果胚軸已長出來的話就要進行培土。

4 收穫

❶以手壓住結球部分確認葉子捲曲的狀況。
❷確認已經結球的話，將刀子切入結球底下採收即可。
❸皺葉萵苣葉子長出15片以上，就可以採收了，可以用剪刀將整株剪下，也可以1片片將葉子剪下。

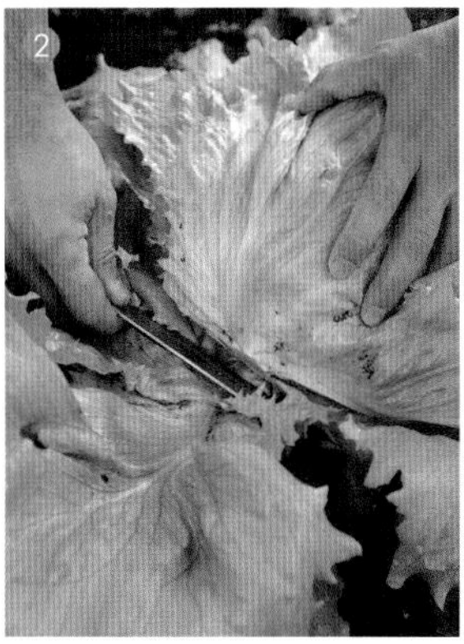

冬天火鍋料理不可缺少的代表性蔬菜

大白菜

〔英〕*Chinese cabbage*

十字花科
原產於中國

可以選擇春天播種或秋天播種，但是大白菜喜歡冷涼的氣候，對於暑熱抵抗力較弱，所以家庭菜圃選擇秋天播種栽培會比較適合。

難易度	：🌱🌱
必要材料	：無特別需求
日照	：全日照
株間	：30cm～45cm
發芽溫度	：18～20℃
連作障害	：有（2～3年）
PH值	：6.5~7.0
盆箱栽培	：×

●栽培時間表

月份	1	2	3	4	5	6	7	8	9	10	11	12
播種								■	■			
定植									■			
追肥										■		
收穫	■										■	■

1 播種

❶育苗盆裡放進播種用的培養土，等距離播下5～6粒種子。
❷種子播下後，覆蓋薄土。
❸以指尖鬆土並輕壓土壤表面，讓種子與土壤密合，播種後輕輕地澆水。

2 疏苗

發芽後即進行疏苗同時培育幼苗。
❶將子葉大小不齊、遭蟲啃食或生長發育不良的幼苗拔除。
❷手拔時常傷及幼苗，請以剪刀從幼苗根部剪斷進行疏苗即可。
❸當本葉長出4～5片時，只留下一株健苗即可。

生長前半期，要特別注重外葉的培育

播種 育苗盆裡放進播種用的培養土，將土壤表面整平後，等距離播下5～6粒種子。

疏苗 發芽後，將葉子形狀不佳或生長發育不良的幼苗拔除，當本葉長出4～5片時，只留下一株健苗即可，如果用手拔的話，常常傷及留下的幼苗，所以請以剪刀從幼苗根部剪斷進行疏苗。

整地準備 定植前2週，1㎡左右的土壤摻入150g的苦土石灰並充分翻土混合，定植前1週，1㎡左右的土壤摻入堆肥3kg和200g左右的化學肥料充分混合。定植前要整理好寬度約60cm的田畦，田畦高度不需太高。

定植 當本葉長出5～6片時，就可以進行定植。如果是秋天播下早生品種的話，株間距離約30～35cm，晚生品種生長時間會跨越冬天，植株會長的比較大，所以株間要寬約40～45cm的距離。挖一個直徑約8～10cm的植穴，定植時，根缽土略高於田圃，再將掘出的土覆蓋回去，以手掌緊壓根部，使根缽土壤和地面高度相同，定植後給予充足的水分。

追肥・培土 定植2週之後，進行第1次追肥。在葉子外圍下方施放1小撮化學肥料，略微鬆土使肥料和土壤混合，培土時要將露於地表的胚軸埋入土裡。開始結球後，要進行第2次的追肥和培土，此時植株長的較大，所以肥料要施放於株間或田畦邊，與土壤混合後培土即可。

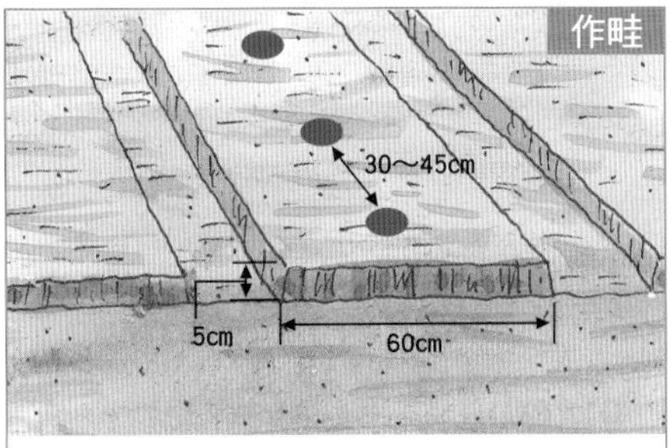

整土：苦土石灰150g/㎡
施肥：堆肥3kg/㎡、化學肥料200g/㎡

3 定植

當幼苗本葉長出5～6片時，就可以進行定植。
❶以不破壞根缽土的情況下，將幼苗從育苗盆裡完整取出。
❷挖一個直徑約8～10cm的植穴將幼苗種入，定植時，根缽的邊緣要略高於田圃的地面。
❸將掘出的土覆蓋回去，以手掌緊壓根部，讓土壤與根部密合。

4 追肥（第2次）

❶施放1小把化學肥料進行追肥。要趁植株還小時，在植株周圍施肥，因為植株長大後施肥較困難，可以在株間或田畦邊緣施肥。
❷施肥後，進行鬆土使土壤和肥料充分混合。
❸田畦邊緣施肥時，分成兩側施肥後，進行鬆土使土壤和肥料充分混合。

防寒對策 採收前會下霜的地區，可以將外葉輕輕地扶起（注意不要折到外葉），頂端以繩子綁起來，將結球部份包起來抗寒。

收穫 如果生長順利的話就會開始結球，而且結球也會漸漸變大，若是葉子長的很大，葉子數量卻沒有增加的話，表示結球狀況不良。外葉也可以預防蟲害，非常重要。當植株長大，頂端結球部分碰觸起來很堅硬時，就表示可以採收了。

種菜 Q&A

Q 無法順利結球，該怎麼辦？

A 不只是白菜，其他結球類的蔬菜都一樣，是靠外葉的作用來幫助結球，如果外葉未達到一定的數量的話，就無法順利結球，另外，外葉大小的比例也決定了結球的大小。總之，大白菜的生長初期，一定要小心地栽培外葉的大小及數量。雖然品種各異，但是播種的時間、日照或肥料不足均會是造成外葉發育不良導致無法結球的原因。

青菜趣味

外葉和芯葉含有多種營養素

火鍋料理及醃漬料理中不可缺少的大白菜，營養豐富，特別是外側及中心的葉子部分營養價值最高，含有維生素C、鐵質、鈣質、鉀等多種營養素。採收下來的大白菜，每株都以報紙包住，根部朝下的放置於陰涼處，可以保存約1個月左右，如果是已經切過或使用剩下的大白菜，以保鮮膜包覆後，放進冰箱的保鮮室並及早用完。

保存大白菜時，每株都以報紙包住，根部朝下的放置於陰涼處。

5 防霜害

❶將外葉輕輕地扶起（注意不要折到外葉），在頂端結球處以繩子束起。但沒有必要將所有的外葉都束起。

❷為了避免霜進入結球內部，頂端可以繩子輕輕的綁著。

❸為了不讓風將繩子吹鬆，繩子不要綁得太上面或太下面，適中的位置即可。

6 收成

❶以手輕壓結球的上部，若結球緊實的話，表示可以採收了。

❷將外葉往下壓就會露出根部。

❸沿著地面將刀子插入，整株割下即可。

受歡迎的香草
辛香蔬菜

味道濃郁的香草

紫蘇

〔英〕*perilla*

紫蘇科
原產於中國中南部~喜馬拉雅地區

雖然原產於中國大陸，但日本在繩文時代以前就已經傳入，可說是日本具有代表性的香菜之一。

難易度	：
必要材料	：無特別需求
日照	：全日照～明亮的陰涼處
株間	：10cm～15cm
發芽溫度	：20～22℃
連作障害	：少
PH值	：5.5～7.0
盆箱栽培	：○（深度15cm以上）

●栽培時間表

月份	1	2	3	4	5	6	7	8	9	10	11	12
播種				■								
定植				■								
追肥				■			■					
收穫						■	■	■	■			

1 播種

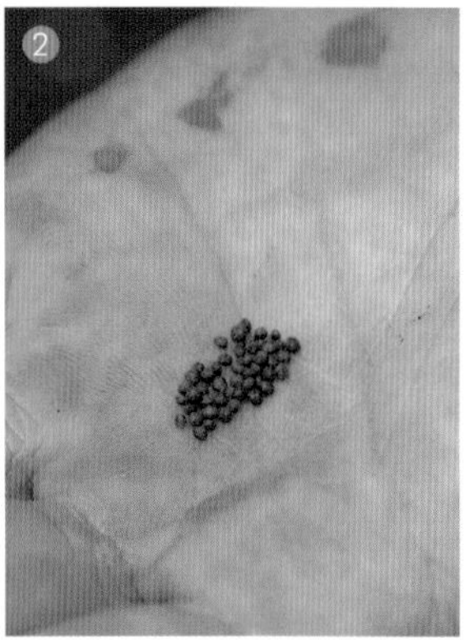

❶育苗盆裡放進播種用的培養土，播種前先給予充足的水分，讓土壤濕潤。
❷紫蘇種子的發芽率很高，播種時不要過於密集。
❸儘可能等距離播下約10粒的種子，紫蘇種子為好光性種子，可以篩土的方式覆蓋薄土。

2 定植

疏苗後，當本葉長出4～5片時，就可以進行定植。
❶不破壞根缽土的情況下，將幼苗從育苗盆裡完整取出。
❷缽土盡量保持完整，在不傷及幼苗根部的情況下進行分株。
❸定植後，以手掌緊壓根部，讓土壤與根部密合。

播種後只能覆蓋極薄的土壤

播種 育苗盆裡放進播種用的培養土，先以蓮蓬頭灑水器，給予充足的水分。儘可能等距離播下10～12粒種子，再覆蓋上極薄的土壤，此時以篩土的方式最適合。

疏苗 發芽後，依序進行疏苗讓葉子與葉子之間不會互相碰觸，當本葉長出4～5片時，只留下3～4株健苗即可。

整地準備 定植前2週，1㎡左右的土壤摻入100g的苦土石灰並充分翻土混合，定植前1週，1㎡左右的土壤摻入堆肥2kg和100g左右的化學肥料並充分混合。定植前要整理好寬度約60cm的田畦。

定植 當本葉長出4～5片時，就可以將幼苗從育苗盆裡完整取出，儘可能不傷及根部進行分株，種入株間距離約10～15cm的植穴裡，定植後給予充足的水分。直接播種在田裡時，4月中旬以後就可以進行疏苗，最後株間距離為10～15cm即可。

追肥 原則上生長順利的話，沒有必要追肥。

摘芯 將主莖前端頂芽摘除的話，會發出很多側芽，可以增加收穫量。

收穫 當植株高度約40～50cm時，以手或剪刀從下方葉子開始採收。

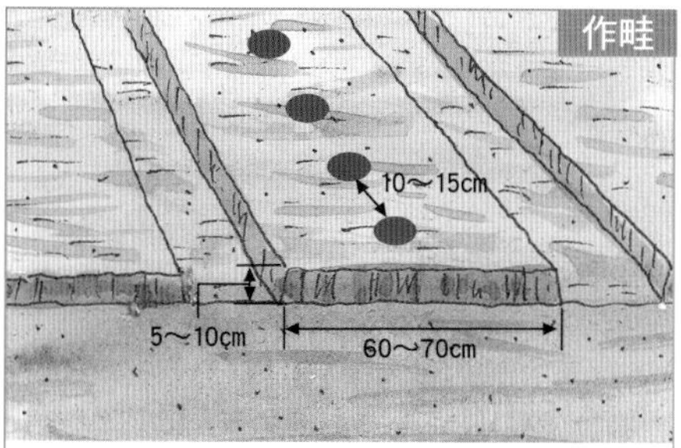

整土：苦土石灰100g/㎡
施肥：堆肥2kg/㎡、化學肥料100g/㎡

種菜Q&A

Q 明明播了種卻不發芽？

A 紫蘇是繁殖力旺盛的植物，如果春天播種卻不發芽的話，有可能是因為遲霜時期播種或覆蓋種子的土壤太厚所造成。紫蘇種子好光性強，如果覆蓋厚土可能會無法發芽。

3 追肥

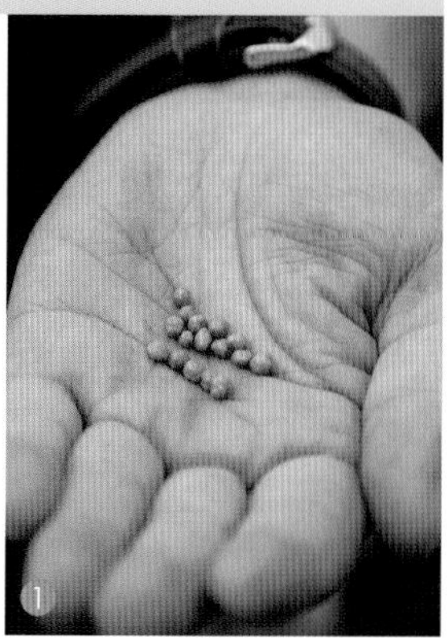

基本上並不需要追肥，但如果植株發育狀況不良時，就可以進行追肥。
❶在植株周圍施放1小撮的化學肥料即可。
❷在葉子外圍下方，以畫圓的方式環狀施肥。
❸施肥後，以指間進行鬆土，使土壤和肥料充分混合。

4 收穫

❶當植株高度約40～50cm時，就可以採收了。
❷從下方葉子開始採收即可。
❸花穗長度約5cm時，可以摘下作為生魚片的裝飾以及油炸食品。

採收後散發出迷人的清香味道

薑

〔英〕*ginger*

薑科
原產於熱帶亞洲

只要避免過於乾燥，病蟲害也會減少，是屬於容易栽培的蔬菜，採收後散發出的淡淡清香，是家庭菜圃的快樂泉源。

難易度	：
必要材料	：鋪乾草
日照	：全日照～明亮的陰涼處
株間	：30cm
發芽溫度	：25～30℃
連作障害	：有（3～4年）
PH值	：5.5～6.0
盆箱栽培	：○（深度20cm以上）

●栽培時間表

月份	1	2	3	4	5	6	7	8	9	10	11	12
定植				■	■							
追肥					■	■	■			收穫薑根		
收穫					收穫薑葉		■	■		■	■	

1 定植

❶選擇外表沒有受傷害的薑當作薑種，形體較大的可以分成每塊約50g，每塊都需要有芽眼，切口乾燥後再進行定植。
❷芽眼向上，芽延伸的方向和田畦的方向（長側）呈垂直種下。
❸種進土裡約5cm深後覆土即可。

2 追肥

❶新芽開始延伸後，即以3週1次的比例進行追肥，每株周圍輕輕地灑下1小把的化學肥料。
❷追肥後，以移植用小鏟子略微混合鬆土。

夏天採收薑葉、秋天採收薑根

整地準備 定植前2週，1㎡左右的土壤灑上50～100g的苦土石灰並充分翻土混合，整理好適合定植的田畦。定植前1週，挖出寬15cm、深約20cm的植溝，再以1㎡左右的土壤摻入堆肥3kg和100g左右的化學肥料充分混合後，填回溝裡約10cm左右。

定植 芽生長的方向就是植株生長的方向，所以定植時，請讓芽延伸的方向和田畦的方向（長側）呈垂直種下，株間距離約30cm。

追肥 當新芽開始延伸後，即以3週1次的比例進行追肥，整個生長期間約需進行2～3次的追肥。追肥時，距離植株約15cm處，每株輕輕地灑下1小把的化學肥料，追肥後，略微混合鬆土後培土即可。

給水 薑不耐乾旱，所以必須特別給予充足的水分，避免乾燥。

鋪地 因為薑對於乾燥抗力較低，而梅雨季結束後，會有一段非常乾燥的時期，此時如果田畦鋪上乾草，可以防止乾燥，生長會更順利。

收穫 夏天植株底下莖部的粗細約1cm左右時，就可以採收薑葉。秋天當葉子開始變黃時，要趁下霜之前採收薑根，採收後若沒有立刻使用的話，可以用報紙包起來放置於陰涼處貯藏。

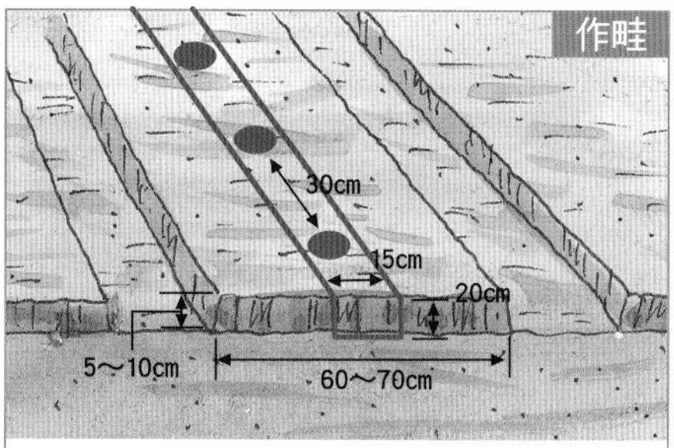

整土：苦土石灰50～100g/㎡
施肥：堆肥3kg/㎡、化學肥料100g/㎡

種菜 Q&A

Q 可以每年都在同樣的地方栽種薑嗎？

A 薑是屬於很容易產生連作障害的作物，如果持續在相同的地方栽種，不但栽培困難，植株發育狀況也不良。所以種植1次薑後，必須花3～4年的時間種植其他作物，進行輪作後，才可以再次種植薑。

3 培土

❶追肥後，略微鬆土後將土覆蓋回根部。
❷培土時動作要輕，請勿傷及根部。

4 收穫

7～8月時，就可以採收薑葉。10月左右，當葉子開始變黃時，就可以採收薑根。
❶採收時，雙手緊緊握住植株根部。
❷將植株筆直地整株拔起，小心勿折斷，如果植株太大或太粗不易拔起時，可以先挖掘周圍，當土鬆了後再採收。

容易栽種，結實豐碩，色彩優美

辣椒

〔英〕*chili pepper*、*red pepper*

茄科
原產於中南美洲

辣椒、青椒是屬於同一類，所以栽培的方式也相同，但是辣椒比較強健，病蟲害也比較少，是很適合初學者嘗試的蔬菜。

難易度	
必要材料	塑膠布、支柱
日照	全日照
株間	50cm
發芽溫度	25～30℃
連作障害	有（3～4年）
PH值	6.0～6.5
盆箱栽培	○（深度20cm以上）

●栽培時間表

月份	1	2	3	4	5	6	7	8	9	10	11	12
定植					■							
追肥						■	■	■	■			
收穫								■	■	■		

1 定植

❶在塑膠布上每隔50cm的圓孔裡挖出植穴，根缽的土盡量保持完整地取出後，根缽邊緣略高於地面，種進植穴裡。
❷將暫時性支柱牢牢地插入土裡固定即可。
❸定植後，給予植株充足的水分。

2 追肥

定植1個月後，大約2週1次的比例，進行追肥。
❶在每一植株枝葉正下方寬廣處，以畫圓圈的方式施放一小把化學肥料。
❷追肥後，將土壤表面輕輕鬆土混合後將土壤覆蓋回去。

氣溫上升後較適合定植

整地準備 定植前2週，1㎡左右的土壤灑入200g的苦土石灰，充分翻土混合。播種前1週，1㎡左右的土壤摻入堆肥3kg、雞糞500g、化學肥料100g混合為基肥埋入土裡，整理好定植的田畦並鋪好塑膠布。

定植 辣椒育苗時的溫度控制較困難，所以請選購市面上販售的幼苗來種植，如果定植時氣溫太低的話會影響植株日後的生長，請選擇溫度較高的時候進行定植。

追肥 為了避免肥料不足，所以定植1個月後，以大約2週1次的比例，進行追肥。追肥時，植株下方寬廣處施放一小把的化學肥料，之後略微鬆土混合後培土即可。如果氮肥過多的話，會使葉子生長過於茂盛卻不開花，因此如果植株生長狀況順利的話，就必須控制追肥的次數或減少肥料份量。

立支柱 剛開出第1朵花後就必須架立支柱，以繩子將莖和支柱綁住，隨著植株的生長莖也會隨著變粗，所以繩子不要綁太緊，以免影響生長。

摘側芽 第一朵花的主莖分枝處以下的側芽，全部摘除。

收穫 果實完全成熟時會轉成紅色，收成時將紅熟的辣椒一個個摘下，也可以等到秋天時將整株拔起採收。

作畦

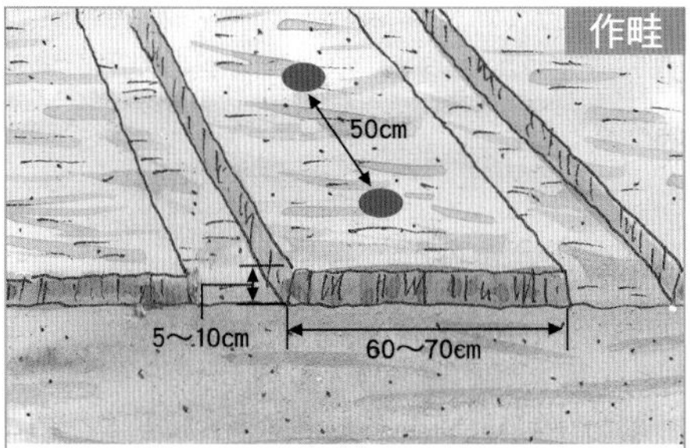

整土：苦土石灰200g/㎡
施肥：堆肥3kg/㎡、雞糞500g/㎡、化學肥料100g/㎡

種菜Q&A

Q 辣椒可以栽種在盆缽裡嗎？

A 如果是栽種在盆缽裡的話，選擇7～8號的盆缽使用，每1盆缽定植1株，定植後先放置在陰涼處2～3天，之後要放在日照充足的地方，同時要避免肥料不足。

3 摘側芽

❶第一朵花開出的地方，主莖會長出分枝。
❷主莖分枝處以下的側芽全部摘除，如果不摘除，會造成養分分散導致結實狀況不佳，同時造成植株通風不良，增加病蟲害發生的機率。

第1朵花和側芽

第1朵花以下的側芽全部以手或剪刀摘除。

4 收穫

❶果實成熟時會轉成紅色，就可以採收。
❷收成時，手輕輕抓住辣椒果實頂端，以剪刀於果柄處剪斷即可。若一直等到秋天才收成的話，可以將整株拔起採收。
❸未成熟轉紅的青色果實，也可以當作青辣椒使用。

營養豐富、一年可以收成好多次

韭菜

〔英〕*Chinese chive*

百合科
原產於東亞

從播種到收穫需約1整年的時間，但是只要種1次，可以連續收穫4～5年，而且蟲子不易靠近，不易發生蟲害。

難易度	：
必要材料	：無特別需求
日照	：全日照
株間	：6～8cm
發芽溫度	：15～25℃
連作障害	：少
PH值	：6.0～7.0
盆箱栽培	：○（深度20cm以上）

●栽培時間表

月份	1	2	3	4	5	6	7	8	9	10	11	12
播種					■	■			■	■		
定植			秋播	■		■		春播				
追肥		翌年開始		■	■	■	■	■	■		翌年開始	
收穫	春、秋播種（翌年）				■	■	■	■	■	■		

1 播種

❶圖為韭菜的種子。
❷❸以支柱等在苗床裡壓出淺淺的種溝，儘可能平均地直接播種，覆土後給予適當的水分。

2 定植前準備

❶當幼苗高度長到約20cm時，就可以進行定植。
❷❸挖掘幼苗時要小心不要傷及植株的根部，以移植小鏟子垂直插入距離植株略遠處，將幼苗掘起即可。

第1年栽種、第2年開始收成

整地準備 韮菜討厭酸性土質，所以播種前2週，1㎡左右的土壤摻入150g的苦土石灰，確實混合以中和土質。定植前1週，1㎡左右的土壤摻入堆肥3kg、化學肥料100g確實混合，準備好育苗的田畦。

播種 在田畦表面每隔15cm挖出種溝，直接播種在田圃裡。

疏苗 播種之後約2週後，就會發芽。發芽後進行疏苗，使株間距離約1cm左右。

整地準備 和苗床相同，事先在田裡灑上苦土石灰施放基肥。

定植 當幼苗高度長到約20cm，每一處定植3株幼苗。

追肥 定植後3週以及接下來的2週之後，在田畦邊緣進行追肥。以1㎡左右的土壤摻入50g～60g化學肥料的比例施放於田畦邊，並進行培土。第2年開始，只要4月和9月進行2次追肥即可。

收穫 定植後的第1年，還無法收成，第2年以後，只要植株高度長到20cm，就可以於離地表2～3cm處切割採收。

摘花 韮菜一開花植株就容易衰弱，所以要及早採收。趁著韮菜花苞外層薄膜還在時，在離地表約5cm處切割採收。

更新植株 定植約3～4年後，植株會衰弱，產量隨之減少，可以在9月時將韮菜掘起，分株後再重新種植。

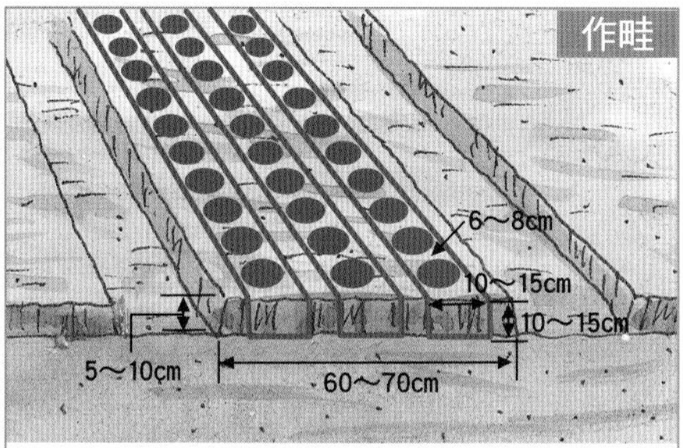

整土：苦土石灰150g/㎡
施肥：堆肥3kg/㎡、化學肥料100g/㎡

種菜 Q＆A

Q 定植後幼苗生長狀況不良？

A 韮菜不適合潮濕的環境，排水不良的土質會導致生長衰弱，甚至腐敗，如果是種植於排水不良的田畦，可以多施堆肥，將田畦堆高就會感覺比較乾燥。

3 定植

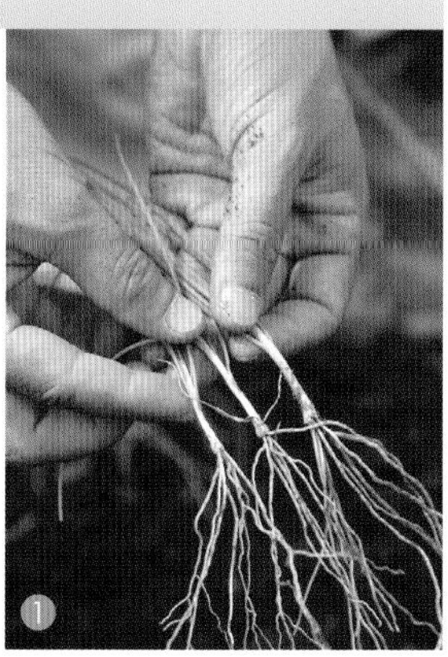

❶將掘起的幼苗的根部土抖落後，1株株進行分株。
❷挖出深度10～15cm的植穴，1處植穴種下3株幼苗，根部置於土壤上種下即可。
❸覆蓋厚土讓根種深些。

4 收穫

定植後的第1年，不收成讓植株生長壯大。
❶第2年以後，初春時開始生長的嫩葉高度長到20～30cm時，就可以採收了。
❷❸於離地表2～3cm處切割採收。採收過的地方會再生長出新芽，長到可以收穫的高度時，又可以再次採收。

使用方便的和風香味蔬菜

三葉芹（山芹菜）

〔英〕*Japanese hornwort*

繖形科
原產於日本

現在超級市場上販賣的三葉芹，大多是水耕栽培出來的作物，家庭菜圃栽種的是屬於菜葉青翠而茂盛的青色芹菜。

難易度	：
必要材料	：無特別需求
日照	：陰涼明亮處
株間	：15～20cm（條間距離15～20cm）
發芽溫度	：10～20℃
連作障害	：有（3～4年）
PH值	：5.5～7.0
盆箱栽培	：○（深度15cm以上）

●栽培時間表

月份	1	2	3	4	5	6	7	8	9	10	11	12
播種			■	■	■				■	■		
疏苗			■	■	■	■			■	■	■	
追肥				■	■	■				■	■	
收穫				■	■	■	■			■	■	■

1 播種

1

❶先在田裡以支柱或板子壓出一條深約5mm的種溝，直接播種即可。

❷圖為三葉芹的種子。因為發芽率不是很高，所以播種時，種子可以多播一些，重疊也沒關係。

2

2 追肥

3

1

2

基肥足夠的話並不需要特別追肥，但是如果2～3週施放1次化學肥料的話，植株會生長得更好。

❶在條間施予一小把的化學肥料。

❷以小鏟子略微鬆土，將肥料與土壤混合。

❸最後根部覆蓋土壤培土即可。

栽培時基本上不需疏苗

整地準備 播種前2週，1㎡左右的土壤摻入100g的苦土石灰混合翻土。播種前1週，1㎡左右的土壤摻入堆肥3kg、化學肥料100g，並整理好種植的田畦。

播種 先在田裡以支柱壓出一條淺淺的種溝後播種，因為發芽率不是很高，所以播種時，種子可以重疊無妨，播種後，以篩土的方式，若隱若現地覆蓋一層極薄的土，再以手將土壤表面壓平，讓種子和土壤密合，管理重點為要避免乾燥。

追肥 發芽後，除非葉子非常茂密，否則不需要進行疏苗。雖然也沒必要特別追肥，但是如果2～3週施放1次化學肥料或是液態肥料的話，植株會生長得更好，土壤過於乾燥時，要給予充足的水分。

摘花 為了不讓植株虛弱，要將花芽及早摘除。

收穫 當植株高度長到約15cm以上，就可以採收。

軟化栽培 超級市場裡販賣的細長白嫩的三葉芹，是露天栽培的一種，這種三葉芹，栽培的第1年不採收讓其跨越過冬天，等到地面上莖葉開始枯萎後，覆蓋約15cm的土壤，隔年葉子長出時，採收的就是這種細長白嫩的三葉芹了。

作畦

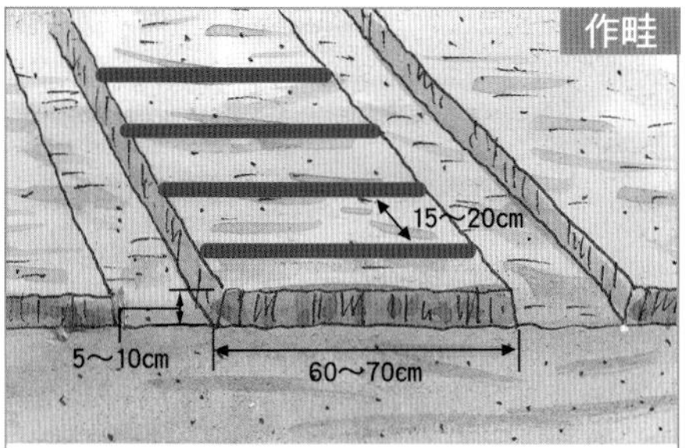

整土：苦土石灰100g/㎡
施肥：堆肥3kg/㎡、化學肥料100g/㎡

種菜Q＆A

Q 發芽時間不齊，怎麼辦？

A 發芽時間不齊的話，植株生長也會疏疏落落，像三葉芹這種密生栽培的作物，生長遲緩也會導致無法收成。所以播種前先將種子浸泡於水中約1～2小時，種子較易發芽，發芽時間也會一致。還有，三葉芹種子屬於好光性種子，只能覆蓋薄土。

3 摘花

❶開花結實後，植株就會開始虛弱。
❷花芽長出要及早摘除。

4 收穫

❶當植株高度長到約15cm以上，就可以採收。
❷❸從外側開始摘取所需要的葉子即可，入冬前，於離地表2cm處整株割下，隔年會長出新芽繼續生長，又可以再次採收。

可以連續收穫數年

茗荷

〔英〕*mioga*

薑科
原產於日本

茗荷喜好略微潮濕、半日照的場所，因為地下莖會延長增生，所以只要種1次，可以收穫好多年。

難易度	：（2級）
必要材料	：鋪乾草
日照	：半日照
株間	：20～30cm
發芽溫度	：20～30℃
連作障害	：少
PH值	：皆可（酸性土壤亦可）
盆箱栽培	：○（深度20cm以上）

●栽培時間表

月份	1	2	3	4	5	6	7	8	9	10	11	12
定植			■	■								
追肥						■					■	
收穫						翌年	■	■	■	■		

1 定植

❶茗荷的地下莖春天市面上會有販售。也可以用特別栽培的茗荷地下莖，切開後種植。
❷田畦裡先挖出植溝，約20～30cm的距離，將芽眼朝上種進植溝裡。
❸地下莖上覆蓋約10cm的土即可。

2 追肥

❶5～7月生長期間，大約3～4週進行1次追肥，在距離植株略遠處施放1小撮的化學肥料。
❷以移植用小鏟子略微鬆土混合後，將土覆蓋回根部。

茗荷主要是食用花苞部份

整地準備 因為茗荷喜好略微潮濕、半日照的場所，所以栽種於樹蔭下或建築物的陰影下最為適當。定植前2週，1㎡左右的土壤灑上100g的苦土石灰混合，調整土壤的酸度。定植前1週，1㎡左右的土壤摻入堆肥1kg並確實混合。

定植 春天時，購買園藝行販售的茗荷地下莖直接種植即可，地下莖塊如果過大的話，可以分成各帶2～3個芽眼的小塊狀。

追肥 5～7月生長期間，約3～4週進行1次追肥，施予化學肥料。

鋪乾草 因為性惡乾燥，所以如果土壤太過乾燥，就必須鋪上乾草，讓生長更順利。

收穫 定植後第2年才可以收成。春天時，延伸生長的新芽根部會長出花蕾（花芽），就可以採收花芽了，開花後才採收的話，口感會降低，所以別錯過了採收的最佳時機。

更新植株 定植之後約4～5年，地下莖會交錯盤結，收成量減少，因此3～4年要進行1次植株更新，秋末茗荷地表上的莖葉部份開始枯萎時，於適當距離挖出一個洞，將地下莖切斷掘出，只要填回土壤即可，殘留於地下的部分會再長出新的地下莖，每隔幾年更換不同的地方重複同樣更新植株的動作。

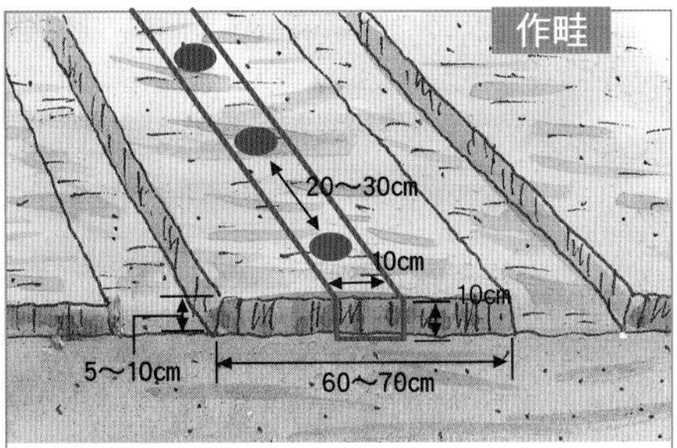

整土：苦土石灰100g/㎡
施肥：堆肥1kg/㎡

種菜 Q&A

Q 茗荷筍要怎麼栽培？

A 當茗荷3月中旬～下旬開始發芽的時候，根部上面覆蓋高約60cm的厚紙箱，阻絕陽光照射，當新芽長度約15cm及20cm時，將紙箱底打開1天恢復採光及通風，當新芽長到約40cm時，就可以採收了。

3 鋪乾草

❶因為性惡乾燥，所以如果土壤太過乾燥，就必須鋪上乾草，讓生長更順利。
❷在植株根部覆蓋乾草，但稻草必須呈井字形交錯鋪放，才不易被風吹走。

4 收穫・更新植株

定植後第2年才可以收成。
❶春天時，延伸生長的新芽根部會長出花蕾（花芽），此時就可以採收花芽了。
❷開花前，將飽滿結實的花蕾順著地面折下即可，也可以用剪刀剪下。

植株更新方法

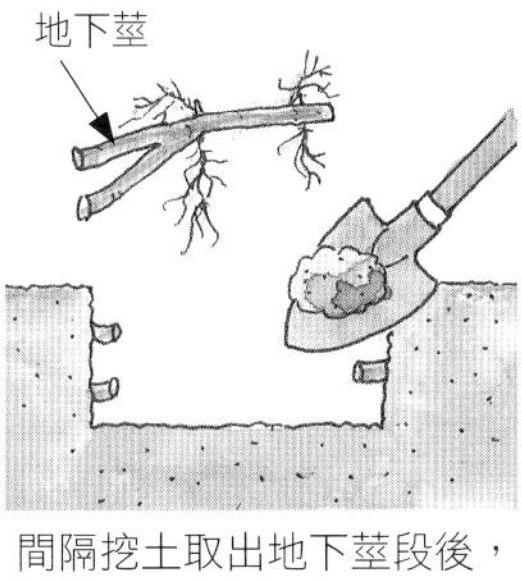

間隔挖土取出地下莖段後，只要將土填回即可。

種植1株就可以持續採收多年

扁葉歐芹

〔英〕(*Italian*) *Parsley*

繖形科
原產於地中海地區

扁葉歐芹的葉子因為很柔軟，所以不會捲縮起來。和一般的歐芹一樣，大都用於為生菜沙拉料理增添繽紛的顏色。

難易度	：
必要材料	：塑膠布
日照	：全日照～陰涼明亮處
株間	：15cm
發芽溫度	：15～25℃
連作障害	：有（1～2年）
PH值	：6.0～7.0
盆箱栽培	：○（深度15cm以上）

●栽培時間表

月份	1	2	3	4	5	6	7	8	9	10	11	12
播種			■	■	■							
疏苗			■	■	■							
定植					■							
收穫						■	■	■	■	■	■	

定植時要小心不要傷及根部

整地準備 播種及定植前2週，1㎡左右的土壤摻入100g的苦土石灰並充分翻土混合，前1週，1㎡左右的土壤摻入堆肥3kg、化學肥料100g，並整理好種植的田畦，最好覆蓋上黑色塑膠布避免雜草萌生。

播種 可以直接播種在田裡，也可以灑種在育苗盆裡育苗。

疏苗 播種後約10天就會發芽，子葉展開後，將茂密重疊的部份疏苗，當本葉長出3～4時，只留下1株健苗即可。

定植 定植時如果傷及根部會使植株變得虛弱，因此將幼苗從育苗盆取出時，盡量不破壞根缽，小心地種下。

收穫 當本葉長出12～13片時，就可以從外側葉子開始進行採收。

1 疏苗

2 定植

❶子葉展開後開始進行疏苗，當本葉長出3～4片時，只留下1株健苗即可。
❷定植時盡量不破壞根缽土壤，小心地種下，要注意不要將生長點埋入土壤裡。

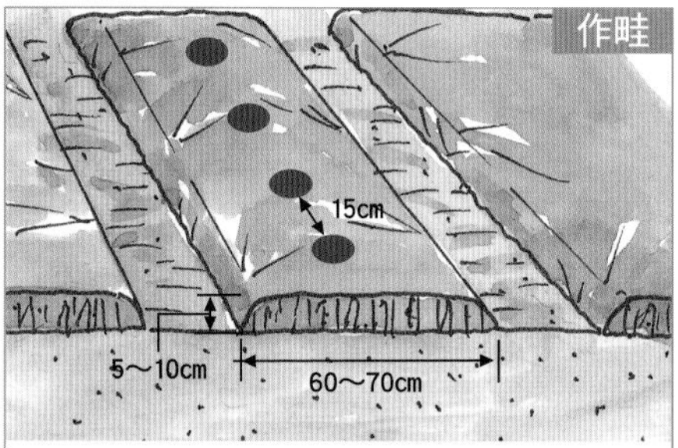

整土：苦土石灰100g/㎡
施肥：堆肥3kg/㎡、化學肥料100g/㎡

料理旁的辛香料最佳配角

水芥菜

〔英〕*watercress*

十字花科
原產於歐洲

水芥菜分為以水栽培以及田裡栽培這兩種，一般所說的水芥菜，指的是以水栽培的品種。

難易度	：🥄🥄
必要材料	：無特別需求
日照	：全日照
株間	：10～15cm
發芽溫度	：20～25℃
連作障害	：有（1～2年）
PH值	：皆可（酸性土壤亦可）
盆箱栽培	：○（深度15cm以上）

●栽培時間表

月份	1	2	3	4	5	6	7	8	9	10	11	12
播種				■								
疏苗					■							
定植					■							
收穫							■	■	■	■		

栽培時要避免乾燥

播種 將種子撒在育苗盆裡，覆蓋極薄的土壤後，給予充足的水分，水田芥一直到收穫為止，都不可以缺少水分。

疏苗 子葉展開後，將茂密重疊的部份進行疏苗，當本葉長出5～6片時，只留下2～3株健苗即可。

整地準備 選擇不易乾燥的場所種植，定植前2週，1㎡左右的土壤摻入150g的苦土石灰，定植前1週，1㎡左右的土壤摻入堆肥4kg、化學肥料150g。

定植 分株時盡量不要掉落缽土，以間隔10～15㎝的距離淺淺地種下即可。

追肥 4～6月和9～10月，大約每2週進行1次追肥，不需要培土。

收穫 植株漸漸成長時，就可以用剪刀剪下採收了。

1 疏苗

2 收穫

❶發芽後，將過於茂密重疊、發育不良、葉形不佳的幼苗，以小鑷子拔除疏苗。
❷以剪刀剪下所需使用的量即可，根部的節要留著，從前端開始採收的話，其餘的節會發出側芽繼續生長。

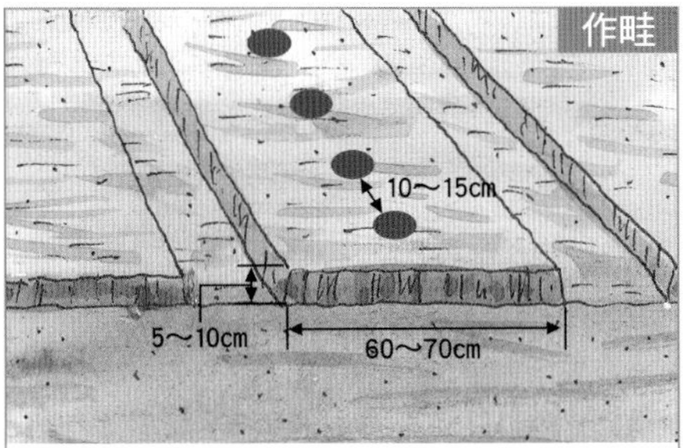

整土：苦土石灰150g/㎡
施肥：堆肥4kg/㎡、化學肥料150g/㎡

香味獨特、歷史悠遠的香草植物

芫荽（香菜）

〔英〕*cariander*

繖形科
原產於地中海地區

芫荽的果實以作為咖哩的辛香料成分而有名，而芫荽的莖葉就是我們常見的「香菜」，在泰國料理則稱之為「帕谷吉」，都是經常使用的辛香料蔬菜。

難易度	：
必要材料	：塑膠布
日照	：全日照
株間	：15cm
發芽溫度	：17～20℃
連作障害	：少有
PH值	：5.5～7.0
盆箱栽培	：○（深度15cm以上）

●栽培時間表

月份	1	2	3	4	5	6	7	8	9	10	11	12
播種												
定植												
追肥					春播							
收穫		秋播										

收穫時間長，建議於秋天播種

整地準備 直接播種於田圃的話，播種前2週，1㎡左右的土壤摻入200g的苦土石灰中和土壤，並深耕翻土，播種前1週，1㎡左右的土壤摻入堆肥3kg、化學肥料100g混合。如果是購買市售幼苗，或是育苗後移植的話，定植前必需整理好種植的田畦，為了避免雜草萌生，最好覆蓋上黑色塑膠布。

播種 芫荽生性不喜移植，最好直接播種在田裡，或者可以灑種在育苗盆裡育苗後，連同缽土整個移植。

定植 育苗盆育苗時，當本葉長出4～5片，就可以移植到田裡。

收穫 隨著一次次分枝，植株也漸漸長大時，先摘取前端頂芽，留下下層的芽，這樣可以增加收穫量。

1 定植

2 追肥

❶將幼苗從育苗盆取出時，在不要傷及根部，且盡量不破壞根缽的情況下，小心的種下。

❷定植後視植株的生長狀況，約進行1～2次追肥，每一植株周圍施予1小把的化學肥料。

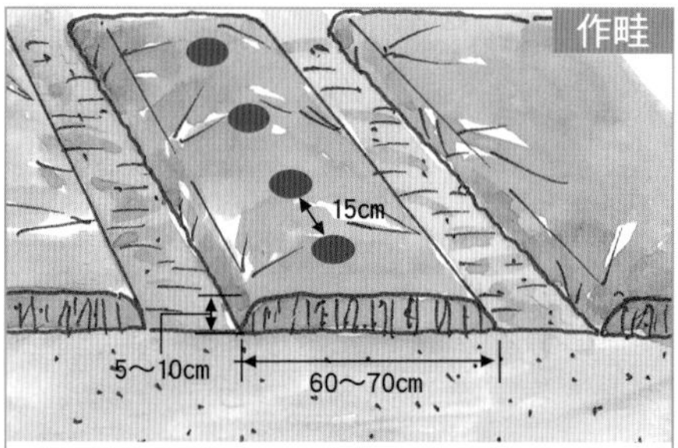

整土：苦土石灰200g/㎡
施肥：堆肥3kg/㎡、化學肥料100g/㎡

香味濃烈、充滿精力的代表性蔬菜

蒜頭

〔英〕*garlic*

百合科
原產於中亞地區

性喜冷涼的氣候，對於暑熱或酷寒，抵抗力都不強，有適合暖地種植的品種，也有適合寒地種植的品種，可以視栽培地的狀況來選擇品種。

難易度	：
必要材料	：無特別需求
日照	：全日照
株間	：10～15cm
發芽溫度	：15～20℃
連作障害	：少有
PH值	：6.0～6.5
盆箱栽培	：○（深度20cm以上）

●栽培時間表

月份	1	2	3	4	5	6	7	8	9	10	11	12
定植									■			
追肥	■										■	
摘芽				■	■							
收穫					■	■						

一芽可以培育出一大把蒜頭

整地準備 蒜頭生性討厭酸性土壤，所以定植前2週，需以1㎡左右的土壤摻入100g的苦土石灰此比例進行整地，並確實混合翻土，定植前1週，1㎡左右的土壤摻入堆肥3kg、化學肥料100g混合，並整理好寬約30～40cm的田畦。

定植 小心仔細地將種球分瓣（分球），間隔10～15cm的距離，將發芽朝上，種進植穴裡進行定植。

追肥 秋末入冬前和初春時，進行2次追肥，以1㎡左右的土壤施放50g化學肥料後，和土壤充分混合。

摘芽 植株高度長到約15cm時，1瓣分球會長出2支以上的芽，只要留下1株健苗，其他的芽摘除，發出的側芽也要摘除。

收穫 5～6月，葉梢約3分之2已經枯黃時，就表示可以收成了。

1 定植

2 收穫

❶小心仔細地將種球分瓣（分球），發芽朝上，種進深約5～6cm的植穴裡進行定植。

❷葉梢約2/3已經枯黃時，就可以收成了。在天氣好的日子裡將根切斷掘起後，放置於通風良好處約3～5天使其乾燥。

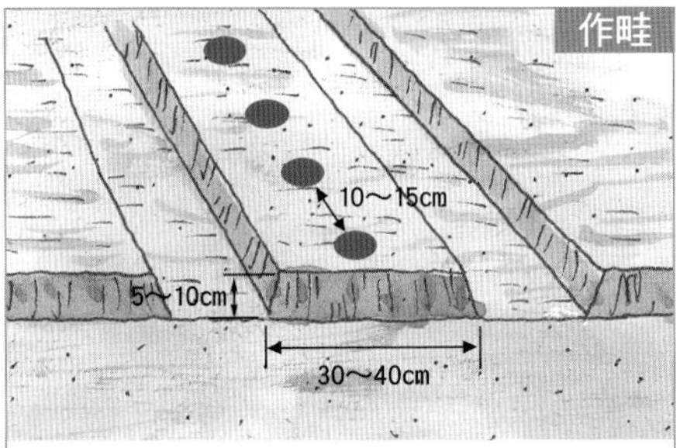

整土：苦土石灰100g/㎡
施肥：堆肥3kg/㎡、化學肥料100g/㎡

義大利料理中不可缺少的香料植物

羅勒

〔英〕*basil*

紫蘇科
原產於熱帶亞洲～非洲、太平洋諸島

羅勒具有清爽的香味，常被使用於義大利料理。摘芯可以讓側芽延伸生長，摘芯也就是採收。

難易度	：
必要材料	：塑膠布
日照	：全日照
株間	：20cm～30cm
發芽溫度	：25～30℃
連作障害	：有（1～2年）
PH值	：5.5～6.5
盆箱栽培	：○（深度15cm以上）

●栽培時間表

月份	1	2	3	4	5	6	7	8	9	10	11	12
播種				■	■	■						
定植					■	■						
追肥					■	■	■	■	■			
收穫						■	■	■	■	■		

要注意肥料不足的現象

播種 育苗盆裡先放進培養土，儘可能不要重疊地平均播下種子，再覆蓋上極薄的土壤，輕壓後給予充足的水分。

疏苗 看得見本葉時就可以進行疏苗了，每只育苗盆只要留下4～6株健苗即可。

整地準備 定植前2週，1㎡左右的土壤摻入100g的苦土石灰並充分翻土混合，定植前1週，1㎡左右的土壤摻入堆肥3kg和100g左右的化學肥料，如果要有效防止雜草，可以鋪上黑色塑膠布。

定植 當本葉長出6～8片時，就可以進行分株，略深地種入株間距離約20～30㎝的植穴裡。

追肥 1個月進行1次追肥，施予半把的化學肥料即可。

收穫 當植株高度長至15㎝左右時，可以摘下前端頂芽約2～3節，摘芯順便進行採收。

1 定植

2 收穫

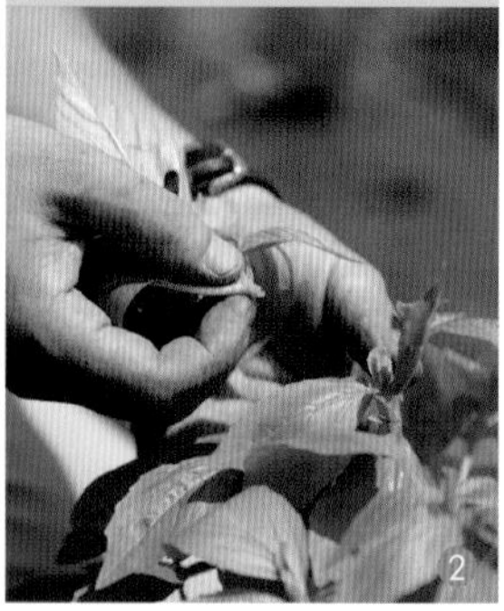

❶在不傷及幼苗根部的情況下將幼苗分株，進行定植。
❷從植株前端頂芽開始摘芯採收的話，側芽會繼續延伸生長，可以長期持續採收。

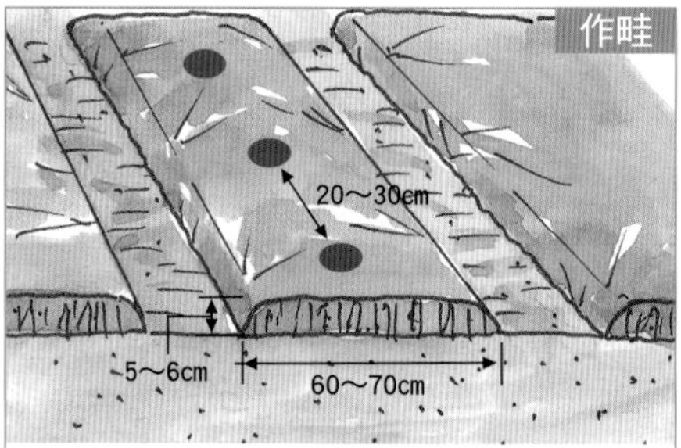

整土：苦土石灰100g/㎡
施肥：堆肥3kg/㎡、化學肥料100g/㎡

為美味料理增添繽紛色彩的大功臣

捲葉歐芹（巴西利）

〔英〕*Parsley*

繖形科
原產於地中海地區

如果只是搭配料理來使用的話，只要1、2株就已經非常足夠了。種植1次，大約可以收穫1整年。

難易度	：
必要材料	：無特別需求
日照	：全日照～陰涼明亮處
株間	：15cm
發芽溫度	：15～25℃
連作障害	：有（1～2年）
PH值	：6.0～7.0
盆箱栽培	：○（深度15cm以上）

●栽培時間表

月份	1	2	3	4	5	6	7	8	9	10	11	12
播種			■	■	■							
疏苗			■	■	■							
定植					■							
收穫					■	■	■	■				

育苗需要花費較多時間

播種 育苗盆裡先放入培養土，以散播的方式多灑些種子，一直到發芽為止，管理上要避免過於乾燥。

疏苗 發芽後一直到本葉長出來為止，需要花費較多時間照顧，可以1週施放1次液肥，或是1個月施放1次化學肥料，等到本葉發出3～4片時，只留下1株健苗栽培即可。

整地準備 定植前2週，1㎡左右的土壤摻入100g的苦土石灰充分翻土混合，定植前1週，1㎡左右的土壤摻入堆肥3kg、化學肥料100g，並整理好種植的田畦。

定植 將幼苗從育苗盆取出時，盡量不破壞根缽土壤，小心地種下即可。

收穫 當本葉長出12～13片時，就可以採收了。為了不讓側芽延伸，從外葉開始進行採收。

1 播種

2 收穫

❶育苗盆裡先放入培養土，以散播的方式多灑些種子，播種後覆蓋極薄的土壤並給予充足的水分。

❷當本葉長出12～13片時，就可以從外側葉子開始採收了。若每次採收時都留下8片以上的葉子，就可以長期持續採收。

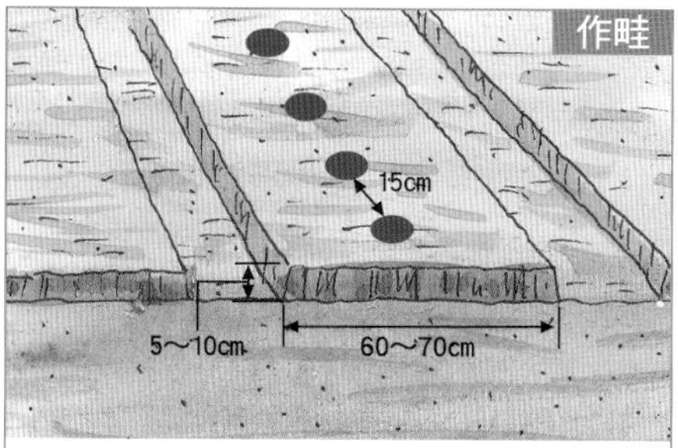

整土：苦土石灰100g/㎡
施肥：堆肥3kg/㎡、化學肥料100g/㎡

淡淡擴展渲染的清香味道

清香薄荷

〔英〕*peppermint*

紫蘇科
原產於地中海地區

含有豐富薄荷醇而帶有清涼感的清香薄荷，類似的還有香味甜甜的荷蘭薄荷、日本薄荷等種類。

難易度	：
必要材料	：塑膠布
日照	：全日照
株間	：30cm
發芽溫度	：15～25℃
連作障害	：少有
PH值	：5.5～7.0
盆箱栽培	：○（深度15cm以上）

●栽培時間表

月份	1	2	3	4	5	6	7	8	9	10	11	12
播種			■	■								
定植			■	■	■							
追肥				■	■	■						
收穫					■	■	■	■	■	■		

從莖前端的頂芽開始採收

播種 育苗盆裡先放進培養土，以散播的方式播下種子，再覆蓋上極薄的土壤，輕壓表面整平後給予充足的水分。

疏苗 育苗過程中，順便將葉子茂密重疊的部份進行疏苗，當本葉長出3～4片後，只要留下1株健苗即可。

整地準備 定植前2週，1㎡左右的土壤摻入約100g的苦土石灰，定植前1週，1㎡左右的土壤摻入堆肥1～2kg充分翻土混合。如果要有效防止雜草，可以鋪上黑色塑膠布。

定植 當本葉長出5～6片時，就可以從育苗盆裡取出，在不破壞根缽的情況下，種入株間距離約30cm的植穴裡。

收穫 當植株長大，本葉數量增多時，就可以摘下前端頂芽（摘芯）順便採收。

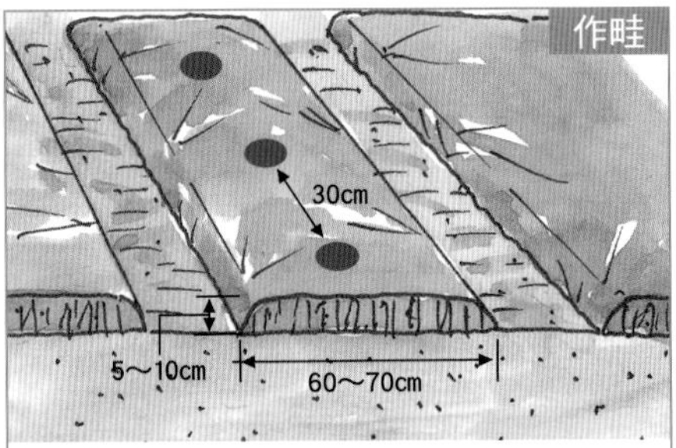

整土：苦土石灰100g/㎡
施肥：堆肥1～2kg/㎡

1 定植

2 收穫

❶當本葉長出5～6片時，就可以從育苗盆裡取出，在不破壞根缽的情況下，種入株間距離約30cm的植穴裡。
❷從植株前端頂芽開始摘芯採收的話，側芽會繼續延伸生長，莖葉會增生，植株會更茂密，收穫量也會增加。

散發淡雅的檸檬香味

檸檬香蜂草

〔英〕*lemon balm*

紫蘇科
原產於地中海地區

就像名字一樣，香蜂草是帶有檸檬淡淡清香味的香草，經常被作為香草茶，葉子做成沙拉、水果果凍等料理。

●栽培時間表

月份	1	2	3	4	5	6	7	8	9	10	11	12
播種			■	■	■							
疏苗			■	■	■							
定植				■	■	■						
收穫					■	■	■	■	■	■		

難易度：

必要材料：塑膠布
日照：全日照
株間：30cm
發芽溫度：15～25℃
連作障害：少有
PH值：5.5～7.0
盆箱栽培：○（深度15cm以上）

採摘側芽讓植株更茂密

播種 育苗盆裡先放進培養土，儘可能平均地播下種子，再以篩土的方式覆蓋一層極薄的土壤，完成後給予充足的水分。

疏苗 育苗過程中，將葉子茂密重疊的部份進行疏苗，當本葉長出4～5片後，只要留下1株健苗即可。

整地準備 定植前2週，土壤先摻入約100g的苦土石灰，定植前1週，1㎡左右的土壤摻入堆肥1～2kg充分混合翻土。如果要有效防止雜草，可以鋪上黑色塑膠布。

定植 當育苗盆底露出白色根盤時，就可以進行定植。

收穫 當植株高度約8cm時，可以摘下前端頂芽讓側芽延伸生長使植株生長更茂盛，當葉子旁開出小白花時，從根部割下晒乾保存即可。

1 疏苗

2 定植

❶發芽後，以小鑷子將葉子茂密重疊的部分拔除，分成數次進行疏苗，當本葉長出4～5片時，只留下1株健苗即可。
❷根延伸生長，當育苗盆底看見白色的根露出時，在不破壞根缽土的情況下取出，種入株間距離約30cm的植穴裡。

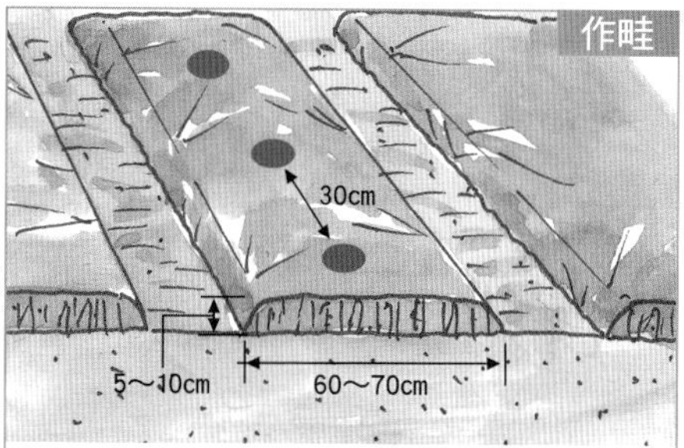

整土：苦土石灰100g/㎡
施肥：堆肥1～2kg/㎡

迷迭香

〔英〕*rosemary*

紫蘇科
原產於地中海地區

難易度	：
必要材料	：無特別需求
日照	：全日照
株間	：15～30cm
發芽溫度	：15～20℃
連作障害	：少有
PH值	：5.5～7.0
盆箱栽培	：○（深度20cm以上）

迷迭香是原產於地中海地區的長綠低木，生長非常緩慢，育苗也相當花費時間，也可以直接購買市面上販售的幼苗來種植。

●栽培時間表

月份	1	2	3	4	5	6	7	8	9	10	11	12
播種				■	■	■			■	■		
定植				■	■	■	■		■	■	■	
收穫					■	■	■	■	■	■	■	■

準備排水良好的高畦

播種 育苗盆裡先放進培養土，以散播的方式播下種子，再覆蓋極薄的土壤，小心地澆水，給予充足的水分，勿使種子流失。

暫時性定植 發芽後，育苗過程中同時進行疏苗，當植株高度約3～4cm時，先暫時移植到較大的盆缽裡。

整地準備 定植前2週，1㎡左右的土壤摻入約150g的苦土石灰並充分翻土混合，定植前1週，1㎡左右的土壤摻入堆肥2kg、化學肥料50g，並準備好種植的高畦。

定植 播種後的隔年春天，當植株高度長到10cm左右時，就可以定植種在田畦裡。

剪枝 梅雨季節前修剪枝葉，讓通風良好。

收穫 修剪重疊茂密的枝葉時，可以順便進行採收。

1 暫時性定植

2 採收

❶當植株高度約3～4cm時，將植株分株，先暫時移植到較大的盆缽裡。播種後的隔年春天，當植株高度長到10cm左右時，就可以定植種在田畦裡。
❷修剪重疊茂密的枝葉時，可以順便用手摘取枝葉進行採收。

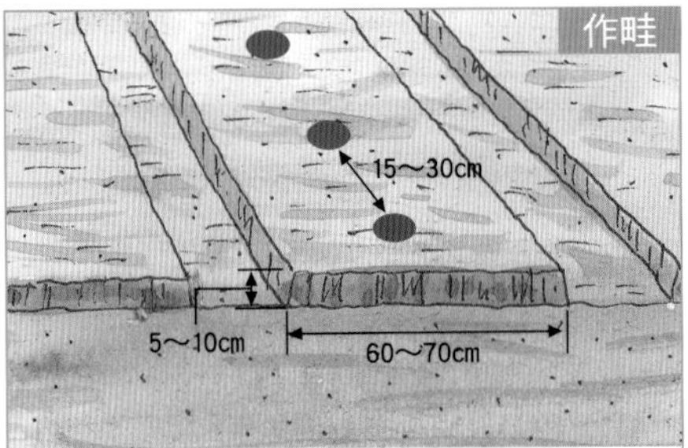

整土：苦土石灰150g/㎡
施肥：堆肥2kg/㎡、化學肥料50g/㎡

也想嘗試栽培的蔬菜

花開後也可以當成觀賞植物

朝鮮薊

〔英〕*artichoke*

菊科
原產於地中海地區~加那利群島

難易度	：
必要材料	：塑膠布
日照	：全日照
株間	：80cm
發芽溫度	：15～20℃
連作障害	：少有
PH值	：6.0～6.5
盆箱栽培	：×

朝鮮薊也被稱為洋薊，最主要是食用花苞的部份，將花苞水煮過後，內側會變得柔軟，即可食用，也有人栽培至開花作為觀賞用植物。

●栽培時間表

月份	1	2	3	4	5	6	7	8	9	10	11	12
播種				■								
定植					■							
追肥			翌年	■			定植年・翌年			■		
收穫					翌年	■	■	■				

1 播種

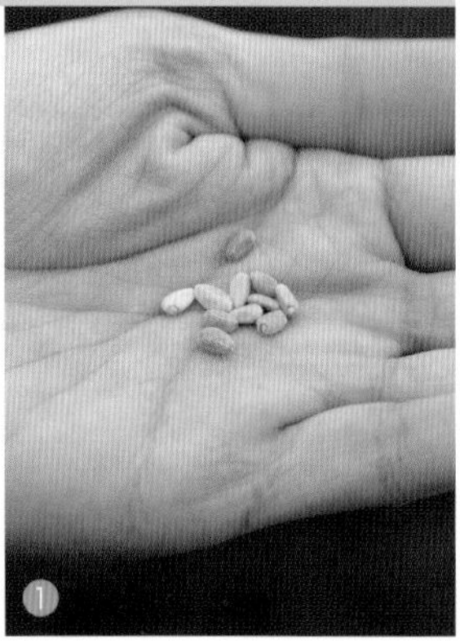

❶圖為朝鮮薊的種子。
❷3號育苗盆裡先倒入培養土，以指尖挖出深約1cm左右的種穴，每穴各播下1粒種子。
❸播種後約覆蓋1cm的土後，給予充足的水分，照顧上要避免乾燥。

2 定植

❶將幼苗從育苗盆裡取出，盡量不破壞缽土的情況下種入植穴裡。
❷定植後給予充足的水分。

準備植穴

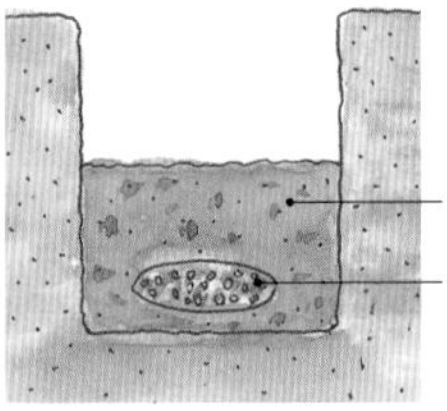

植穴裡事先施放堆肥和化學肥料作為基肥，為了不要讓根部直接碰觸肥料，所以中間要填一層隔離用的土壤。

栽培容易、第2年即可收穫

播種 育苗盆裡先倒入培養土，以指尖挖出深約1cm左右的種穴，每穴各播下1粒種子後，略微覆土即可。

整地準備 定植前2週，1㎡左右的土壤摻入100g的苦土石灰並充分翻土混合，定植前1週，整理好寬約60cm的田畦，田畦裡每隔80cm挖出一個深約30cm、直徑約50cm的植穴，植穴裡放入堆肥2kg、化學肥料50g後，再將土填回約15cm左右。如果要防止雜草萌生的話最好是鋪上黑色塑膠布。

定植 本葉長出4～5片時，就可以定植到田圃裡。

追肥 定植當年的花苞（花芽）尚無法採收。隨著植株漸漸長大，定植當年的秋天和翌年的春、秋天，都必須進行追肥。在植株根部施放1小把的化學肥料，如果鋪了塑膠布的話，就在圓孔裡施肥或以小鏟子戳破塑膠布在株間施肥。

病蟲害 不容易有病蟲害，但發育中的花可能會引來蚜蟲。

收穫 定植後隔年的初夏，花苞直徑約15cm時，趁開花前將花苞下方的莖剪斷即可採收，仔細用心照顧的話，每年都可以享受採收的樂趣。

作畦

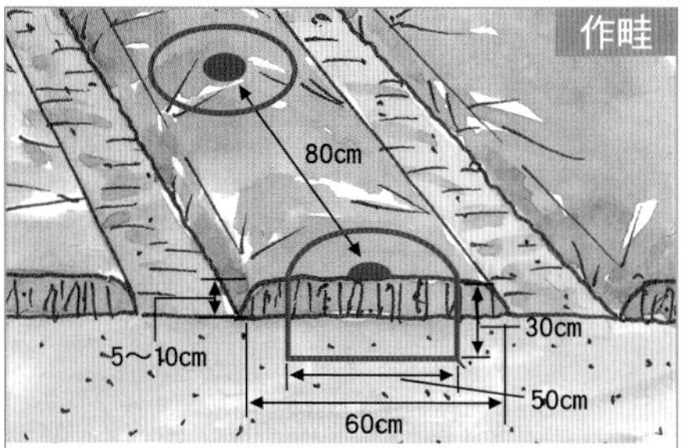

整土：苦土石灰100g/㎡

施肥：堆肥2kg/㎡、化學肥料50g/㎡

種菜Q&A

Q 好不容易結出的花苞卻斷落了？

A 這可能有好幾種原因，但主要原因應該是水分不足，所以要確實地給水，為了避免土壤乾燥，最好鋪上乾草。

3 追肥・驅除害蟲

❶定植當年的秋天和翌年的春、秋天，都必須進行追肥，在植株根部施放1小把的化學肥料。

❷如果葉子背面發現蚜蟲，請在植株底下先鋪上一層紙後，再以毛筆等將蚜蟲刷下撲滅即可。

4 收穫

❶定植後隔年的初夏，花苞直徑約15cm時，就可以採收了。

❷❸趁開花前將花苞下方的莖剪斷即可採收，如果不採收等到開花，也可以享受賞花的樂趣。

自然增生、不費功夫

荏胡麻

〔英〕*perilla*

紫蘇科
原產於東南亞

荏胡麻對病蟲害有強烈的抵抗力，栽培上比較容易。葉子可以生食或醃漬，果實炒過後可以和味噌混合成為荏胡麻味噌醬。

難易度	
必要材料	塑膠布
日照	半日照
株間	50cm～70cm
發芽溫度	23℃
連作障害	少
PH值	5.5～7.0
盆箱栽培	○（深度15cm以上）

●栽培時間表

月份	1	2	3	4	5	6	7	8	9	10	11	12
播種			■	■	■	■						
疏苗				■	■	■						
定植				■	■	■						
收穫							■	■	■	■	■	

1 播種

❶荏胡麻的種子發芽需要高溫，因此太早播種的話，發芽較慢。

❷育苗盆裡放進播種用的培養土約八分滿。

❸儘可能以散播的方式等距離播種。

2 疏苗

❶發芽後，當本葉發出時就可以進行第1次的疏苗。將生長不良的幼苗拔除，葉子與葉子以不會重複的密度即可。

❷進行幾次疏苗後，當本葉長出4～5片時，只留下1株健苗即可。

控制肥料份量，避免葉子過於茂密

播種 最適合播種的時期是3月下旬～6月上旬。

疏苗 本葉發出後，就可以進行第1次的疏苗。進行幾次疏苗後，當本葉長出4～5片時，只留下1株健苗即可。

整地準備 定植前2週，1㎡左右的土壤摻入100g的苦土石灰，定植前1週，1㎡左右的土壤摻入堆肥2kg和100g左右的化學肥料和土壤充分混合，若要防止雜草萌生，最好鋪上黑色塑膠布。

定植 將幼苗儘可能不傷及根部地從育苗盆裡完整取出，種入植穴裡。因為植株長大後枝葉會漸漸茂密，所以株間距離必須為50～70cm才足夠。

追肥 原則上生長順利的話，沒有必要追肥。施肥過多的話，反而會造成枝葉太過茂密，導致通風不良，容易發生病蟲害。

中耕・除草 定植後約2～3週，會開始長出雜草，要趁雜草長大前將草除去。

摘芯 定植後約1個月，當本葉長到第4節時，留下3節（約6片葉子）後，將主莖前端頂芽摘除，之後各自長出的側芽，長到第3節時，留下2節，其餘摘芯。

收穫 6月就可以摘取葉子開始採收。

作畦

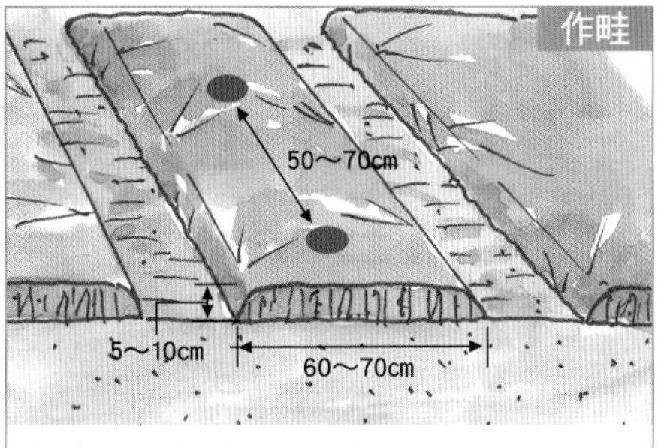

整土：苦土石灰100g/㎡
施肥：堆肥2kg/㎡

種菜Q&A

Q 可以用盆箱栽培嗎？

A 深度15cm以上的盆箱裡，先放入混合了腐葉的使用土，儘可能平均地播入20～30粒種子，發芽後進行疏苗，最後1個盆裡只留下3～4株健苗即可，不需要特別進行追肥。

3 定植

❶將幼苗儘可能不傷及根部地從育苗盆裡完整取出，種入直徑約8cm左右的植穴裡。
❷將掘出的土蓋回，輕壓根部和土密合，定植時，根缽的邊緣和地面呈相同的高度，定植後請以蓮蓬頭澆水器，給予充足的水分。

摘芯

當本葉長到第4節時，留下3節（約6片葉子）後，將主莖前端頂芽摘除，之後各自再長出的側芽，長到第3節時，留下2節其餘摘芯。

4 收穫

6月就可以摘取葉子開始採收。
❶以指尖摘取葉片收成即可。
❷如果要收成種子的話，必須一直種到植株枯黃為止，當莖葉的1/3變黃時，就可以整株割下，採收種子。

日照充足的地方都可以栽植

蕹菜（空心菜）

〔英〕*water spinach*、*swamp cabbage*

旋花科
原產於中國南方～熱帶亞洲地區

屬於熱帶性蔬菜，像地瓜葉一樣會沿著地表蔓延生長，也被稱之為蕹菜、空心菜以及朝顏菜等。

難易度	：
必要材料	：無特別需求
日照	：全日照
株間	：30cm
發芽溫度	：15～25℃
連作障害	：少有
PH值	：5.5～7.0
盆箱栽培	：×

●栽培時間表

月份	1	2	3	4	5	6	7	8	9	10	11	12
播種					■	■	■	■				
疏苗						■	■	■				
追肥						■	■	■				
收穫						■	■	■	■	■	■	

1 播種

❶以瓶底等在田畦上每隔30cm壓出深度約1cm、直徑約6cm的種穴。
❷每個種穴裡各播下3粒種子。
❸覆蓋1cm左右的土壤後，以手輕壓，播種後給予充分的水分。

2 疏苗

❶發芽後，當本葉長到約4～5片時，就可以進行疏苗，一處只留下1株健苗即可。
❷圖為疏苗前的狀態（鋪塑膠布的情況）。

利用摘芽讓側芽生長延伸

整地準備 播種前2週，1㎡左右的土壤摻入100g的苦土石灰並確實翻土混合，播種前1週，1㎡左右的土壤摻入堆肥1kg和150g的化學肥料當做基肥，播種前要整理好田畦。

播種 為了讓種子較容易發芽，可以在播種前將種子浸泡在水裡約1～2小時。田畦表面整平後，每隔30cm以瓶底壓出直徑6～8cm左右的種穴，種穴裡各播下3粒種子，覆蓋一層薄土後給予充足的水分。

疏苗 發芽後，當本葉長到約4～5片時，就可以進行疏苗。

追肥 疏苗後，1個月進行2～3次追肥，在每一植株根部施予一小撮的化學肥料即可。

澆水 如果太過乾燥的話，葉子無法良好生長，所以在照顧上要特別注意給予充足的水分。

摘芯 植株高度超過15cm時就可以摘除頂芽讓側芽（側枝）生長。

收穫 植株高度生長到30～40cm時，就可以採收側芽約20cm左右，如果植株長得太粗的話，吃起來會變硬，口感不佳，所以要及早採收。

作畦

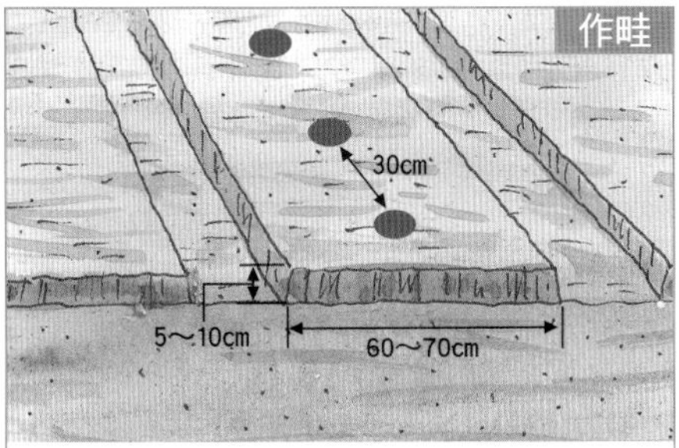

整土：苦土石灰100g/㎡
施肥：堆肥1kg/㎡、化學肥料150g/㎡

種菜 Q&A

Q 聽說也可以水耕栽培，請問該怎麼栽培？

A 水耕栽培的眾多方法中，在此介紹較為簡單的一種。先以較細目的篩子將細沙篩入栽培床裡播種。在另一個保麗龍容器裡放水，將栽培床放置水中，以篩子覆蓋住，要注意不要讓種子沉下去，種子在水中發出根後，以加了液肥的培養液栽培即可。

3 追肥

疏苗後，1個月進行2～3次追肥。
❶在每一植株根部施予一小撮的化學肥料即可。
❷肥料與土壤混合後培土即可。

4 收穫

❶植株高度生長到30～40cm時，就可以開始採收。
❷❸以剪刀將嫩莖葉剪下即可。如果不整株剪下，留下下層約2～3片葉子，其他剪下採收的話，之後會再發出側芽，就可以收成較長的時間。

京都代代傳承的傳統蔬菜

九條蔥

百合科
原產地日本

九條蔥是京都傳統的蔬菜，在關西通常都是種植葉蔥。病蟲害抵抗力強、收穫量多、美味好吃是九條蔥的三大好處。

難易度	：
必要材料	：無特別需求
日照	：全日照
株間	：6～8cm（條間10cm）
發芽溫度	：15～20℃
連作障害	：有（1～2年）
PH值	：6.0～7.4
盆箱栽培	：○（深度15cm以上）

●栽培時間表

月份	1	2	3	4	5	6	7	8	9	10	11	12
播種				■	■							
疏苗					■						■	
追肥					■	■	■	■	■			
收穫								■	■	■		

※注：九條蔥在台灣周年均可種植，但因耐熱耐濕性差。夏季栽培容易腐爛，故除7～9月無法大量生產外，其餘各月皆有生產。

1 播種・疏苗

❶以支柱等在田畦裡壓出細細的植溝，播下種子。
❷儘可能稍微密集、平均地撒種，再覆蓋植溝兩側的薄土。
❸本葉長出2～3片後，就可以進行疏苗，使株間距離約2cm，疏苗後再進行培土。

2 追肥

❶在長度約60cm的條間撒下1小把化學肥料。
❷在條間平均地施放化學肥料。
❸以移植用小鏟子將土壤表面鬆土，使土壤和肥料混合後，略微培土即可。因為蔥的根很淺，太靠近植株進行鬆土的話，容易傷及根部，所以要在離根部略遠處進行鬆土。

略微培土

整地準備 播種前2週，1㎡左右的土壤摻入150g的苦土石灰並確實翻土混合。定植前1週，1㎡左右的土壤摻入堆肥3kg、化學肥料100g作為基肥確實混合，同時準備好寬約60cm的田畦。

播種 以支柱等物，每隔10cm壓出一條細細的植溝。儘可能稍微密集、平均地撒種，覆蓋極薄的土壤後，給予充足的水分。

疏苗 本葉長出2～3片後，就可以進行疏苗，使株間距離約2cm，根部確實培土避免植株傾倒。之後進行數次疏苗，最後1次疏苗時，株間距離約為6～8cm。

追肥 在疏苗後、入夏前以及溫度較涼的初秋，總共進行3次追肥。在條間撒下1小把化學肥料後，再以移植用小鏟子將土壤表面鬆土，使土壤和肥料混合後，略微培土即可。不需要軟白化的九條蔥，不必像根深蔥一樣，進行密集的培土工作，植列的另一側也進行同樣的鬆土培土。太靠近植株進行鬆土的話，容易傷及根部，所以要在離根部略遠處進行鬆土。

收穫 在植株根部約1.5cm處割下即可收成，或是整株拔起也可以。

作畦

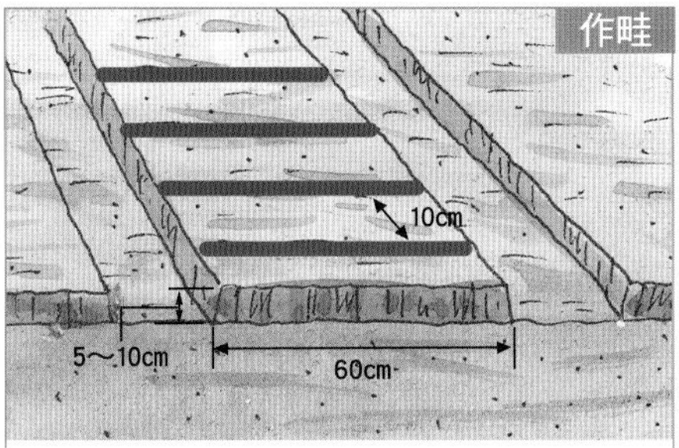

整土：苦土石灰150g/㎡

施肥：堆肥3kg/㎡、化學肥料100g/㎡

種菜Q&A

Q 需要像根深蔥一樣進行多次培土嗎？

A 不需要軟白化的九條蔥，不必像根深蔥一樣，進行密集的培土工作。第1次培土時，根部要確實培土才能避免植株傾倒，之後只要略微培土即可。

3 培土

❶追肥後，略微鬆土後覆蓋回根部培土即可。
❷植列的另一側也進行同樣的鬆土培土。
❸此時要注意，不要掩埋了植株的生長點。

4 收穫

❶在植株根部約1.5cm處割下即可收成。
❷雙手握住根部，整株拔起也可以。

莖部膨大的特別蔬菜

大頭菜

〔英〕*kohlrabi*

十字花科
原產於地中海地區

乍看之下，外形像蕪菁的樣子，但是肥大的部份，並不是植株的根而是莖部，與高麗菜類似，味道也與高麗菜相似。

難易度	：
必要材料	：無特別需求
日照	：全日照
株間	：15cm～20cm
發芽溫度	：20℃左右
連作障害	：有（1～2年）
PH值	：6.0～7.0
盆箱栽培	：○（深度20cm以上）

●栽培時間表

月份	1	2	3	4	5	6	7	8	9	10	11	12
播種			■					■				
定植				■					■			
追肥					■					■		
收穫						■				■	■	

1 播種

❶育苗盆裡先放入播種用的培養土，等距離播下3～5粒種子。

❷以手指將土壤搓落或使用篩子，覆蓋上一層薄薄的土壤。

❸以手掌輕壓土壤表面，讓土壤與種子密合，定植後以蓮蓬頭澆水器，輕輕地給予充足的水分，避免種子流失。

2 定植

本葉長出4～5片時，是最佳定植時期。

❶將幼苗從育苗盆裡取出分株，盡可能不要傷及根部，育苗階段，疏苗至1株健苗時，將幼苗從育苗盆裡取出，盡量不要破壞根缽，種進田裡的植穴。

❷淺淺地種進植穴裡，覆蓋上周圍的土壤。

❸以手掌輕壓土壤表面，讓根缽與土壤表面高度相同。

定植時 要將胚軸埋進土裡深植

播種 在3號育苗盆裡放入播種用的培養土，等距離播下3～5粒種子。覆蓋薄土後，以蓮蓬頭澆水器小心地灑水，不要讓種子流失，給予充足的水分。

整地準備 定植前2週，1㎡左右的土壤摻入100g的苦土石灰確實翻土混合，定植前1週，1㎡左右的土壤摻入堆肥3kg和120g左右的化學肥料充分混合，並整理好寬度約50cm的田畦。

定植 本葉長出4～5片時，就可以進行定植，將幼苗從育苗盆裡取出分株，盡可能不傷及根部進行分株，分株後的幼苗種入直徑約8cm的植穴裡，株間距離約15～20cm。因為胚軸很脆弱，所以定植時要將胚軸埋進土裡，再輕壓土壤，定植後給予充足的水分。

追肥 從植株開始肥大一直到收穫前，每個月進行1次追肥。在距離植株略遠處，以環狀施肥的方式施放1小撮的化學肥料，鬆土同時和肥料充分混合，再將土覆蓋回根部。

收穫 莖部肥大到直徑約7～8cm時，就可以採收了。如果過遲採收的話，莖部會長得過大而變硬，口感也會變差，所以一定要適時採收。

種菜 Q&A

Q 栽培箱要如何栽培呢？

A 深度20cm以上的栽培箱就可以栽種。先在栽培箱裡放入市售的蔬菜專用培養土，間隔15cm左右各播下3～4粒種子。發芽後，成長的同時順便疏苗，當本葉長出4～5片時，一處只留1株健苗即可，一週進行1次液態施肥。

作畦

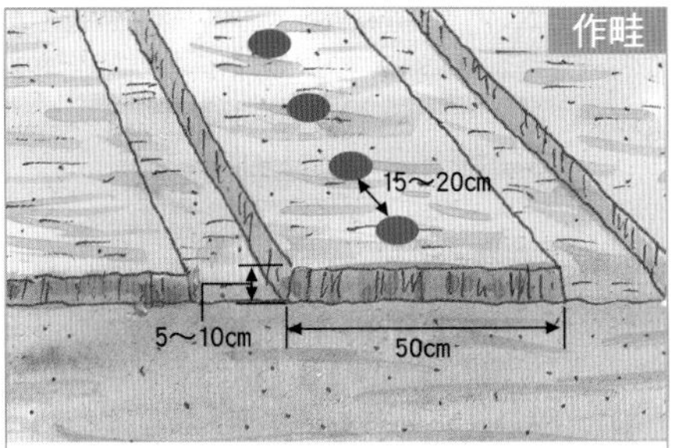

整土：苦土石灰100g/㎡
施肥：堆肥3kg/㎡、化學肥料120g/㎡

3 追肥・培土

植株開始肥大後，大約每個月進行1次追肥。。
❶在每一株植株葉片外圍，以畫圓圈的方式灑上一小撮的化學肥料。
❷❸追肥後，土壤表面進行鬆土，使土壤和肥料充分混合後，將土壤覆蓋至胚軸。

4 收穫

❶莖部肥大到直徑約7～8cm時，就可以採收了。
❷稍微鬆土後，將植株整株拔起，或將剪刀深入根部剪下即可收成。
❸採收後將不需要的根和葉切除。

冬天煮物中不可欠缺的京都蔬菜

聖護院蘿蔔

十字花科
原產於日本

難易度	
必要材料	無特別需求
日照	全日照
株間	30cm
發芽溫度	15～30℃
連作障害	有（1～2年）
PH值	5.5～6.8
盆箱栽培	×

外形為球狀的蘿蔔，明明很柔軟，煮起來卻不容易糊掉，常用於關東煮或是燉蘿蔔等料理。

●栽培時間表

月份	1	2	3	4	5	6	7	8	9	10	11	12
播種								■	■			
疏苗									■	■		
追肥									■	■		
收穫											■	■

1 播種

❶以瓶底等器具在田裡壓出植穴。
❷每個植穴中等距離播下約5粒種子。
❸覆蓋一層周圍的薄土，以手掌輕壓土壤表面，讓種子與土壤密合。

2 疏苗

❶當本葉長出1～2片時，就可以進行第1次疏苗，當本葉長到6～7片時，進行第2次疏苗，將其他生長狀況不佳、葉形較不完整的幼苗拔除。
❷為了不傷及留下的幼苗，請以手壓住植株根部周圍後再進行拔苗。
❸第2次疏苗後，一處只留一株健苗即可。

直接播種於用心翻土過的田圃

整地準備 定植前2週，1㎡左右的土壤摻入100g的苦土石灰並翻土深耕，定植前1週，1㎡左右的土壤摻入200g的化學肥料充分混合，此時可以將小石頭及堅硬的土塊等去除，翻土完必須整理好寬度約60～70cm的田畦。

播種 以瓶底等物，每隔30cm壓出深度約1cm的植穴，每個植穴中等距離播下約5粒種子後，覆蓋一層周圍的薄土，以手掌輕壓土壤表面，讓種子與土壤密合，完成後以蓮蓬頭澆水器輕輕地澆水，給予充足的水分。

疏苗 本葉長出1～2片時，就可以進行第1次疏苗，一個植穴只要留下3株健苗，將倒向旁邊、胚軸搖晃不穩的幼苗拔除，當本葉長到6～7片時，進行第2次疏苗，一處只留一株健苗即可。

追肥 第1、2次疏苗後，都要進行追肥。距離植株略遠處以畫圓圈的方式，施予一小撮的化學肥料後混合。

收穫 植株周圍要時常鬆土、拔雜草。當根部夠肥大，約一個手球或排球的大小（直徑約20cm）時，就可以拔起收成了。

作畦

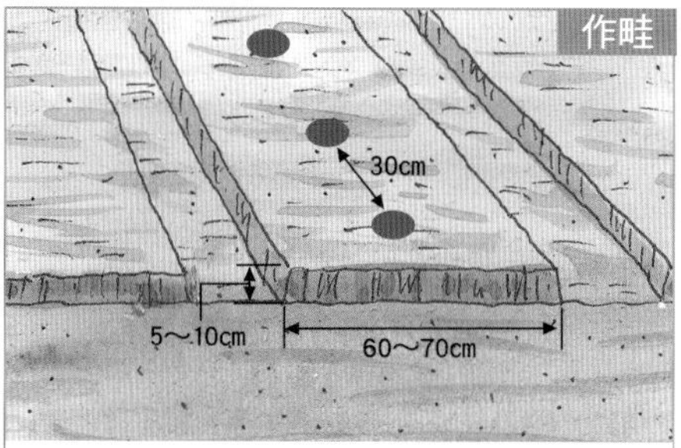

整土：苦土石灰100g/㎡
施肥：化學肥料200g/㎡

種菜Q&A

Q 可以用育苗盆育苗嗎？

A 蘿蔔類的蔬菜，根都是屬於筆直往下延伸的直根，移植時很容易傷及根部，所以不適合用育苗盆育苗。

3 追肥

❶第1、2次疏苗後，都要進行追肥。在植株葉子外圍以畫圓圈的方式，施予一小撮的化學肥料。
❷以指尖略微鬆土，讓肥料和土壤充分混合。
❸以周圍的土壤覆蓋回根部，此時露出土表的胚軸也要以土覆蓋住，但是要注意不要掩埋了生長點。

4 收穫

❶當根部肥大，約一個手球或排球的大小（直徑約20cm）時，就是最適合的收成時期。
❷❸緊緊握住葉和出土的根的部位，使力拔起即可。

能持續收成的高人氣西洋蔬菜

洋節瓜

〔英〕*zucchini*、*courgette*

瓜科
原產於中美洲

原產地雖然在中美洲，但自從引進歐洲後，成為世界知名的西洋蔬菜，和南瓜同種類。

難易度：
必要材料：支柱
日照：全日照
株間：100cm
發芽溫度：25℃左右
連作障害：少有
PH值：5.0～8.0
盆箱栽培：○（深度30cm以上）

●栽培時間表

月份	1	2	3	4	5	6	7	8	9	10	11	12
播種				■	■							
追肥					■	■	■					
收穫							■	■	■			

1 播種

❶育苗盆裡先放入培養土，挖出深度約手指第1關節的植穴。
❷橫向播入一粒種子後覆土即可。
❸覆蓋周圍的土壤後，緊壓土壤的表面，讓土壤與種子密合並給予充足的水分。

2 立支柱

❶植株長大後，必須在植株中央架立1支支柱誘引植株攀爬。
❷❸以繩子綁好，誘引主莖攀爬。

株間距離要寬廣

播種 育苗盆裡先放入培養土，以指尖挖出種穴。將種子橫向播入後覆土即可。

整地準備 定植前2週，1㎡左右的土壤摻入150g的苦土石灰。定植前1週，1㎡左右的土壤摻入堆肥3kg、化學肥料100g充分混合，並整理好田畦，若要防止雜草萌生，可以鋪上黑色塑膠布。

定植 當溫度上昇後，幼苗本葉長出4～5片後，就可以淺植到田裡定植，先在田裡挖出適合根缽大小的植穴，不破壞缽土的情況下，將幼苗取出種下並以手輕壓根部固定，定植後給予充足的水分。

立支柱 植株長大後，必須在植株中央架立支柱誘引植株攀爬。

人工授粉 植株開花時，就可以進行人工授粉，因為一株植株雄花和雌花的開花時期不同，所以最好多栽種幾株，解決這種困擾。選擇天氣好的日子，摘下開著的雄花，去掉花瓣後，以雄蕊去觸沾雌蕊的前端，即完成了人工授粉。

收穫 開花後成長速度較快，不要延誤了採收時間，為了避免病菌從採收後的切口進入，所以請選擇天氣好的日子進行採收。

追肥 開始採收之後，接著還會陸續結果，為了避免肥料不足，採收後每個月進行1次追肥，施放1小把的化學肥料。

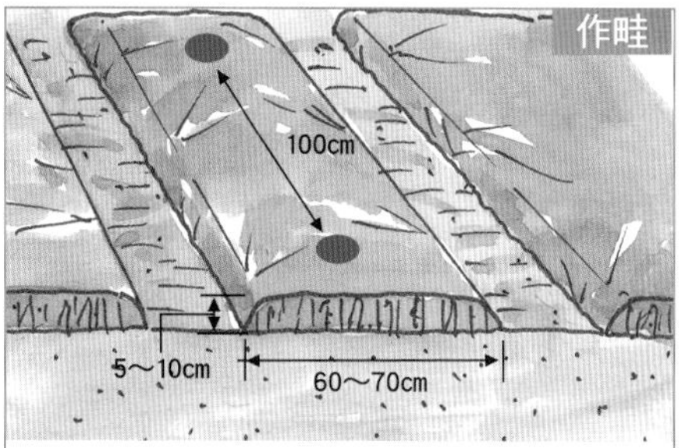

整土：苦土石灰150g/㎡
施肥：堆肥3kg/㎡、化學肥料100g/㎡

種菜Q&A

Q 葉片上布滿馬賽克般的斑點，生病了嗎？

A 洋節瓜的葉片呈白色，沿著葉脈會有斑點是葉子原本的模樣，並非特別的原因，但若斑點呈現不規則形狀的話，有可能是染上了白斑病。

3 人工授粉

植株開花時，就可以進行人工授粉。
❶圖為雄花。
❷圖為雌花（開花前）。

人工授粉

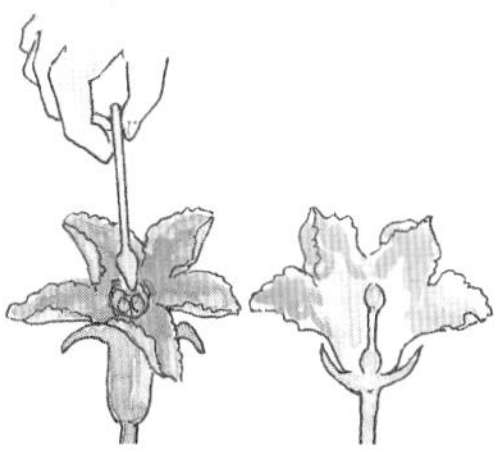

摘下開著的雄花，去掉花瓣後，以雄蕊去觸沾雌蕊的前端，就完成了人工授粉。

4 收穫・追肥

開花後約第7天，就可以採收未熟的綠色果實。
❶如果要採收洋節瓜的花，要趁花還沒開的時候，將花苞以剪刀剪下採收。
❷開始採收之後，為了避免肥料不足，採收後每個月進行1次追肥，施放1小把的化學肥料。

即使是隆冬也能收穫的美味蔬菜

大菜

〔英〕*ta cai*

十字花科
原產於中國

營養豐富的中國種蔬菜，也被稱為「杓子菜」。沒有澀味，就算是汆燙調理過後，翠綠的顏色也不會變黃，是大菜的主要特色。

難易度	：
必要材料	：無特別需求
日照	：全日照
株間	：30cm
發芽溫度	：10～15℃
連作障害	：有（1～2年）
PH值	：5.5～6.5
盆箱栽培	：○（深度30cm以上）

●栽培時間表

月份	1	2	3	4	5	6	7	8	9	10	11	12
播種												
定植												
追肥												
收穫		秋播					春播		秋播			

1 播種

❶育苗盆裡放進播種用的培養土，等距離播下5～6粒種子。
❷種子播下後，覆蓋一層極薄的土，再以蓮蓬頭灑水器輕輕地灑水，避免種子流失。
❸當本葉長出第1片、2～3片、5～6片時，各進行1次疏苗。

2 追肥

❶本葉長出6～7片時，即可進行定植。視植株生長狀況進行追肥，每一植株施予1小撮化學肥料。
❷植株周圍，葉子外緣下方，以環狀施肥的方式追肥。
❸以指尖進行鬆土，使土壤和肥料充分混合。在收穫之前，約進行1～2次的追肥。

秋天播種 要預留較寬的株間

播種 育苗盆裡放進播種用的培養土，等距離播下5～6粒種子後覆蓋一層極薄的土，再以蓮蓬頭灑水器輕輕地灑水，避免種子流失。

疏苗 發芽後，本葉長出第1片時，進行第1次疏苗，當本葉長出2～3片時，進行第2次疏苗，當本葉長出5～6片時，只留下一株健苗即可，為避免傷及留下的幼苗，請以剪刀從幼苗根部剪斷進行疏苗。

整地準備 定植前2週，1㎡左右的土壤摻入150g的苦土石灰並充分翻土混合，定植前1週，1㎡左右的土壤摻入堆肥2kg和100g左右的化學肥料充分混合，並整理好寬度約60cm的田畦。

定植 當本葉長出6～7片時，就可以進行定植。因為植株成長後需要較寬的空間，所以株間距離約需30cm左右，定植後給予充足的水分。如果是秋、冬栽培的話，最好鋪上塑膠布，可以有效地預防寒冷及乾燥。

追肥 視植株生長狀況，在收穫之前，進行1～2次的追肥，每一植株施予1小撮化學肥料，此時若胚軸從土裡露出的話，培土時必須覆蓋住胚軸。

收穫 採收時，將葉子略微往下壓倒，不要折到葉子，再以菜刀切入植株根部割下即可。

作畦

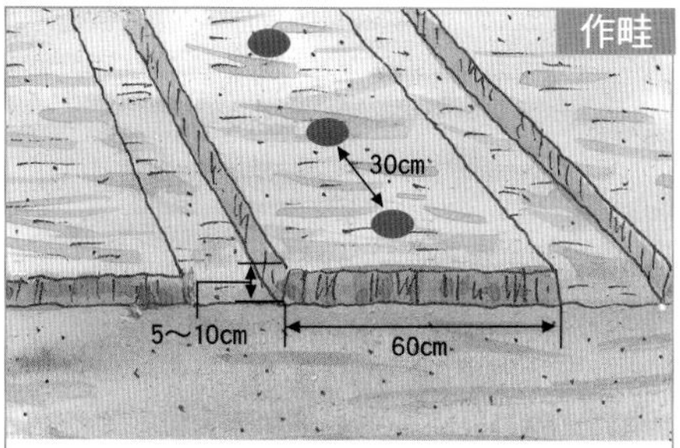

整土：苦土石灰150g/㎡
施肥：堆肥2kg/㎡、化學肥料100g/㎡

種菜 Q&A

Q 可以直接播種在田裡嗎？

A 如果直接播種在田裡的話，以瓶底在田裡每隔30cm壓出一個植穴，播下5粒種子，疏苗同時追肥，當本葉長出6～7片時，只留1株健苗即可。

3 培土

❶隨著植株生長，胚軸會從土裡露出來。
❷若胚軸從土裡露出的話，培土時必須以周圍的土覆蓋住胚軸。

4 收穫

❶植株長大時，就表示可以採收了。
❷將外葉往下壓就會露出根部，沿著地面將刀子切入，整株割下即可，如果割得太上面的話，葉子會掉得零零散散，要特別注意。
❸也可以用剪刀將葉子1片片剪下採收。

食用葉子的蘿蔔

葉蘿蔔

〔英〕*radish*

十字花科
原產於中亞地區

最主要食用葉子的部份，不像其他品種的蘿蔔只吃根部較肥大的部份。

難易度	：
必要材料	：無特別需求
日照	：全日照
株間	：10cm（條間距離10～15cm）
發芽溫度	：15～30℃
連作障害	：少有
PH值	：5.5～6.8
盆箱栽培	：○（深度15cm以上）

●栽培時間表

月份	1	2	3	4	5	6	7	8	9	10	11	12
播種			■	■	■	■			■	■		
疏苗				■	■	■			■	■		
追肥				■	■	■			■	■		
收穫				■	■	■	■			■	■	

1 播種

❶以支柱等物在田圃地上壓出一條種溝後播種。
❷盡可能平均地播下種子。

2 疏苗

❶發芽後，將發育不良或葉形不佳的幼苗拔除。為了不傷及留下的幼苗，拔苗時，將欲拔除的幼苗根部以手壓住後再拔，如果葉子和其他幼苗的葉子交錯時，要注意不要傷及植株葉片。
❷本葉長出4～5片時，植株距離約10cm左右。

直接播種在田裡，培育同時疏苗

整地準備 播種前2週，1㎡左右的土壤摻入100g的苦土石灰確實翻土混合。播種前1週，1㎡左右的土壤摻入堆肥2kg、化學肥料100g確實混合並整理好寬度60cm的田畦。

播種 使用支柱在菜圃裡，東西橫向壓出淺淺的種溝，溝與溝之間的間隔約10～15cm左右。植溝裡儘可能平均地撒下種子。再覆蓋一層極薄的土，以蓮蓬頭灑水器輕輕地灑水，給予充足的水分同時避免種子流失。

疏苗 發芽後，當子葉展開後，進行疏苗，使株間距離約1～2cm左右，將發育不良或葉形不佳的幼苗拔除。當本葉長出1～2片時，再次進行疏苗使葉子之間不會互相碰觸，本葉長出4～5片時，植株距離約10cm左右，疏苗時拔除的幼苗可以做成料理食用。

追肥 每次疏苗後，在條間施予一小把的化學肥料，略微鬆土混合後培土，最後1次疏苗後，在葉子外圍下方處，以環狀方式施予1小撮的化學肥料。

收穫 葉子長度達25cm左右時，就是最佳收穫期，將植株整株拔起採收即可。

作畦

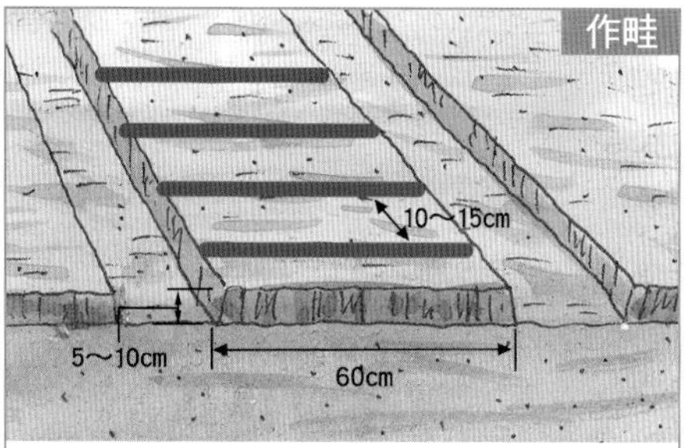

整土：苦土石灰100g/㎡
施肥：堆肥2kg/㎡、化學肥料100g/㎡

種菜 Q&A

Q 可以連作嗎？

A 與其他蔬菜比起來，連作障害較少，但是經常發生根瘤病，所以還是要儘可能避免連作。

3 追肥

每次疏苗後，在條間施予一小把的化學肥料，略微鬆土混合後，以土壤覆蓋胚軸。

❶最後1次疏苗後，在葉子外圍下方處，以環狀方式施予1小撮的化學肥料。

❷以指尖略微鬆土，讓土壤和肥料混合。

❸最後覆蓋周圍的土壤，並將胚軸埋進土裡。

4 收穫

❶葉子長度約達20～25cm時，就是最佳收穫期。

❷雙手握住葉子根部，將植株筆直地拔起即可採收。

❸雖然主要是食用葉子部分，但小小的根部也可以食用。

風鈴似的小小高麗菜

球芽甘藍

〔英〕*Brussels sprouts*

十字花科
原產於歐洲西部～
南部地區

植株莖上會長出許多小小球芽，收穫期很長，初冬到春天期間會不斷地結球，可以持續收穫。

難易度	：
必要材料	：支柱
日照	：全日照
株間	：30cm～40cm
發芽溫度	：15～30℃左右
連作障害	：有（1～2年）
PH值	：5.5～6.5
盆箱栽培	：○（深度30cm以上）

●栽培時間表

月份	1	2	3	4	5	6	7	8	9	10	11	12
播種							■					
定植								■	■			
追肥										■		
收穫	■	■									■	■

1 播種

❶圖為結球甘藍的種子。
❷育苗盆裡先放入播種用的培養土，等距離播下3～4粒種子。
❸覆蓋上一層薄薄的土壤，再將澆水器的蓮蓬頭朝上，輕輕地給予充足的水分。

2 定植

本葉長出5～6片時，是最佳定植時期。
❶將幼苗從育苗盆裡取出，不要傷及根部，儘可能連土一起分株。
❷幼苗種入植穴裡，位置略高於地面，覆蓋上周圍的土壤。
❸確實壓緊土壤表面，調整幼苗的高度，稍微種深一點根部的附著會更好。

摘除下葉促使側芽結球

播種 在育苗盆裡放入播種用的培養土，等距離播下3～4粒種子。

育苗 發芽後全日照育苗，陽光直射強烈時必須遮光，一般來說，不需要疏苗。

整地準備 定植前2週，1㎡左右的土壤摻入150g的苦土石灰確實翻土混合，定植前1週，1㎡左右的土壤摻入堆肥1kg和100g左右的化學肥料，並整理好寬度約60cm的田畦。

定植 本葉長出5～6片時，就可以進行定植。將幼苗從育苗盆裡取出分株時，盡可能不要落土和傷及根部，將幼苗種入株間距離約30～40cm的植穴裡。

追肥 定植後2～3週，嫩葉長出來後就要開始進行追肥，每一植株以環狀施肥的方式施放1小撮化學肥料，之後也是大約2～3週進行1次追肥和培土，但是當側芽開始長出結球後就必須停止追肥。

摘芽 結球後除了保留頂端部份之外，其他的本葉全部摘除，靠近根部附近的芽不會結球，所以也一併摘除。當植株的莖長到30～40cm時，為了避免植株垂倒，必須架立支柱。

收穫 球芽甘藍結球並不會一次全部結完，而是從底層部份開始結球，所以當結球變硬實，就可以依序採收了。

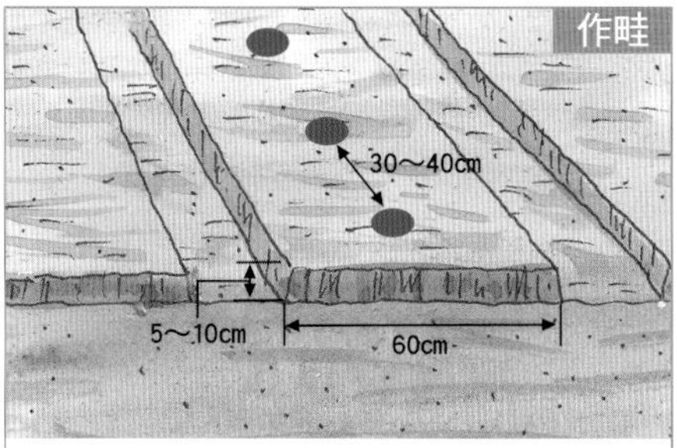

整土：苦土石灰150g/㎡
施肥：堆肥1kg/㎡、化學肥料100g/㎡

種菜Q&A

Q 春天播種栽種可以嗎？

A 春天播種雖然可行，但是和高麗菜一樣，很難防止病蟲害的發生，所以在夏天播種，初冬到春天這段期間都可以收穫，會比較容易栽種。

3 追肥

新芽發出後到結球這段期間，每2～3週必須進行1次追肥。
❶在每一株植株葉片外圍，以畫圓圈的方式灑上一小撮的化學肥料。
❷進行鬆土使土壤和肥料充分混合。
❸將胚軸埋進土裡進行培土。

4 摘芽

❶開始結球後除了保留頂端部份之外，其他的本葉全部摘除，如此一來，可以促使側芽結球。
❷當植株的莖長到30～40cm時，為了避免植株垂倒，必須架立支柱以繩子綁住固定。當底下結球變硬實時，就可以依序採收了。

廚房裡就可以栽培的蔬菜

輕鬆就能栽培的「芽菜」

在超級市場經常可以看見的「芽菜」，其實就是蔬菜的嫩芽，像「豆芽」或「蘿蔔貝菜芽」就是屬於芽菜類。

芽菜的營養價值，比起田裡種植的蔬菜含有更多的維生素和礦物質，近年來，更以健康蔬菜之名大受歡迎。

芽菜可以在自家廚房裡栽培，大約7～10天就可以收穫。最近市面上推出將芽菜種子、栽培容器等套裝組合販賣的商品，如此一來，在家裡也可以輕鬆栽培芽菜了。

培育芽菜的4個重點

1 一定要選用芽菜專用的種子。

種子一定要選用芽菜專用的種子，一般菜園用的種子，為了防止病害發生，通常都以藥劑處理過，不可以直接拿來當作芽菜的種子栽培生食。

2 澆水以噴霧的方式進行。

栽培芽菜每天一定要給予一定的水分，如果容器裡鋪有海綿的話，一天兩次以噴霧的方式，全面性的給予充足的水分。

3 栽培期間以厚紙箱或攪拌盆覆蓋。

芽菜會朝向有光的方向延伸成長，為了讓芽菜筆直生長至4～5cm，可以以厚紙箱或攪拌盆將芽菜蓋起來，阻絕陽光的照射。

4 採收前一天照太陽以增加芽菜色澤。

培育到可以採收的大小時，收穫前一天，可以讓陽光照射使葉子變綠，不只是改變色澤，也會增加營養素。

主要的芽菜種類

芥末芽

種子經常使用於辣椒或芥末，有強烈的辛味，芥末芽也和種子一樣具有強烈的辛味。

綠椰菜芽

含有有效預防癌症的蘿蔔硫素成分，雖然帶有辛味，但生菜味較少。

紫色包心菜芽

比起其他的芽菜來說，紫色包心菜的生味更淡，紫色的莖最適合用來增添料理的繽紛色彩。

葉用蘿蔔芽

和土壤栽培的葉子一樣，葉用蘿蔔芽也帶有芝麻的香氣和辛味。

只要底部是平的容器
就可以。

攪拌盆

種子

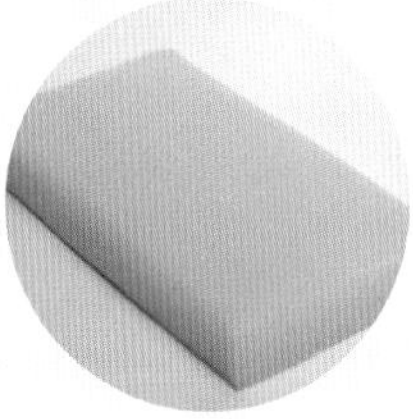

栽培套組裡的碎石　和　海綿

栽培芽菜所需準備的器具

芽菜栽培套組裡有種子、碎石等整套的組合、如果只是想要買芽菜種子的話，可以去大賣場或園藝店購買，請不要使用經藥劑處理過的菜園用種子。

栽培容器可以使用廚房裡現有的器具，玻璃容器或攪拌盆等，只要底部是平的就可以，當然栽培套組裡也有附專用的容器。

栽培套組有附碎石、海綿、廚房紙巾等吸水、保水性佳的鋪料。

芽菜的栽培方法

1 容器使用前先煮沸消毒。

2 種子先以菜濾網等清洗乾淨。

3 容器裡鋪上碎石後加水，如果是用海綿的話，以手指輕壓就會出水的程度即可。

4 種子不重疊地平均撒入，一直到收穫這段期間，必須阻絕陽光照射，每天都要給予充足的水分。

5 芽菜筆直生長至4～5cm時，可以照射陽光讓芽菜轉為綠色。

6 發芽後約7～10天就可以收成，只要以剪刀剪下所需的份量即可。

種菜專用語典

PH值：表示酸鹼度的單位，7.0是中性，數字越小表示酸度越大，數字越大表示鹼性越強，0.0酸度最強，14.0鹼性最強，PH值常用來表示土壤的酸鹼度。

一畫

一番花（果實）：一株植物最先開的花（果實）。

二畫

二次肥：可以收成兩次的蔬菜，於第一次收成後所施予的肥料。

三畫

子葉：發芽之後展開的葉子。單子葉植物只有一片，雙子葉植物則有兩片，所以也稱為「雙葉」。

小黃瓜的子葉

三番花（果實）：一株植物開的第3次花（果實）。

土壤改良：撒入石灰調整土壤的酸度，摻入堆肥等，將土壤調整成適合植株生長的狀態。

四畫

不定根：莖等主根以外的地方長出的根。

玉米的不定根

分株：在土裡生長分歧的莖，將個別長出的芽或根分開，通常用於增加植株數量。

分球：球根植物會隨著球根的生長，不斷增加數量。

化學肥料：是指無機肥料氮、磷、鉀三種，含有其中兩種以上成分的複合肥料。

支柱：為了避免菜苗因為風吹而傾倒，或是因應爬藤類青菜延伸攀爬所需而架起的支柱。

水分不足：生長時所需要的水分不足。

五畫

台木：嫁接時，下部的枝幹或根部稱為台木，為了增加病蟲害的抵抗力，使用接枝的方式比較容易栽培，小黃瓜常用南瓜當作台木。

外葉：將新長出的葉子包在裡面的外側葉子，常見於萵苣、高麗菜、大白菜等蔬菜。

本葉：子葉展開後發出的葉子。

子葉展開後長出本葉

生長障礙：因為微量元素不足，導致根部惡化或其他種種影響生長的不良症狀。

生長點：莖或根部的前端、葉菜類蔬菜靠近根部莖分歧的地方等，是細胞分裂最為旺盛的地方。

六畫

地際：植株和地面接觸的地方。

好光性種子：光線太弱的話不易發芽的種子，播種之後，不需要覆蓋土壤，或是只要覆蓋一層極薄的土即可。

有機肥料：由油渣、魚粉、骨粉、雞糞、牛糞、堆肥等原料做成的肥料，對土質改良來說非常有效。

有機蔬菜：不使用化學肥料及化學合成的農藥栽培而成的蔬菜。

七畫

完熟堆肥：材料腐化後，大致呈現無機質狀態的堆肥，因為材料原有的形態及臭味都消失了，也稱之為完熟堆肥。

育苗盆：使用於幼苗的栽培，以聚乙烯樹脂製成的盆缽。

育苗箱：播下種子讓它發芽後，將芽培育到某種程度大小時所用的培育箱。

防霜：為了保護青菜不受霜害而在靠近根部的地方，鋪上乾草等東西作為防護。

八畫

兩列定植：一般來說，一畦地種植1列列的蔬菜，但是像高麗菜等，一畦地只種植2列。

定植：將育苗在育苗盆或苗床裡的幼苗，移植到田圃等最後會收成的地方。

爬地性：青菜的莖或藤蔓延著地面生長的特性，稱之為爬地性。

直根：像白蘿蔔和紅蘿蔔一樣，粗根往植株的正下方土裡筆直地延伸生長。

直播：在田裡或其他適合種植蔬菜的地方直接播種的方式。這種方式較適合用於根部易受損和不適合移植的植物。

抽苔：十字花科的蔬菜開出的花叫做「花苔」，花苔延伸抽長叫做立苔，也叫做「抽苔」。一般蔬菜，特別是葉菜類及根菜類的蔬菜，如果開始抽苔的話，就表示已經過了採收期，口感會大為降低。

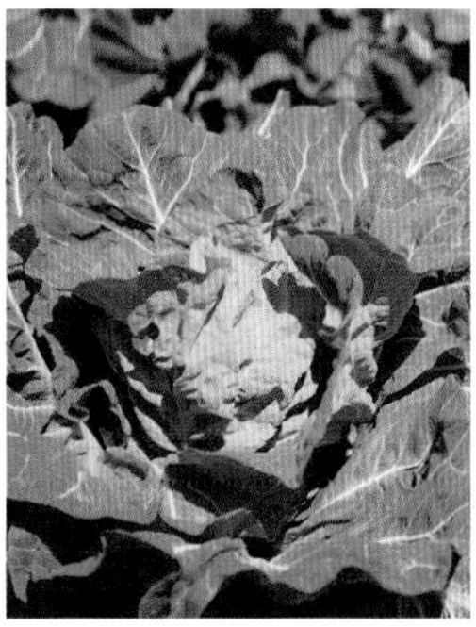
開始抽苔的高麗菜

花(果實)柄：花（果實）與莖連接的部份。

花芽：成長後會成為花的芽，稱為花芽。同樣的，生長後會成為葉或莖的芽，稱為葉芽。花芽形成的過程稱之為「花芽分化」。

花蕾：也稱為蕾苞。綠花椰菜和白花椰菜可食用的部份即是花蕾。

綠花椰菜的花蕾

肥料不足：蔬菜生長必須吸收養分，而土壤裡肥料卻不足的現象。

肥燒：濃度很高的肥料成分，如果直接碰觸植株根部的話，會損傷根部影響生長，這種現象叫做肥燒現象。

表土：田圃或苗床上，最表層的土壤。

長日植物：是指在24小時的循環中，當日長長於一定值時，會對此現象產生反應而開花或提早開花的植物。

股根現象：紅蘿蔔和白蘿蔔等根莖類蔬菜的根，不是長成粗直的一根，反而在中段分裂成兩股，這是因為根生長的時候碰到了石頭，或是根部直接碰觸肥料所引起。

根裂成兩股的白蘿蔔

九畫

施肥：給予肥料的動作。

耐病性：對疾病有強烈的抵抗力。

胚軸：植株根部以上、子葉以下的部份。

苦土石灰：指含有苦土和石灰，用來調整土壤的酸度，是土壤改良的利器。

匍匐莖：由母株長出之後，沿著地面延伸生長，與地面接觸的部份會長出子株並發出根，這種特性的莖也稱為走莖，草莓就是靠匍匐莖增生子株。

草莓就是靠匍匐莖增生子株

苗床：將種子培育成適合種植的幼苗的培育場所。以苗床育出的幼苗，在適當的時機必須定植到田裡。

十畫

修剪：將過分延伸成長的枝枒在中間剪斷的修剪方式。

徒長：莖或葉疲軟，纖細地延伸生長的狀況，有可能是因為日照不足或肥料裡的氮肥過多所引起，纖細生長的植株，日後也會發育不良。

株元：植株最接近地面的部份，通常距離地面只有數公分的距離。

株長：植株生長的高度，從地表算起至植株頂端為止的長度。

株間：植株與植株之間的距離。

根缽：根緊緊地盤據，好像緊抱著土壤的部份，在蔬菜移植的時候，基本上盡量不要破壞根缽，將根的傷害降到最低是很重要的。

從育苗盆裡取出的根缽

特殊處理種子：為了讓較難發芽的種子容易發芽，種皮做過特殊處理的種子。

追肥：植株生長過程中，為了追加肥料而施放的肥料就叫作追肥。

十一畫

側芽：葉柄、葉腋處長出的芽。（旁生的芽）

側枝：從葉柄處發出的芽，繼續延伸生長就會成為側枝。

剪枝：為了避免植株過大或調節生長狀況，有目的地將莖或枝剪除。

堆肥：將乾稻草或牛糞、廚餘等有機物質聚合起來，使其腐熟後使用，常用於改善土質，或當肥料使用。

基肥：播種前或定植前，事先施放在田畦土壤裡的肥料，一般大都是使用緩效性的肥料。

培土：在植株根部覆蓋土壤。根據蔬菜種類的不同，培土的目的也不同，一般說來，都是為了讓植株更穩定，促進根部的發育。蔥類培土的目的，主要是為了讓莖軟白化。

培養土：為了栽培蔬菜而使用的土壤。

接木：將不同的植物接合在一起，俗稱接枝或是接木。

接木苗：嫁接時上部的枝、芽稱為接穗，比起播種培育的幼苗，嫁接可以增加植株對病蟲害的抵抗力。

授粉：將花粉沾粘在雌蕊的前端，稱之為授粉。

條間：直線播種或定植的菜苗，列與列之間的距離，稱之為條間。

條播：在土地上，間隔一定的距離挖出一條直溝，將種子播於溝內，通常適用於較小粒的種子。

利用支柱壓出條溝的方法

液肥：就是指液體肥料。

液體肥料：效果快速，適用於短時間內即可收成的蔬菜，通常都會以水稀釋後使用。

淺植：將幼苗淺淺地定植之意，幼苗根貼著地表淺淺地種植。

混作：好幾種蔬菜混合種植。

畦：為了種植蔬菜而將田裡的土堆攏成田壟狀。

畦間：畦與畦之間的距離。

疏苗：幼苗生長後植株過密，可以拔除一些發育不良或受傷的葉子，讓植株有更寬廣的生長空間。

移缽：將苗床裡的幼苗移植到盆缽裡。

移植：將培育至某種程度的幼苗，移植至田裡或其他適當的場所，並以適當的株間距離定植，稱之為移植。

莖蔓過盛：肥料、尤其是氮肥施放過多的話，會讓莖蔓過度成長茂密，造成久久不開花也不結果的狀態。

軟白：讓作物可食用的部份變軟白，以遮光的方式栽培，就像長蔥一樣，覆蓋在土裡的部份以遮光栽培，使其軟白化。像白花椰菜的花蕾開始集結後，就以外葉包裹使其軟白化。也可以稱為「軟化」。

連作：同一個地方，連續栽種相同的蔬菜，叫做連作。

連作障害：因為連作而產生的障礙。有可能是因為土壤中的微量元素缺乏或土壤中的微生物不平衡，或是蔬菜本身自行從根部釋放出來的物質所造成。

十二畫

寒冷紗：合成纖維等編成的網子，屬於遮光用的材質。白色的寒冷紗也可以用來防止昆蟲入侵。

發芽：種子或種塊發出新芽。

短日植物：是指在24小時的循環中，當日長短於一定值時，會對此現象產生反應而開花或提早開花的植物。

結果實：授粉後結成受精果實。

結球：像高麗菜或大白菜的葉子，會朝向中心捲起重疊包起，最後結成硬球狀。

結成球狀的高麗菜

裂果：是指裂開的果實，因為乾溼度差異過大而導致收穫前果實裂開的現象。

間作：種植某些蔬菜時，畦與畦之間或株與株之間，混種著其他蔬菜。

十三畫

催成：利用某些方法，使植株比自然培育的時間更早成熟的栽培法。

塑料箱：拖網漁業用來放置魚、貝類，以發泡塑料製成的箱子。種菜或從事園藝時，有時會以這種塑料箱取代育苗箱。

塑膠鋪布：由塑膠材質製成的塑膠鋪地布。

塑膠隧道棚：播種或定植後，苗床或田圃裡，以支柱搭起隧道形的塑膠布，通常用於防寒。

節間：莖上葉柄與葉柄之間的距離。

葉柄：葉片和莖相連的柄。

農作：播種或是定植等工作。

十四畫

厭光性種子：光線太強反而不容易發芽的種子。像瓜類或白蘿蔔都是屬於此類種子，播種後一定要覆蓋土壤。

團粒構造：聚極細小的土，形成像丸子一樣一顆顆的小顆粒，這小小的顆粒構成了整個的土壤狀態，如果顆粒內空間多，就可以貯藏較多的肥料、水分、空氣，因為排水良好，很適合植物的生長。

蕃茄的側芽

摘芽：為了避免不必要的芽延伸生長而採取的摘除作業，用於調整花及結果的數量。

小黃瓜摘芯

摘芯：為了不讓植株長得太大，或者為了促使側芽發出，而將某個高度的頂芽芯摘除。

萵苣種子的包覆處理

種子特殊包覆處理：過於細小的種子，經過包覆處理比較容易播種，也叫做塗料種子。

種皮特殊處理：為了讓菠菜等較難發芽的種子容易發芽，針對種皮所做的特殊處理。

種菜盆箱：種植蔬菜時所使用的容器。

腐根：是指根部腐敗的意思，可能因為給水過多，造成氧氣不足，導致根部無法呼吸而腐敗。

腐葉土：收集落葉，讓它發酵後使用，常用於改良土壤及鋪地。

誘引：以支柱和網子等，將莖和藤蔓調整成適當的形狀後綁住，用來支撐植株，避免傾倒以及調整植株的形狀。

雌雄異花：花分為雌花和雄花，雌花和雄花同時開在一株植物上，稱之為雌雄異花，較常見於瓜類植物。

十五畫

增土：因應植株生長需要而補充的土壤。

暫時性定植：幼苗等要移植至田裡種植之前，先暫時種植的場所。

緩效性肥料：是指需要長時間才能顯現效果的肥料。

蓮蓬頭噴嘴：附著在澆水器的最前端，控制水量不至於過大的噴嘴。

輪作：為了避免連作障害產生，而與其它不同的蔬菜輪流交替種植。

遮光：為了保護青菜不受強光傷害而將光遮住，也就是防日曬措施。

鋪地：植株根部和植株周圍鋪上乾草，或是田畦整個覆蓋塑膠布，可用來防止土壤乾燥、保溫、防止雜草或預防病蟲害等。

鋪乾草：是指在根與植株的四周，鋪上乾草。其目的有保溫、避免土壤乾燥以及下雨時爛泥濺起等，通常使用枯草為土。

十六畫

整枝：為了讓植株之間通風良好，或是避免葉子過於茂密而剪枝整理。

遲霜：初春時所降下的霜，通常都會對春天種植的蔬菜造成嚴重的損傷。

十七畫

糠心：像蕪菁或白蘿蔔等根莖類蔬菜，根的內部成空洞狀態。

點播：在一個植穴裡等距離播下數粒種子。

以瓶底壓出植穴

十八畫

翻土：較淺的土壤和較深的土壤，利用翻動交換位置。

覆土：播種後，覆蓋在種子上的土壤，還有培土也叫做覆土。

覆蓋紗：播種或定植後，不架立支柱，直接全面覆蓋寒冷紗等，就叫做覆蓋紗，除了防寒、防風之外，還可以有效預防蟲害。

雞糞：以雞糞發酵而成的有機肥料。含有均衡的氮、磷、鉀成分。

鬆土：田畦間或株間、靠近根部的土壤，定期淺淺地翻土，利用鬆土中耕，可以讓土壤的排水性和通氣性更好。

二十一畫

灌溉：澆水或灑水。

露天栽培：不使用塑膠隧道棚及塑膠暖房等，直接在露天的戶外進行栽培。

第一次種菜就豐收

出版	瑞昇文化事業股份有限公司
監修	東京都立農藝高等學校
譯者	蔣佳珈
總編輯	郭湘齡
責任編輯	王瓊苹
文字編輯	闕韻哲
美術編輯	朱哲宏
排版	執筆者設計工作室
製版	明宏彩色照相製版股份有限公司
印刷	桂林彩藝印刷股份有限公司
戶名	瑞昇文化事業股份有限公司
劃撥帳號	19598343
地址	台北縣中和市景平路464巷2弄1-4號
電話	(02)2945-3191
傳真	(02)2945-3190
網址	www.rising-books.com.tw
Mail	resing@ms34.hinet.net
初版日期	2009年3月
定價	350元

●國家圖書館出版品預行編目資料

第一次種菜就豐收 ／
東京都立農藝高等學校監修；蔣佳珈譯.
-- 初版. -- 台北縣中和市：瑞昇文化，2009.03
192面；18.2×25.7公分

ISBN 978-957-526-833-6 (平裝)

1.蔬菜　2.栽培

435.2　　98003615

國內著作權保障・請勿翻印／如有破損或裝訂錯誤請寄回更換

OISHIKU SODATETAI HAJIMETE NO YASAIDUKURI
© IKEDA PUBLISHING CO., LTD. 2007
Originally published in Japan in 2007 by IKEDA PUBLISHING CO., LTD..
Chinese translation rights arranged through DAIKOUSHA INC., JAPAN.